《高强混凝土强度检测技术规程》实施指南及检测新技术

王文明　张荣成　编著

中国建筑工业出版社

图书在版编目（CIP）数据

《高强混凝土强度检测技术规程》实施指南及检测新技术/王文明，张荣成编著. —北京：中国建筑工业出版社，2014.1

ISBN 978-7-112-15991-8

Ⅰ.①高… Ⅱ.①王… ②张… Ⅲ.①高强混凝土-混凝土强度-检测-技术操作规程 Ⅳ.①TU528.07-65

中国版本图书馆 CIP 数据核字（2013）第 246077 号

该书围绕最新行业标准《高强混凝土强度检测技术规程》JGJ/T 294—2013 的内容展开，汇集了高强混凝土抗压强度检测相关领域的最新技术和研究成果。涵盖了高强混凝土抗压强度检测应用技术的各个方面以及新技术的发展。

本书既可作为《高强混凝土强度检测技术规程》JGJ/T 294—2013 的应用读本，又可作为高强混凝土抗压强度检测技术的工具书，可供设计、施工、监理、质量监督和检测等单位工程技术人员及高校土建专业师生参考使用。

* * *

责任编辑：岳建光 王砾瑶

责任设计：董建平

责任校对：姜小莲 刘梦然

《高强混凝土强度检测技术规程》

实施指南及检测新技术

王文明 张荣成 编著

*

中国建筑工业出版社出版、发行（北京西郊百万庄）

各地新华书店、建筑书店经销

北京红光制版公司制版

北京建筑工业印刷厂印刷

*

开本：787×1092 毫米 1/16 印张：15½ 字数：384 千字

2014 年 1 月第一版 2014 年 1 月第一次印刷

定价：**42.00** 元

ISBN 978-7-112-15991-8

（24786）

前　言

混凝土工程质量检测工作一直受到业内人士的重视与关注，随着混凝土技术的不断发展，高强混凝土也逐步应用于各种工程建设项目，成为一种较为广泛的建筑结构材料，尤其在高层建筑中应用最多。高强混凝土的质量，直接关系到建（构）筑物尤其是高层建筑的结构安全，关系到千家万户的生命财产安全。2013 年 5 月 29 日发布，12 月 1 日实施的《高强混凝土强度检测技术规程》JGJ/T 294—2013，是由中国建筑科学研究院会同有关单位根据原建设部《关于印发〈二〇〇二～二〇〇三年度工程建设城建、建工行业标准制订、修订计划〉的通知》（建标［2003］104 号）的要求制订的最新行业标准，是目前我国在高强混凝土检测方面最新而且是唯一的一个国家行业标准。对于指导我国高强混凝土强度检测工作具有重大意义，是具有重大创新性的技术标准。其中涉及的很多技术条文和编制内容，迫切需要广大工程检测人员的正确理解和掌握。

为促进《高强混凝土强度检测技术规程》的贯彻实施，推动我国高强混凝土质量检测技术的应用与发展，探讨解决高强混凝土质量检测鉴定中的疑难问题，我们编著了《高强混凝土强度检测技术规程》实施指南及检测新技术一书。该书围绕最新行业标准《高强混凝土强度检测技术规程》的内容展开，汇集了高强混凝土抗压强度检测相关领域的最新技术和研究成果，涵盖了高强混凝土抗压强度检测应用技术的各个方面。针对实际应用的需要，对《高强混凝土强度检测技术规程》JGJ/T 294—2013 条文进行深度阐述和解析。本书既阐明高强混凝土抗压强度现场测试技术、数据分析技术、强度推定技术，又论述各检测仪器的构造、原理、检定方法、相关检测标准等内容；既是高强混凝土抗压强度检测技术研究应用结果的总结，又是对现行最新的高强混凝土抗压强度相关测试和仪器检定标准的解释和说明。本书的出版，既填补了目前图书市场的空白，也非常迎合广大工程检测人员的实际需求，特色突出，针对性强，指导性好，可为读者提供第一手的技术资料和实用的技术指导。

本书从基本检测方法、研究应用过程、仪器设备的计量检定、混凝土强度检测的影响因素、高强混凝土测强曲线的建立、检测技术及数据处理、构件混凝土强度检测及计算举例等方面，全面系统地阐述高强混凝土强度检测技术。书中通过介绍有关编制审查背景，结合现行的国家计量检定规程《回弹仪》JJG 817—2011，重点介绍了高强混凝土检测的两种方法和《高强混凝土强度检测技术规程》中列入的两种不同规格的高强回弹仪，以供在工程检测鉴定时参考。

同时，本书对未列入规范、处于发展中的抗折法、抗剪法、直拔法（即拉脱法、拉拔法）等新技术和某些特殊条件下的检测问题的原理和方法也进行了介绍；对工程应用中提出的大量疑难问题如仪器的选用、操作、计量检定、常见故障与排除方法等也作了简要释义，以供广大工程技术人员参考应用。

本书强调理论与实践相结合，增加具体工程案例分析，提供实战技术指导，旨在提高相关质量技术人员对规程的理解和实际应用能力。本书既是《高强混凝土强度检测技术规程》JGJ/T 294—2013 的应用读本，又是高强混凝土抗压强度检测技术的工具书，可供设计、施工、监理、质量监督和检测等单位工程技术人员及高校土建专业师生参考使用。

本书编者

2013 年 9 月 20 日

目　　录

第1章　绪　　论

1.1　标准制订背景

高强混凝土的特点是强度高、变形小、耐久性好，能适应现代工程结构向高耸、大跨和重载方向发展。能承受恶劣环境的条件，应用中有较好的综合经济效益。由于其具有优良性能，被广泛用于露天、海水和地下环境下的桥梁、港口、隧道等重要基础设施工程及高层建筑等，是新一代土建结构材料。中国土木工程学会高强与高性能混凝土委员会曾定义强度等级等于或超过C50的混凝土为高强混凝土。建设部为了普及高强混凝土的应用，也将C50～C80级泵送混凝土施工列为“八五”、“九五”的重点推广项目。在这种背景下，为混凝土无损检测技术领域提出了一个新的课题，即如何用非破损方法检测硬化后的高强混凝土强度问题。

目前我国常用的无损检测混凝土强度方面的标准有：《回弹法检测混凝土抗压强度技术规程》JGJ/T 23—2011、《超声回弹综合法检测混凝土强度技术规程》CECS 02：2005等。但是，这些标准均以普通强度等级的混凝土为检测对象。大量实践证明：现行的无损检测混凝土强度技术标准不适用于检测高强混凝土强度。

在上述背景下，2003年5月15日建设部下发了关于印发《二○○二～二○○三年度工程建设城建、建工行业标准制订、修订计划》（建标［2003］104号）的通知。该计划第1项，要求“对C50及以上强度等级的建筑结构和构筑物的混凝土的强度检测”制订“高强混凝土强度检测技术规程”。由中国建筑科学研究院会同沈阳市建设工程质量检测中心、山西省建筑科学研究院、广西建筑科学研究设计院、贵州中建建筑科学研究设计院、中山市建筑工程质量检测中心、重庆建筑科学研究院、甘肃省建筑科学研究院、河北省建筑科学研究院、深圳市建设工程质量检测中心和山东省建筑科学研究院组成了标准制订编制组。经过广泛调查研究、分析和总结工程实践情况、结合新材料新工艺的特点，进行了大量的试验研究，找到了测试精度满足要求的回弹法及超声回弹综合法检测高强混凝土强度的测强曲线，经过工程验证等项工作后，编制组编制了《高强混凝土强度检测技术规程》初稿，并于2009年5～6月在全国范围征求了意见。编制组根据所征求的意见，对“初稿”进行了修改，于2009年7月完成送审稿。

1.2　制订工作过程及所做的主要工作

《高强混凝土强度检测技术规程》编制组第一次工作会议于2003年9月8～11日在广东省中山市召开。会议由建设部建筑工程标准技术归口单位戎君明主持。

建设部标准定额研究所陈国义处长宣布了《高强混凝土强度检测技术规程》编制组参编单位及人员名单，并对《高强混凝土强度检测技术规程》的编制提出了要求：作为标准要具有科学性、可操作性、适用性、协调性，要求编制组各成员单位通力协作，按总体分工安排完成编制工作。主编单位张荣成高级工程师介绍了该规程编制的技术背景及相关技术动态。与会的编制组成员对《高强混凝土强度检测技术规程》编制大纲、统一试验方法等进行了热烈的讨论。这次工作会议在中山市建设局及所属中山市建设工程质量检测中心大力协助下，获得圆满成功。经过编制组的认真讨论，确定了《高强混凝土强度检测技术规程》（以下简称《规程》）编制内容、编制进度及编制组各成员单位分工等项目。

1.3 拟定的主要编制内容及进度计划

1.3.1 拟定的主要编制内容

拟定的主要编制内容包含7章及附录和条文说明。7章主要包含：总则、术语和符号、基本规定、后装拔出法、针贯入法、超声回弹综合法及回弹法。

1.3.2 编制总体进度

2003年9月召开编制组第一次会议，编制组成立，讨论《规程》编制大纲、补充试验内容，明确各编制单位分工及总体进度为：

2003年10月做好统一试验方法细则，对试验人员进行统一试验操作培训；

2003年11月编制组各单位开始进行补充试验；

2004年7月召开编制组第二次会议，汇总各编制单位的试验结果和负责的《规程》编写内容，讨论其内容，形成《高强混凝土强度检测技术规程》初稿；

2004年11月召开编制组第三次会议，进行编制组内部技术交流，协调工作进度；对《规程》初稿作进一步讨论，形成《规程》征求意见稿；

2004年11月～2005年2月向全国相关单位征求对《规程》征求意见稿的意见；

2005年3月召开编制组第四次会议，继续汇总各编制单位的后续试验结果，根据全国各有关单位对征求意见稿的意见，修改《规程》征求意见稿；

2005年11月建设部组织召开《规程》审查会；

2005年12月完成《规程》报批稿。

注：在该课题进行过程中，根据各参编单位的具体工作进度，开会时间内容等可能会做适当调整。

各单位具体分工、工作进度及技术要求　　表1-1

负责单位	承担的工作	技术要求	进 度
中国建筑科学研究院建筑工程检测中心	1. 组织协调、控制课题进度		
	2. 四种试验方法的统一培训		2003年10月完成
	3. 进行补充试验	按内部技术约定	2003年11月～2005年10月进行
	4. 负责《规程》初稿内容的编写	提出初稿	2004年7月完成
	5. 统计分析组内全部试验数据	提出各方法测强曲线	2005年10月完成
	6. 编写《规程》征求意见稿	提出求意见稿	2004年11月完成
	7. 在全国征求意见	收集意见	2004年11月～2005年2月进行
	8. 完善《规程》正文和条文说明	提出正文和条文说明	2005年9月完成
	9. 编写送审稿	符合规定格式要求	2005年10月完成
	10. 编写报批稿	符合规定格式要求	2005年12月完成

续表

负责单位	承担的工作	技术要求	进　度
沈阳市建设工程质量检测中心	1. 进行四种检测方法的补充试验	按编制组内部技术约定，每三个月向主编单位提供一次新的试验数据	2003年11月～2005年10月进行
	2. 负责《规程》中“针贯入法”部分的初稿编写工作	提出初稿	2004年5月完成
	3. 完善“针贯入法”正文和条文说明	提出正文和条文说明	2005年8月完成
山西省建筑科学研究院	1. 进行四种检测方法的补充试验	按编制组内部技术约定，每三个月向主编单位提供一次新的试验数据	2003年11月～2005年10月进行
	2. 负责《规程》中“回弹法”部分的初稿编写工作	提出初稿	2004年5月完成
	3. 完善“回弹法”正文和条文说明	提出正文和条文说明	2005年8月完成
广西建筑科学研究设计院	1. 进行四种检测方法的补充试验	按编制组内部技术约定，每三个月向主编单位提供一次新的试验数据	2003年11月～2005年10月进行
	2. 负责《规程》中“超声回弹综合法”部分的初稿编写工作	提出初稿	2004年5月完成
	3. 完善“超声回弹综合法”正文和条文说明	提出正文和条文说明	2005年8月完成
贵州中建建筑科学研究设计院	1. 进行四种检测方法的补充试验	按编制组内部技术约定，每三个月向主编单位提供一次新的试验数据	2003年11月～2005年10月进行
	2. 负责《规程》中“超声回弹综合法”部分的初稿编写工作	提出初稿	2004年5月完成
	3. 完善“超声回弹综合法”正文和条文说明	提出正文和条文说明	2005年8月完成
中山市建筑工程质量检测中心	1. 进行四种检测方法的补充试验	按编制组内部技术约定，每三个月向主编单位提供一次新的试验数据	2003年11月～2005年10月进行
	2. 负责《规程》中“后装拔出法”部分的初稿编写工作	提出初稿	2004年5月完成
	3. 完善“后装拔出法”正文和条文说明	提出正文和条文说明	2005年8月完成
重庆建筑科学研究院	1. 进行四种检测方法的补充试验	按编制组内部技术约定，每三个月向主编单位提供一次新的试验数据	2003年11月～2005年10月进行
	2. 负责《规程》中“超声回弹综合法”部分的初稿编写工作	提出初稿	2004年5月完成
	3. 完善“超声回弹综合法”正文和条文说明	提出正文和条文说明	2005年8月完成

续表

负责单位	承担的工作	技术要求	进 度
甘肃省建筑科学研究院	1. 进行四种检测方法的补充试验	按编制组内部技术约定，每三个月向主编单位提供一次新的试验数据	2003年11月～2005年10月进行
甘肃省建筑科学研究院	2. 负责《规程》中"回弹法"部分的初稿编写工作	提出初稿	2004年5月完成
甘肃省建筑科学研究院	3. 完善"回弹法"正文和条文说明	提出正文和条文说明	2005年8月完成
河北省建筑科学研究院	1. 进行四种检测方法的补充试验	按编制组内部技术约定，每三个月向主编单位提供一次新的试验数据	2003年11月～2005年10月进行
河北省建筑科学研究院	2. 负责《规程》中"针贯入法"部分的初稿编写工作	提出初稿	2004年5月完成
河北省建筑科学研究院	3. 完善"针贯入法"正文和条文说明	提出正文和条文说明	2005年8月完成
深圳市建设工程质量检测中心	1. 进行四种检测方法的补充试验	按编制组内部技术约定，每三个月向主编单位提供一次新的试验数据	2003年11月～2005年10月进行
深圳市建设工程质量检测中心	2. 负责《规程》中"后装拔出法"部分的初稿编写工作	提出初稿	2004年5月完成
深圳市建设工程质量检测中心	3. 完善"后装拔出法"正文和条文说明	提出正文和条文说明	2005年8月完成
山东省建筑科学研究院	进行超"声回弹综合法"、"回弹法"试验	向主编单位提供试验数据	该单位于编制组成立后参加编制工作，并及时向主编单位提供了试验数据

注：1. 四种检测方法指后装拔出法、针贯入法、超声回弹综合法、回弹法；

2. 各单位除按上述分工进度完成工作外，尚应按《规程》编制的总体进度，参加编制组内的工作会议。

编制单位及《规程》主要起草人名单 **表1-2**

单 位		姓 名
主编单位	中国建筑科学研究院建筑工程检测中心	张荣成 邱 平
参加单位（名次不分先后）	甘肃省建筑科学研究院	冯力强
参加单位（名次不分先后）	山西省建筑科学研究院	魏利国
参加单位（名次不分先后）	广西建筑科学研究设计院	李杰成
参加单位（名次不分先后）	重庆市建筑科学研究院	林文修
参加单位（名次不分先后）	贵州中建建筑科学研究院	张 晓
参加单位（名次不分先后）	中山市建设工程质量检测中心	朱艾路
参加单位（名次不分先后）	深圳市建设工程质量检测中心	陈少波
参加单位（名次不分先后）	沈阳市建设工程质量检测中心	陈伯田
参加单位（名次不分先后）	河北省建筑科学研究院	强万明
参加单位（名次不分先后）	山东省建筑科学研究院	崔士起

根据《高强混凝土强度检测技术规程》编制总体进度的要求，编制组于2003年10月28日在北京召开了第二次工作会议。会议由主编单位张荣成高级工程师主持。会议主要内容是编制组内统一试验方法和统一试验仪器。会议期间对各参编单位的技术人员进行了仪器操作技巧培训，做了试验过程中的数据处理办法的统一约定。为全国高强混凝土测强曲线的建立，在软硬件两个方面奠定了基础。

关于《规程》的编制时间，由于编制组成员单位覆盖了我国较为广阔的区域，所以，各地区根据本地气候条件而进行试验时间的间隔等有很大的差异，加之试验过程中测试方法进行调整等因素的干扰，各地区实际试验数据的收集工作在2008年中期才告一段落。2009年的试验数据是些零星的少量数据。对于制订一本新的检测技术标准，同时又要建立满足精度要求的全国测强曲线，是需要一定时间的。

编制组第三次工作会议于2009年4月9日～11日在贵州省贵阳市召开。会议由主编单位张荣成教授级高工主持。会上全体编制组成员对《高强混凝土强度检测技术规程》初稿进行了逐条逐句地认真讨论，针对初稿中的问题做了修改，并统一了认识。经过编制组的认真讨论，形成了《高强混凝土强度检测技术规程》征求意见稿。承蒙贵州省建设厅高度重视和贵州中建建筑科学研究院大力协助，工作会议得以圆满成功。

第三次工作会议形成的《高强混凝土强度检测技术规程》征求意见稿，于2009年5～6月在全国征求了意见。征求意见结束后，于2009年6月19日～21日在河北省石家庄市召开了《高强混凝土强度检测技术规程》编制组第四次工作会议。会议由主编单位张荣成教授级高工主持。会上编制组对全国范围征求的《高强混凝土强度检测技术规程》（征求意见稿）修改意见，进行了认真研究讨论。在充分考虑规程的科学性、先进性、协调性和可操作性的基础上，归纳形成了《高强混凝土强度检测技术规程》征求意见汇总处理文件。本次工作会议在河北省建设厅高度重视和河北省建筑科学研究院大力协助下，开得很成功。

1.4 编制工作最终成果

《高强混凝土强度检测技术规程》吸收了国内外检测技术的经验，结合我国建设工程中混凝土质量检测的实际需要而制定。规程编制项目从正式开展工作，到完成送审稿，历时4年多。编制组进行了大量的实验研究，建立了“回弹法”和“超声回弹综合法”检测高强混凝土强度的全国测强曲线。一些参编单位，在本地区还将规程编制过程中形成的研究成果进行了技术鉴定，并开始指导地方高强混凝土强度检测工作。编制组在规程编制过程中，进行了检测仪器的比对试验工作，进一步确认了所用仪器的先进性。规程在基本规定中，沿用了现行《超声回弹综合法检测混凝土强度技术规程》CECS 02：2005规定的超声波角测、平测及声速计算方法内容，用于修正混凝土强度推定的试件数量亦采用4个，后修订为6个。

编制组通过几年的努力工作，对高强混凝土强度检测的基本方法即“后装拔出法”、“针贯入法”、“超声回弹综合法”、“回弹法”等四种方法在课题试验阶段进行了测试，通过对各省、直辖市各种检测方法的大量试验和数据汇总分析后确认，“后装拔出法”和“针贯入法”未找到精度符合要求的测强公式。本着实事求是的科学态度，本次未把“后装拔出法”和“针贯入法”纳入规程。因此确定了本次《规程》中的测试方法为“回弹法”和“超声回弹综合法”。对《规程》的编制内容随即做了相应地调整，编写了《高强混凝土强度检测技术规程》初稿。

在送审稿时，《高强混凝土强度检测技术规程》与修订的《回弹法检测混凝土抗压强度技术规程》在高强回弹仪上有矛盾，为此，由国家住房和城乡建设部标准定额司组织召开了协调审查会，经多次协调处理最终形成了现在的《高强混凝土强度检测技术规程》JGJ/T 294—2013。

本规程在制订过程中充分吸收了国内外相关标准、规程和工程实际应用经验，该规程为高强混凝土强度检测提供了现场非破损测试方法，并且通过大量试验研究给出了全国测强曲线。该规程的制订，为在建高强混凝土结构施工质量控制和既有高强混凝土结构的强度确认提供了标准依据。为推动我国高强混凝土的普及应用和发展做出了贡献。通过与相关检测标准的比较，证明本规程具有很好的科学性、先进性、可操作性及协调性。本规程的颁布和实施，将指导全国高强混凝土强度检测技术工作，具有良好的社会效益。

鉴于本规程通过大量实验研究确认回弹法和超声回弹综合法为可靠方法，故本书第2章在高强混凝土强度检测的基本方法中仅对回弹法和超声回弹综合法加以介绍。

第2章　高强混凝土强度检测技术

2.1　回弹法检测高强混凝土强度技术

2.1.1　概述

回弹法检测高强混凝土强度技术是高强混凝土强度检测技术的内容之一。回弹法是由仪器重锤回弹能量的变化反映混凝土的弹性和塑性性质，通过测量混凝土的表面硬度推算抗压强度。回弹法是混凝土结构现场检测中常用的一种非破损试验方法，也是《高强混凝土强度检测技术规程》中列入的两种基本方法之一。

回弹法的主要优点是仪器构造简单，方法易于掌握，检测效率较高。但还存在一定不足，如回弹值受石子类别、混凝土施工工艺、碳化深度、测试角度等的各种因素的影响，要对回弹值进行不同程度的修正，对存在有质量疑问区域的混凝土，需用其他方法进行进一步检测。

2.1.2　回弹法检测高强混凝土强度技术的基本原理

回弹法检测高强混凝土技术的基本原理是由回弹仪中弹簧驱动的重锤通过弹击杆弹击混凝土表面，以重锤被返回来的距离即回弹值作为强度相关的指标，从而对混凝土强度进行推定的方法。

回弹值实际上就是反弹距离与弹簧初始长度之比，是重锤冲击过程中能量损失的反映。回弹值通过重锤弹击混凝土前后的能量变化，既反映了被测混凝土的弹性性能，也反映了其塑性性能。因此，回弹值与强度之间必然有着一个相关关系。但由于影响因素较多，回弹值与拉簧的刚度系数和原始拉伸长度的理论关系较难推导。因此，目前均采用试验归纳法来建立混凝土强度和回弹值的关系。可通过强度值和回弹值之间直接建立的一元回归公式，也可通过强度值和回弹值以及相应影响因素之间建立二元回归公式。

对于建立回归公式，可采用各种不同的函数形式，通过大量的实验数据进行回归拟合，选择相关系数最大的作为最终选定的函数形式。函数形式常见的有直线方程、幂函数方程、抛物线方程等等。目前，在我国《回弹法检测混凝土抗压强度技术规程》中，回弹法测强曲线就是通过混凝土强度值和回弹值以及碳化深度建立的幂函数方程。

2.1.3　回弹法检测高强混凝土强度技术测试误差的主要因素

（1）采用回弹法检测时，不同类别的回弹仪不能互换检测

回弹法测试的使用条件应和回弹仪本身的适用范围相一致，中型回弹仪只能检测10～60MPa的混凝土，不能检测高强混凝土。同样，高强混凝土回弹仪只能用于高强混凝土的检测，不得用于检测普通混凝土的强度。

（2）采用回弹法检测时，必须保证被检混凝土质量内外一致

回弹法使用的前提是要求混凝土质量内外一致，当混凝土表层和内部质量有明显差异，如遭受火灾、高温、化学腐蚀等，以及混凝土内部存在缺陷时，是不适宜采用回弹法进行检测的。如此时还采用回弹法进行检测，势必影响到回弹仪检测性能，增大测试误差。

（3）采用回弹法检测时，保证回弹仪的使用温度在规定范围

《高强混凝土强度检测技术规程》规定回弹仪使用时的环境温度应为－4～40℃。笔者曾经做过有关试验研究，对于机械式回弹仪来说，回弹仪使用时的环境温度可以有一定扩展，至少试验表明，在－10～50℃范围时，对回弹结果没有影响。但对于数字式回弹仪而言，对温度的敏感性较大。特别是基于数字式回弹仪一些电子零部件目前的技术水平，温度过低不显示数据，温度过高误差增大。所以回弹法规程基于现状仍然规定回弹仪使用时的环境温度应为－4～40℃。

（4）不同型号规格的回弹仪、产品的质量和回弹仪的率定以及率定用的钢砧质量

目前回弹仪种类很多，不同回弹仪的检测性能各有差异；将在第3章对高强回弹仪进行专门介绍。

回弹仪本身的质量：回弹仪本身的质量主要包括：回弹仪机芯主要零部件的装配尺寸，包括弹击拉簧的工作长度、弹击锤的冲击长度以及弹击锤的起跳位置等；主要零部件的质量，包括拉簧刚度、弹击杆前端的球面半径、指针长度和摩擦力、影响弹击锤起跳的有关零件；机芯的装配质量，如调零螺丝、固定弹击拉簧和机芯同轴度等。

回弹仪本身的质量直接影响到测试性能和测试误差，对混凝土强度推定的准确性也就造成了相应影响。只有性能良好的回弹仪才能保证回弹法检测精度，确保测试结果的可靠性。

回弹仪的率定以及率定用的钢砧质量：回弹仪的率定应按照现行回弹法规程操作并满足相应要求，率定用的钢砧质量应符合规定要求。

（5）混凝土结构中表层钢筋的影响

混凝土结构中表层钢筋对回弹的影响，要根据钢筋混凝土保护层厚度、钢筋直径及钢筋疏密程度而定。据有关文献资料表明，当保护层厚度大于20mm，钢筋直径为4～6mm时，用回弹仪进行对比回弹，混凝土回弹值波动幅度不大，可视为没有影响。

（6）操作人员的操作水平和责任心的影响

回弹法检测的精度也取决于操作人员弹击时用力是否适度和均匀，是否垂直于被测混凝土的表面，是否按照正确规范的操作程序进行。如果在实际回弹法检测操作过程中，责任心不强，随意操作，这样的检测将带来较大的误差，无法保证回弹法的检测质量和精度。为此，应加强技术培训，提高操作水平；加强检测人员的职业道德素养，提高检测责任心。

2.1.4　回弹法检测高强混凝土强度技术及其数据处理

1. 回弹法检测高强混凝土强度技术

（1）回弹法检测高强混凝土强度技术检测之前的准备工作

混凝土强度检测前，通常需了解工程名称、设计单位、施工单位；结构或构件的名

称、外形尺寸、数量及混凝土类型、强度等级；所用水泥的安定性、外加剂、掺合料品种以及混凝土配合比；施工模板、混凝土浇筑、养护情况及浇筑日期；必要的设计图纸和施工记录以及检测原因。

（2）钢砧的校验和回弹仪率定

回弹仪在检测前后，应在经校验合格的钢砧上做率定试验。高强混凝土回弹仪应在洛氏硬度 HRC 为 60±2、质量为 20.0kg 的配套钢砧上进行率定，率定应分四个方向进行，弹击杆每次应旋转 90 度，每个方向弹击 3 次，弹击杆每旋转一次的率定平均值应符合相应高强回弹仪的技术要求。

如：4.5 J 高强混凝土回弹仪弹击杆每旋转一次的率定平均值应为 88±2。

（3）回弹测试

1）根据委托方要求和检测实际需要，选择合适的检测方案；

根据委托方要求和检测实际需要，可选择全数检测或抽样检测。当进行抽样检测时，按现行回弹法规程抽取总构件数的 30%且不少于 10 个构件。但同时应满足国家其他现行通用标准的规定。

2）按照《高强混凝土强度检测技术规程》有关回弹仪的操作进行回弹测试；

3）根据构件尺寸确定最小测区数；

通常情况下，回弹测区数不应少于 10 个。对较小构件，即：某一方向尺寸不大于 4.5m 且另一方向尺寸不大于 0.3m 的构件，其测区数量可适当减少，但不应少于 5 个。

4）每个测区回弹 16 个测点，测点宜在测区范围内均匀分布，相邻两测点的净距离不宜小于 20mm，测点距外露钢筋、预埋件的距离不宜小于 30mm，测点不应在气孔或外露石子上，同一测点应只弹击一次，每一测点的回弹值读数至 1；

5）回弹测试完毕后，应选取不少于构件测区数 30%的测区位置进行碳化深度的测量，按照回弹法规程中相应规定进行取值。

2. 回弹法检测高强混凝土强度技术的数据处理

（1）测区回弹值的计算

对测区回弹值的计算，从 16 个回弹值中剔除 3 个最大值和 3 个最小值，取余下 10 个回弹值的平均值。应按式（2-1）计算：

$$R_{\mathrm{m}} = \frac{\sum_{i=1}^{10} R_i}{10} \tag{2-1}$$

式中 R_{m}——测区平均回弹值，精确至 0.1；

R_i——第 i 个测点的回弹值。

（2）混凝土强度的计算

1）测区混凝土强度换算值计算

当采用 4.5J 高强回弹仪检测时，测区混凝土强度换算值可通过求得的平均回弹值（R_{m}）按《规程》附录 A 查表得出，或通过曲线公式（2-2）计算得出。

$$f^{\mathrm{c}}_{\mathrm{cu},i} = -7.83 + 0.75R + 0.0079R^2 \tag{2-2}$$

式中 R ——测区回弹代表值；

$f^{\mathrm{c}}_{\mathrm{cu},i}$ ——测区混凝土强度换算值。

当采用5.5J高强回弹仪检测时，测区混凝土强度换算值可通过求得的平均回弹值（R_m）按《规程》附录B查表得出，或通过曲线公式（2-3）计算得出。

$$f_{cu,i}^{c} = 2.51246R^{0.889} \tag{2-3}$$

式中　R——测区回弹代表值；

$f_{cu,i}^{c}$——测区混凝土强度换算值。

当有地区或专用测强曲线时，应按地区测强曲线或专用测强曲线计算或查表得出。

2）推定值的计算

构件测区数少于10个时，结构或构件的混凝土强度推定值（$f_{cu,e}$）应按式（2-4）确定，即取构件中最小的测区混凝土强度换算值。

$$f_{cu,e} = f_{cu,min}^{c} \tag{2-4}$$

式中　$f_{cu,min}^{c}$——结构或构件最小的测区混凝土抗压强度换算值（MPa），精确至0.1MPa。

当结构或构件的测区抗压强度换算值中出现小于20.0MPa的值时，该构件混凝土抗压强度推定值$f_{cu,e}$应取小于20MPa。若测区换算值小于20.0MPa或大于110.0MPa，因超出了《规程》强度换算方法的规定适用范围，故该测区的混凝土抗压强度应表述为“＜20.0 MPa”，或“＞110.0MPa”。若构件测区中有小于20.0 MPa的测区，因不能计算构件混凝土的强度标准差，则该构件混凝土的推定强度应表述为“＜20.0 MPa”；若构件测区中有大于110.0MPa的测区，也不能计算构件混凝土的强度标准差，此时，构件混凝土抗压强度的推定值取该构件各测区中最小的测区混凝土抗压强度换算值。

测区数为10个及以上时推定值的计算，按式（2-5）计算，同时需计算平均值及标准差，平均值及标准差应按式（2-6）和（2-7）计算。

$$f_{cu,e} = m_{f_{cu}^{c}} - 1.645s_{f_{cu}^{c}} \tag{2-5}$$

$$m_{f_{cu}^{c}} = \frac{\sum_{i=1}^{n} f_{cu,i}^{c}}{n} \tag{2-6}$$

$$s_{f_{cu}^{c}} = \sqrt{\frac{\sum_{i=1}^{n} (f_{cu,i}^{c})^2 - n(m_{f_{cu}^{c}})^2}{n-1}} \tag{2-7}$$

式中　$m_{f_{cu}^{c}}$——构件测区混凝土强度换算值的平均值（MPa），精确至0.1MPa；

n——对于单个检测的构件，取一个构件的测区数；对批量检测的构件，取被抽检构件测区数之和；

$s_{f_{cu}^{c}}$——结构或构件测区混凝土强度换算值的标准差（MPa），精确至0.01MPa。

对按批量检测的构件，如该批构件的混凝土质量不均匀，测区混凝土强度标准差大于规定的范围，则该批构件应全部按单个构件进行强度推定。

考虑到实际工程中可能会出现结构或构件混凝土未达到设计强度等级的情况，$m_{f_{cu}^{c}} \leqslant$ 50MPa的情形是存在的。本条中混凝土抗压强度平均值$m_{f_{cu}^{c}} \leqslant$50MPa和$m_{f_{cu}^{c}} >$50MPa时，对标准差$s_{f_{cu}^{c}}$的限值，沿用了《超声回弹综合法检测混凝土强度技术规程》CECS 02：2005中的规定。

3）修订条件与修正方法

当检测条件与测强曲线的适用条件有较大差异或曲线没有经过验证时，应采用同条件标准试件或直接从结构构件测区内钻取混凝土芯样进行推定强度修正，且试件数量或混凝土芯样不应少于6个。为保持和现有相关标准的协调一致，本规程也采用修正量法进行修正。计算时，测区混凝土强度修正量及测区混凝土强度换算值的修正应符合下列规定：计算时，测区混凝土强度修正量及测区混凝土强度换算值的修正应符合下列规定：

修正量应按式（2-8）和（2-9）计算：

$$\Delta_{tot}=\frac{1}{n}\sum_{i=1}^{n}f_{cor,i}-\frac{1}{n}\sum_{i=1}^{n}f_{cu,i}^{c} \tag{2-8}$$

$$\Delta_{tot}=\frac{1}{n}\sum_{i=1}^{n}f_{cu,i}-\frac{1}{n}\sum_{i=1}^{n}f_{cu,i}^{c} \tag{2-9}$$

式中 Δ_{tot}——测区混凝土强度修正量（MPa），精确到0.1MPa；

$f_{cor,i}$——第i个混凝土芯样试件的抗压强度；

$f_{cu,i}$——第i个同条件混凝土标准试件的抗压强度；

$f_{cu,i}^{c}$——对应于第i个芯样部位或同条件混凝土标准试件的混凝土强度换算值；

n——混凝土芯样或标准试件数量。

测区混凝土强度换算值的修正应按式（2-10）计算：

$$f_{cu,i1}^{c}=f_{cu,i0}^{c}+\Delta_{tot} \tag{2-10}$$

式中 $f_{cu,i0}^{c}$——第i个测区修正前的混凝土强度换算值（MPa），精确到0.1MPa。

$f_{cu,i1}^{c}$——第i个测区修正后的混凝土强度换算值（MPa），精确到0.1MPa。

当该结构或构件测区数不少于10个或按批量检测时，应按修正后的换算值按式（2-11）计算：

$$f_{cu,e}=m_{f_{cu}^{c}}-1.645s_{f_{cu}^{c}} \tag{2-11}$$

式中 $m_{f_{cu}^{c}}$——构件测区混凝土强度换算值的平均值（MPa），精确至0.1MPa；

$s_{f_{cu}^{c}}$——结构或构件测区混凝土强度换算值的标准差（MPa），精确至0.01MPa。

实际上，由于修正量法修正，不改变混凝土强度的标准差，这是一种与实际标准差不断变化的现状不符的方式，因此笔者并不赞同，更理性地倾向支持原来通行的修正系数法，与实际混凝土标准差波动较为相符。

① 采用同条件立方体试件修正时，按式（2-12）计算：

$$\eta=\frac{1}{n}\sum_{i=1}^{n}f_{cu,i}^{o}/f_{cu,i}^{c} \tag{2-12}$$

② 采用混凝土芯样试件修正时，按式（2-13）计算：

$$\eta=\frac{1}{n}\sum_{i=1}^{n}f_{cor,i}^{o}/f_{cu,i}^{c} \tag{2-13}$$

式中 η——修正系数，精确至小数点后两位；

$f_{cu,i}^{c}$——对应于第i个立方体试件或芯样试件的混凝土抗压强度换算值（MPa），精确至0.1MPa；

$f_{cu,i}^{o}$——第i个混凝土立方体（边长150mm）试件的抗压强度实测值（MPa），精确至 0.1MPa；

$f^{c}_{cor,i}$ ——第 i 个混凝土芯样（$\phi100\times100$mm）试件的抗压强度实测值（MPa），精确至 0.1MPa；

n ——试件数。

4）异常数据的处理

对按批量检测的结构或构件，当该批构件混凝土强度标准差出现下列情况之一时，该批构件应全部按单个构件检测：

① 该批构件的混凝土抗压强度换算值的平均值（$m_{f^{c}_{cu}}$）不大于 50.0 MPa，且标准差（$s_{f^{c}_{cu}}$）大于 5.50MPa；

② 该批构件的混凝土抗压强度换算值的平均值（$m_{f^{c}_{cu}}$）大于 50.0 MPa，且标准差（$s_{f^{c}_{cu}}$）大于 6.50MPa。

5）混凝土强度的推定时测强曲线公式适用范围

《规程》给出的全国高强混凝土测强曲线公式适用范围，由于高强混凝土在施工过程中，早期强度的增长情况倍受关注。因此，建立测强曲线公式时，采用了最短龄期为 1d 的试验数据。测强曲线公式在短龄期的适用，有利于采用本规程为控制短龄期高强混凝土质量提供技术依据。该条所提及的高强混凝土所用水、外加剂和掺合料等尚应符合国家有关标准要求。

实践证明专用测强曲线精度高于地区测强曲线，而地区测强曲线精度高于全国测强曲线。所以本条鼓励优先采用专用测强曲线或地区测强曲线。

如果检测部门未建立专用或地区测强曲线，可使用本规程给出的全国测强曲线。为了掌握全国测强曲线在本地区的检测精度情况，应对其进行验证。

结构或构件混凝土强度的平均值和标准差是用各测区的混凝土强度换算值计算得出的。当按批推定混凝土强度时，如果测区混凝土强度标准差超过，《规程》第 5.0.9 条规定，说明该批构件的混凝土制作条件不尽相同，混凝土强度质量均匀性差，不能按批推定混凝土强度。

当现场检测条件与测强曲线的适用条件有较大差异时，应采用同条件立方体标准试件或在测区钻取的混凝土芯样试件进行修正。为了与《建筑结构检测技术标准》GB/T 50344—2004 所规定的修正量法相协调，本规程采用了修正量法：按上述 3）修订条件与修正方法进行计算修正量。这里需要注意的是，1 个混凝土芯样钻取位置只能制作 1 个芯样试件进行抗压试验。混凝土芯样直径宜为 100mm，高径比为 1。此外，规程中所说的混凝土芯样抗压强度试验，仅是参照现行标准《钻芯法检测混凝土强度技术规程》CECS 03—2007 的规定进行。

采用回弹法检测推定的高强混凝土抗压强度，不能等同于施工现场取样成型并标准养护 28d 所得的标准试件抗压强度。因此，在正常情况下混凝土强度的验收与评定，应按现行国家标准执行。

当用标称动能为 4.5J 回弹仪检测高强混凝土抗压强度时，测区混凝土强度换算值按表 2-1 直接查得或根据曲线公式 $f^{c}_{cu,i}=-7.83+0.75R+0.0079R^{2}$ 计算得出。

当采用标称动能为 5.5J 回弹仪检测高强混凝土抗压强度时，测区混凝土强度换算值按表 2-2 直接查得或根据曲线公式 $f^{c}_{cu,i}=2.51246R^{0.889}$ 计算得出。

采用标称动能为 4.5J 回弹仪时测区混凝土强度换算值　　表 2-1

R	$f^c_{cu,i}$	R	$f^c_{cu,i}$	R	$f^c_{cu,i}$	R	$f^c_{cu,i}$
28.0	—	42.0	37.6	56.0	58.9	70.0	83.4
29.0	20.6	43.0	39.0	57.0	60.6	71.0	85.2
30.0	21.8	44.0	40.5	58.0	62.2	72.0	87.1
31.0	23.0	45.0	41.9	59.0	63.9	73.0	89.0
32.0	24.3	46.0	43.4	60.0	65.6	74.0	90.9
33.0	25.5	47.0	44.9	61.0	67.3	75.0	92.9
34.0	26.8	48.0	46.4	62.0	69.0	76.0	94.8
35.0	28.1	49.0	47.9	63.0	70.8	77.0	96.8
36.0	29.4	50.0	49.4	64.0	72.5	78.0	98.7
37.0	30.7	51.0	51.0	65.0	74.3	79.0	100.7
38.0	32.1	52.0	52.5	66.0	76.1	80.0	102.7
39.0	33.4	53.0	54.1	67.0	77.9	81.0	104.8
40.0	34.8	54.0	55.7	68.0	79.7	82.0	106.8
41.0	36.2	55.0	57.3	69.0	81.5	83.0	108.8

注：1. 表内未列数值可用内插法求得，精度至 0.1MPa；

2. 表中 R 为测区回弹代表值，$f^c_{cu,i}$ 为测区混凝土强度换算值；

3. 表中数值是根据曲线公式 $f^c_{cu,i}=-7.83+0.75R+0.0079R^2$ 计算得出。

采用标称动能为 5.5J 回弹仪时的测区混凝土强度换算值　　表 2-2

R	$f^c_{cu,i}$	R	$f^c_{cu,i}$	R	$f^c_{cu,i}$	R	$f^c_{cu,i}$
35.6	60.2	39.6	66.1	43.6	72.0	47.6	77.9
35.8	60.5	39.8	66.4	43.8	72.3	47.8	78.2
36.0	60.8	40.0	66.7	44.0	72.6	48.0	78.5
36.2	61.1	40.2	67.0	44.2	72.9	48.2	78.8
36.4	61.4	40.4	67.3	44.4	73.2	48.4	79.1
36.6	61.7	40.6	67.6	44.6	73.5	48.6	79.3
36.8	62.0	40.8	67.9	44.8	73.8	48.8	79.6
37.0	62.3	41.0	68.2	45.0	74.1	49.0	79.9
37.2	62.6	41.2	68.5	45.2	74.4	—	—
37.4	62.9	41.4	68.8	45.4	74.7	—	—
37.6	63.2	41.6	69.1	45.6	75.0	—	—
37.8	63.5	41.8	69.4	45.8	75.3	—	—
38.0	63.8	42.0	69.7	46.0	75.6	—	—
38.2	64.1	42.2	70.0	46.2	75.9	—	—
38.4	64.4	42.4	70.3	46.4	76.1	—	—
38.6	64.7	42.6	70.6	46.6	76.4	—	—
38.8	64.9	42.8	70.9	46.8	76.7	—	—
39.0	65.2	43.0	71.2	47.0	77.0	—	—
39.2	65.5	43.2	71.5	47.2	77.3	—	—
39.4	65.8	43.4	71.8	47.4	77.6	—	—

注：1. 表内未列数值可用内插法求得，精度至 0.1MPa；

2. 表中 R 为测区回弹代表值，$f^c_{cu,i}$ 为测区混凝土强度换算值；

3. 表中数值根据曲线公式 $f^c_{cu,i}=2.51246R^{0.889}$ 计算。

(3) 回弹法检测高强混凝土检测报告

采用回弹法检测高强混凝土抗压强度，其检测报告格式可参照表 2-3 所示格式进行。

检测报告应信息完整、齐全，表中未能体现的信息可在备注栏予以补充，并可增加所检测构件的平面分布图。

回弹法检测高强混凝土抗压强度报告　　**表 2-3**

编号（　）第号　　　　第　页共　页

混凝土生产单位________　　委托单位________

输送方式________　　设计单位________

监理单位________　　监督单位________

工程名称________　　构件名称________

施工日期________　　检测原因________

检测环境________　　检测依据________

回弹仪生产厂________　　回弹仪编号________

检测日期________　　回弹仪检定证号________

检测结果

构件		混凝土抗压强度换算值（MPa）		现龄期混凝土强度推定值（MPa）	备注
名称	编号	平均值	标准差		

（有需要说明的问题或表格不够请续页）

批准：________审　　核：________

主检________上岗证书号　HX________主检________上岗证书号________

出具报告日期________年________月________日单位公章________

2.2　超声回弹综合法检测高强混凝土强度技术

2.2.1　概述

超声-回弹综合法检测高强混凝土强度技术顾名思义，就是采用超声法和回弹法两种方法检测高强混凝土抗压强度的一种技术。它是建立在超声波传播速度和回弹值与混凝土抗压强度之间相关关系的基础上，以声速和回弹值两项指标来综合测定混凝土抗压强度，其适用于条件与回弹法基本相同。这是混凝土结构现场检测中常用的一种非破损试验方法，也是《高强混凝土强度检测技术规程》中列入的两种方法之一。

超声-回弹综合法的主要优点是检测精度较单一的超声法或回弹法测强方法精度高，适用范围广。但操作过程烦琐，超声仪结构相对回弹仪较为复杂，操作方法较为烦琐，检测效率相对较低。使用超声仪时尚需进行内部超声波的波速测定，受现场环境条件限制较多。同时，回弹法尽管仪器构造简单，但测试过程受石子类别、混凝土施工工艺、碳化深度、测试角度等的各种因素的影响，势必影响超声-回弹综合法最终的检测精度。因此，在具有钻芯试件作校核的条件下，可按本规程对结构或构件长龄期的混凝土强度进行检测推定。

2.2.2 超声-回弹综合法检测高强混凝土强度的基本原理

超声-回弹综合法检测高强混凝土强度的基本原理就是通过超声仪测定超声波在高强混凝土中的传播速度和回弹仪在高强混凝土表面测得的回弹值的基础上，以声速和回弹值两项指标来对高强混凝土强度进行推定的方法。

由于回弹法测得的回弹值与混凝土抗压强度之间有着一个相关关系，超声仪测定超声波在混凝土中的传播速度也在一定程度上反映了混凝土的密实程度。因此，可通过波速和回弹值这两项指标与混凝土抗压强度建立回归公式。

对于建立检测高强混凝土强度的回归公式，可采用各种不同的函数形式，通过大量的实验数据进行回归拟合，选择相关系数最大的作为最终选定的函数形式。函数形式常见的有直线方程、幂函数方程、抛物线方程等等。目前，在我国《超声回弹综合法检测混凝土强度技术规程》CECS 02：2005 和《高强混凝土强度检测技术规程》JGJ/T 294—2013 中，超声-回弹综合法测强曲线就是通过超声仪测定的混凝土中声速值和回弹仪在混凝土表面测得的回弹值建立的幂函数方程。

2.2.3 超声回弹综合法检测混凝土强度测试误差的主要因素

1. 超声-回弹综合法检测混凝土强度测试条件的影响

首先，采用超声-回弹综合法检测高强混凝土抗压强度时，不同类别的回弹仪不能互换检测。

《高强混凝土强度检测技术规程》JGJ/T 294—2013，在采用超声-回弹综合法检测高强混凝土抗压强度时，通过对全国 11 个省、直辖市的 4000 余组数据进行回归分析后得出的测强曲线。建立超声-回弹综合法检测高强混凝土抗压强度曲线时，统一采用的混凝土超声波检测仪和标称动能为 4.5J 高强回弹仪。因此，超声-回弹综合法检测高强混凝土抗压强度的使用条件应和本规程中的适用范围相一致。由于该规程中，超声-回弹综合法测试使用的回弹仪仅限于 4.5J 高强回弹仪，其他高强混凝土回弹仪不得在超声-回弹综合法测试时使用。

其次，在采用超声-回弹综合法测试时，其中的回弹法检测条件可适当放宽，由于有超声法加以修正，可不必苛求被检混凝土质量内外一致。当混凝土质量内外不一致时，声速将会有显著差异。但测试时宜选择结构或构件的相对面进行测试。

第三，注意温度范围的协调一致。

《高强混凝土强度检测技术规程》JGJ/T 294—2013 总则 1.0.2 条第 4 款明确规定，对所处环境温度低于 0℃或高于 40℃的混凝土不适于检测。这是基于当时一些检测仪器中电子部分技术性能所限，温度过低或过高将会出现数据显示异常会不显示的情形。为确保检测结果的可靠性而作出的规定要求。在检测性能可靠的前提下，可以放宽检测仪器工作环境的限制。

正如我国通行规定回弹仪使用时的环境温度应为－4～40℃。笔者曾经做过有关实验研究，对于机械式回弹仪来说，回弹仪使用时的环境温度可以有一定扩展，至少试验表明，在－10～50℃范围时，对回弹结果几乎没有影响。但对于数字式回弹仪而言，初期的产品对温度的敏感性较大。特别是基于初期的数字式回弹仪一些电子零部件的技术水平，温度过低不显示数据，过高误差增大。所以后来回弹法规程基于现状仍然规定回弹仪使用时的环境温度应为－4～40℃。但如今数字式回弹仪已历经多次技术改进，现今的数字式回弹仪各项性能已显著提升，完全可满足－10～50℃范围的检测。

2. 不同型号规格的超声仪、回弹仪的差异

在《高强混凝土强度检测技术规程》JGJ/T 294—2013 中，超声-回弹综合法检测高强混凝土抗压强度时，所采用的混凝土超声波检测仪，即便型号规格不同，由于其测试原理和所受影响因素基本一致，测试差异并不明显，因此只要满足规程规定的测试性能要求即可使用。

但对于高强回弹仪，目前市面上主要有三种。列入本规程的为两种：即标称动能为 4.5J 高强回弹仪和 5.5J 高强回弹仪。其产品的质量和回弹仪的率定以及率定用的钢砧质量均有所不同，这些具体的内容将在后续第 3 章中详细讲解。

但需要强调的是，在列入本规程的两种回弹仪，4.5J 高强回弹仪检测方法范围和检测强度区间要大得多。尤其是在采用超声-回弹综合法检测高强混凝土抗压强度时，5.5 J 高强回弹仪是不适用于现行规程的。

3. 混凝土结构中表层钢筋的影响

前面已经对混凝土结构中表层钢筋对回弹的影响进行了介绍，这里就不再赘言。这里需要着重指出的是，混凝土结构中表层钢筋对超声仪的影响尤为显著，因此检测时尽量避开混凝土结构中表层钢筋的位置进行测试。

4. 操作人员的操作水平和责任心的影响

任何一种检测方法的操作人员和责任性，对检测结果的可靠性都是至关重要的。除了回弹法检测时操作人员弹击力度大小和均匀性，以及与被测混凝土的表面的垂直度有关外，是否按照正确规范的操作程序进行尤为重要。尤其是超声仪的操作烦琐，每一个技术细节都要高度重视。避免检测操作过程中，责任心不强，随意操作，这样的检测将带来较大的误差，无法保证超声-回弹综合法的检测质量和精度。为此，在超声-回弹综合法中，除应加强回弹法技术培训外，尤其需加强超声仪的操作使用，提高实际操作水平和检测精度；同时，要进一步加强检测人员的职业道德素养，提高检测人员责任心，确保检测结果的可靠性。

2.2.4　超声回弹综合法检测高强混凝土强度技术及其数据处理

1. 超声回弹综合法检测高强混凝土强度技术

(1) 超声回弹综合法检测前的准备工作。

超声回弹综合法检测前，通常需了解各项具体信息，具体包括：工程名称、设计单位、施工单位；结构或构件的名称、外形尺寸、数量及混凝土类型、强度等级；所用水泥的安定性、外加剂、掺合料品种以及混凝土配合比；施工模板、混凝土浇筑、养护情况及浇筑日期；必要的设计图纸和施工记录以及检测原因。

(2) 对超声仪的性能要求、回弹仪钢砧的校验和回弹仪率定。

回弹仪在检测前后，应在经校验合格的钢砧上做率定试验。高强混凝土回弹仪应在洛氏硬度 HRC 为 60±2、质量为 20.0kg 的配套钢钻上进行率定，率定应分四个方向进行，弹击杆每次应旋转 90 度，每个方向弹击 3 次，弹击杆每旋转一次的率定平均值应符合相应高强回弹仪的技术要求。

如：4.5 J 高强混凝土回弹仪弹击杆每旋转一次的率定平均值应为 88±2。

（3）超声回弹综合法测试

1）根据委托方要求和检测实际需要，选择合适的检测方案

根据委托方要求和检测实际需要，可选择单个检测、全数检测或抽样检测。单个检测经对受检构件负责，全数检测或抽样检测可对该批次出具结果。当进行抽样检测时，需对批次样品按照《规程》中 4.1.3 条的规定进行划分。即：混凝土设计强度等级相同、构件种类相同、成型工艺及龄期基本相同、施工所处状态大致相同。

对于同批构件的抽检，应采取随机取样的方法，抽取总构件数的 30%且不少于 10 个构件。但同时应满足国家其他现行通用标准的规定。

当检验批中抽取的构件数超过 50 时，可按现行国家标准《建筑结构检测技术标准》GB/T 50344—2004 进行混凝土强度的检测和推定。

2）测区布置要求

① 测区应均匀布置在混凝土浇筑侧面，相邻测区间距不宜大于 2m；

② 测区应避开钢筋和预埋铁件的部位；

③ 测区面积通常情况下不宜大于 200mm×200mm，当采用单面平测时测区面积不受此限；

单个构件检测时，测区应均匀布置，且不应少于 10 个；

④ 测区范围内应清洁、平整、干燥，不得有接缝、蜂窝和麻面，对于饰面层、浮浆和油垢等杂物，应用砂轮打磨干净；

⑤ 根据构件尺寸确定最小测区数。

通常情况下，超声回弹综合法检测，先采用回弹法检测再进行超声法检测。回弹测区数不应少于 10 个。对较小构件，即：某一方向尺寸不大于 4.5m 且另一方向尺寸不大于 0.3m 的构件，其测区数量可适当减少，但不应少于 5 个。而且要求每个测区回弹 16 个测点，测点宜在测区范围内均匀分布，相邻两测点的净距离不宜小于 20mm，测点距外露钢筋、预埋件的距离不宜小于 30mm，测点不应在气孔或外露石子上，同一测点应只弹击一次，每一测点的回弹值读数至 1；并且回弹测试完毕后，应选取不少于构件测区数 30%的测区位置进行碳化深度的测量，按照回弹法规程中相应办法进行取值。

3）超声测试及声速值计算

① 超声测试

采用超声回弹综合法检测时，应在回弹测试完毕的测区内进行超声测试。每一测区应布置 3 个测点。3 个超声测点应布置在回弹测试的同一测区内。超声测试宜优先采用对测，当被测构件不具备对测条件时，可采用角测和单面平测。由于测强曲线建立时采用了超声对测方法，所以，实际工程检测时应优先采用对测的方法。当被测构件不具备对测条件时（如地下室外墙面），可采用角测或平测法。

角测和平测的具体测试方法可参照现行标准《超声回弹综合法检测混凝土强度技术规程》CECS 02：2005。平测时两个换能器的连线应与附近钢筋的轴线保持 40°～50°夹角，以避免钢筋的影响。

大量实践证明，平测时测距宜采用 350～450mm，以便使接收信号首波清晰易辨认。

② 声速值计算

超声测试时，换能器辐射面应采用耦合剂使其与混凝土测试面良好耦合。使用耦合剂目的就是为了排除换能器辐射面与混凝土测试面间的空气和杂物，确保其能够完全接触。同时，为了保证声时测量的准确性和可比性，应力求每一测点耦合层达到最薄，以保持耦合状态最佳和测试状态的一致性。

声速值准确与否，完全取决于声时和测距量测是否准确可靠。因此需对声时读数和测距量测的精度提出严格要求。在本规程中明确规定：声时测量应精确至 0.1μs，超声测距测量应精确至 1mm，测量误差应在超声测距的 ±1% 之内，且声速计算应精确至 0.01km/s。

《规程》规定了在混凝土浇筑方向的两个侧面进行对测时测区混凝土中声速代表值的计算方法。当在混凝土浇筑方向的两个侧面进行对测时，测区混凝土中声速代表值应为该测区中 3 个测点的平均声速值，并应按式（2-14）计算：

$$v = \frac{1}{3}\sum_{i=1}^{3}\frac{l_i}{t_i - t_0} \tag{2-14}$$

式中　v——测区混凝土中声速代表值（km/s）；

l_i——第 i 个测点的超声测距（mm）；

t_i——第 i 个测点的声时读数（μs）；

t_0——声时初读数（μs）。

测区混凝土中声速代表值是取超声测距除以测区内 3 个测点混凝土中声时平均值。当超声测点在浇筑方向的侧面对测时，声速不做修正。如果超声测试采用了角测或平测，应考虑参照现行标准《超声回弹综合法检测混凝土强度技术规程》CECS 02：2005 的有关规定，事先找到声速的修正系数对声速进行修正。

声时初读数 t_0 是声时测试值中的仪器及发、收换能器系统的声延时，是每次现场测试开始前都应确认的声参数。

2. 超声回弹综合法检测高强混凝土强度数据处理

采用超声回弹综合法检测结构或构件混凝土强度时，应分别在结构或构件上采用超声仪和回弹仪进行检测。用所测得的声速值和回弹值按已确定的相关测强曲线，进行测区强度的计算，再根据测强曲线公式计算出结构或构件混凝土强度。

(1) 无专用和地区测强曲线的数据处理

当无专用和地区测强曲线时，采用本书 2.1.4 中“2. 回弹法检测高强混凝土强度技术的数据处理（1）测区回弹值的计算”中的方法计算出回弹值，按照超声测试及声速值计算得到超声波在被测混凝土中的声速值。再通过查《超声回弹综合法测区混凝土强度换算表》（附录 1 中表 E）得出测区混凝土强度，或按《高强混凝土强度检测技术规程》JGJ/T 294—2013 中全国统一测强公式（2-15）进行计算。

$$f^{c}_{cu,i} = 0.117081 v^{0.539038} \cdot R^{1.33947} \tag{2-15}$$

式中　$f^{c}_{cu,i}$——结构或构件第 i 个测区的混凝土抗压强度换算值（MPa）；

v——测区混凝土中声速代表值（km/s）；

R——测区回弹代表值，取有效测试数据的平均值，精确至 0.1。

上述测区回弹代表值系指 4.5J 回弹仪测区回弹代表值，上述测强曲线公式系对全国 11 个省、直辖市提供的 4000 余组数据回归分析后得到的，如表 2-4 所示。

测强曲线公式和统计分析指标 **表 2-4**

检测方法	测强曲线公式	相关系数 r	相对标准差 e_r	平均相对误差 δ	试件龄期 (d)	试件强度范围 (MPa)
超声回弹综合法	$f^c_{cu,i}=0.117081v^{0.539038}\cdot R^{1.33947}$	0.90	16.1%	±12.9%	1～900	7.4～113.8

考虑到高强混凝土质量控制时，需要掌握高强混凝土在强度增长过程的强度变化情况，公式的强度应用范围定为 20.0～110.0MPa。建立表 2-5 中所示的测强曲线公式时，所用仪器为混凝土超声波检测仪和标称动能为 4.5J 回弹仪。

需要特别说明的是：所有计算过程中，对单个检测的构件，取一个构件的测区数；对批量检测的构件，取被抽检构件测区数之总和。采用超声回弹综合法对高强混凝土强度进行检测时，结构或构件的测区混凝土换算强度平均值和强度推定值等计算规则及异常数据的处理均与本书 2.1.4 中有关规定相同，这里不再赘述。

(2) 当被测混凝土采用的材料及其龄期与制定测强曲线的规定有较大差异时，应予修正。修正条件与修正方法与上节内容相同。

(3) 结构或构件混凝土抗压强度推定值 $f_{cu,e}$ 按下列情形予以确定。

1) 当结构或构件中测区数少于 10 个时，应按式 (2-16) 计算：

$$f_{cu,e}=f^c_{cu,min} \tag{2-16}$$

式中 $f_{cu,e}$——结构或构件混凝土抗压强度推定值 (MPa)，精确至 0.1MPa；

$f^c_{cu,min}$——结构或构件最小的测区混凝土抗压强度换算值 (MPa)，精确至 0.1MPa。

2) 当结构或构件中测区数不少于 10 个或按批量检测时，应按式 (2-17) 计算：

$$f_{cu,e}=m_{f^c_{cu}}-1.645\,s_{f^c_{cu}} \tag{2-17}$$

式中 $f_{cu,e}$——结构或构件混凝土抗压强度推定值 (MPa)，精确至 0.1MPa；

$m_{f^c_{cu}}$——结构或构件测区混凝土强度换算值的平均值 (MPa)，精确至 0.1MPa；

$s_{f^c_{cu}}$——结构或构件测区混凝土强度换算值的标准差 (MPa)，精确至 0.01MPa。

(4) 对按批量检测的构件，出现下列情况之一时，应全部按单个构件进行强度推定。

1) 强度平均值 $m_{f^c_{cu}}<50.0$ MPa，标准差 $s_{f^c_{cu}}>5.50$ MPa；

2) 抗压强度平均值 $m_{f^c_{cu}}>50.0$ MPa，标准差 $s_{f^c_{cu}}>6.50$MPa。

3. 超声回弹综合法检测高强混凝土检测报告

用超声回弹综合法检测高强混凝土检测报告可按表 2-5 的格式进行。检测报告应信息完整、齐全，表中未能体现的信息可在备注栏予以补充，并可增加所检测构件的平面分布图。

超声回弹综合法检测高强混凝土强度检测报告　　表 2-5

检测单位名称：

报告编号：　　　　　　　　　　　　　　　　　　　　　　　　共　　页第　　页

<table>
<tr><td>工程名称</td><td colspan="4"></td></tr>
<tr><td>工程地址</td><td colspan="4"></td></tr>
<tr><td>委托单位</td><td colspan="4"></td></tr>
<tr><td>设计单位</td><td colspan="4"></td></tr>
<tr><td>监理单位</td><td colspan="4"></td></tr>
<tr><td>施工单位</td><td colspan="4"></td></tr>
<tr><td>混凝土浇筑日期</td><td colspan="4"></td></tr>
<tr><td>检测原因</td><td colspan="2"></td><td>检测日期</td><td></td></tr>
<tr><td>检测依据</td><td colspan="2"></td><td>检测仪器</td><td></td></tr>
<tr><td colspan="5">混凝土强度检测结果</td></tr>
<tr><td rowspan="2">构件名称、轴线编号</td><td colspan="3">混凝土强度换算值（MPa）</td><td rowspan="2">构件混凝土强度推定值（MPa）</td></tr>
<tr><td>平均值</td><td>标准差</td><td>最小值</td></tr>
<tr><td></td><td></td><td></td><td></td><td></td></tr>
<tr><td></td><td></td><td></td><td></td><td></td></tr>
<tr><td>强度修正系数值 η</td><td colspan="4"></td></tr>
<tr><td>强度批推定值（MPa）
$n=$</td><td>$m_{f_{cu}^{c}}=$　　MPa</td><td>$S_{f_{cu}^{c}}=$　　MPa</td><td colspan="2">$f_{cu,e}=$　　MPa</td></tr>
<tr><td>测强曲线</td><td colspan="2">规程，地区，专用</td><td colspan="2">备　注</td></tr>
</table>

批准：　　　审核：　　　主检：　　　　　　　　　　　　　　　　年　　月　　日

单位公章

第3章　高强混凝土强度检测的仪器

3.1　高强回弹仪

混凝土工程质量检测工作一直受到业内人士的重视与关注，随着混凝土技术的不断发展，高强混凝土也逐步应用于各种工程建设项目，成为一种较为广泛的建筑结构材料，尤其在高层建筑中应用最多。

高强混凝土的质量，直接关系到建（构）筑物尤其是高层建筑的结构安全，关系到千家万户的生命财产安全。为检测高强混凝土抗压强度的需要，我国开展了高强回弹仪的开发和研究。

3.1.1　高强回弹仪的分类

目前市面上的高强混凝土回弹仪有GHT450（H450）、ZC1（H550）和HT1000（H980）三种型号，其标称动能分别为4.5J、5.5J和9.8J，测试混凝土强度范围也各有差异。

HT1000型高强混凝土回弹仪标称动能最大，主要应用在港口工程中的大体积混凝土强度检测。而GHT450型高强混凝土回弹仪和ZC1型高强混凝土回弹仪，标称动能较为接近，但仪器机械参数差别较大。国内已有的实验研究结果表明：5.5J（ZC1型）高强混凝土回弹仪比4.5J（GHT450型）高强混凝土回弹仪检测精度低得多。因此，《高强混凝土强度检测技术规程》编制组编制时选用了GHT450型高强混凝土回弹仪作为规程的标准仪器，以此建立了全国高强混凝土测强曲线公式，并在规程中规定非GHT450型回弹仪不能使用。后面鉴于ZC1型（5.5J）高强混凝土回弹仪在我国一些省份有一定的市场应用，经会议协调，将ZC1型（5.5J）高强混凝土回弹仪也列入了本规程，但实际应用范围受到一定的限制。

3.1.2　高强回弹仪的主要技术参数

由于目前市面上的高强混凝土回弹仪有GHT450、ZC1和HT1000三种型号，其标称动能分别为4.5J、5.5J和9.8J。而现行规程《高强混凝土强度检测技术规程》JGJ/T 294—2013只列入4.5J和5.5J两种高强回弹仪，因此，以下对4.5J和5.5J两种高强回弹仪的主要技术参数分别作一详细介绍。对本规程中未列入的HT－1000型高强回弹仪主要技术参数仅作简单介绍。

1. 4.5J高强回弹仪

4.5J高强回弹仪产品型号：GHT450，此产品标准动能为4.5J，可检测混凝土强度20.0～110.0MPa的高强混凝土回弹仪，且通过实验得到相应的全国统一测强曲线，经实际工程检测试用取得较好的效果。在此基础上，中国建筑科学研究院组织国内有关建筑科学研究院和工程质量检测单位编写了行业标准《高强混凝土强度检测技术规程》JGJ/T 294—2013，已将该型号回弹仪列入该规程的回弹法检测仪器和超声-回弹综合法的检测仪器。与此同时，还研究开发了与 GHT450 回弹仪配套的标准钢砧，砧心硬度 HRC60±2，符合国家标准 GB9138。

回弹仪检测混凝土强度，实质为检测硬化后混凝土表面硬度——用特定定义的回弹值作为硬度单位，利用混凝土强度与硬度的相关规律，建立混凝土强度与回弹值的关系——数学模型 FCUC（RM）或测强曲线 RM——FCUC 来推定混凝土强度，一般将这一过程称之为“回弹法”检测。

（1）结构型式

回弹仪应具备产生标准动能和显示回弹值的机构，且具有可检定性。GHT450 型高强混凝土回弹仪的示值系统为指针直读式，其结构形式为：用能量弹簧驱动弹击锤，通过弹击杆作用混凝土试体产生瞬时弹性变形恢复力，使弹击锤回弹并带动指针移动指示回弹值。图 3-1 所示为 4.5J 高强混凝土回弹仪（GH450 型回弹仪）在弹击后的纵向剖面结构示意图。

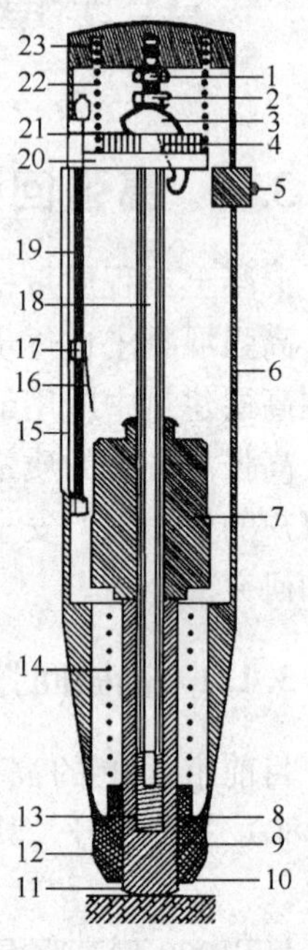

图 3-1　回弹仪构造和主要零件名称

1—紧固螺母；2—调零螺钉；3—挂钩；4—挂钩销子；5—按钮；6—机壳；7—弹击锤；8—拉簧座；9—卡环；10—密封毡圈；11—弹击杆；12—盖帽；13—缓冲压簧；14—弹击拉簧；15—刻度尺；16—指针片；17—指针块；18—中心导杆；19—指针轴；20—导向法兰；21—挂钩压簧；22—压簧；23—尾盖

（2）标准动能

标准动能为回弹仪的主设计参数，GHT450 回弹仪的标准动能按下式计算：

$$E = 1/2KL^2\text{J}(\text{N}\cdot\text{m})$$

式中　E——标准动能 4.5J（N·m）；

K——弹击拉簧刚度，900N/m；

L——弹击拉簧标准拉伸长度，100mm 。

（3）回弹值

回弹值是表征硬化后混凝土表面强度而定义的专有单位，其定义可用下式表示：

$$R=L'/L\times100\%$$

式中　R——回弹值；

L——弹击拉簧标准拉伸长度（或弹击锤冲程），100mm；

L'——弹击锤碰撞后回弹距离，mm。

（4）主要技术性能指标

1）标准动能 4.5J（N·m）

2）测强范围 20 ～ 110MPa

3）标准钢砧上率定回弹值 88 ± 2

4）弹击拉簧刚度（900±40）N/m

5）弹击拉簧工作长度 106mm

6）弹击杆冲击球面半径为（35.0±1.0）mm

7）指针最大静摩擦力（0.65± 0.15）N

8）外形尺寸 ϕ70×430mm

（5）回弹仪标准技术状态应符合下列情形：

1）水平弹击时，弹击锤脱钩瞬间，回弹仪标准能量为 4.5J（N·m）。

2）弹击锤与弹击杆碰撞瞬间，弹击拉簧应处在不受力状态，此时弹击锤起跳点应对应于指针示值刻线位于回弹值读尺的“0”线处。

3）在硬度 HRC58～HRC62 的钢砧上标定，回弹仪的率定回弹值应为 88 ± 2 。

（6）回弹仪操作指南

正确操作回弹仪可以获取准确的回弹值，不规范操作测取的回弹值误差大，甚至影响最终结果的判定。

1）标准操作方法

① 双手紧握回弹仪

一手在前，持握仪器中前部位，一手在后，握压仪器尾部的尾盖。

② 回弹仪中轴线垂直于试体表面

测试过程中，始终保持回弹仪中轴线与混凝土表面垂直不歪斜。

③ 弹击不晃动

测试弹击瞬间，保持回弹仪不晃动，可提高测取回弹值的准确性。一般晃动将降低 2～3 个回弹值或更多，在钢砧上率定回弹仪亦然。

④ 快速回零位

测试弹击读取回弹值后，回弹仪器快捷，指针回零位弹击杆伸出仪器，保证弹击杆与挂钩挂上。

2）操作程序

回弹仪弹击测试是一个连续的操作过程，为了便于了解仪器工作原理，将操作过程分解为 4 个程序。

① 归零

弹击杆顶住某接触面，轻压仪器，按钮弹出，快速回抬仪器，弹击杆伸出，指针回零位一指针示值红刻线位于回弹值读尺零刻线内。

②能量过程

弹击杆对准测试点，推压回弹仪，弹击杆被压入仪器，弹击拉簧拉伸至标准长度 100mm，挂钩与尾盖调整螺栓端头接触，弹击锤处于脱钩瞬间，此时仪器具有标准能量 4.5J（N·m）。

③碰撞弹击

继续推压仪器，弹击锤脱钩冲向弹击杆（此时应保持推压状态）并连续振荡回弹多次。

④读取回弹值

弹击锤碰撞回弹带动指针移动指示回弹值——指针示值红刻线对应读尺位置读取回弹值（此时应按压仪器不动）。也可在弹击后按进按钮锁住机芯保留回弹后指针位置，再读取回弹值。

以上是一次弹击操作过程，重复上述过程，可以获得多点回弹值。

（7）测试方法

测试方法按《高强混凝土强度检测技术规程》JGJ/T 294—2013有关规定执行。

(8) 回弹仪的检验

回弹仪的检验，可保持仪器性能的一致性。校验分为自检和周期检定。

1) 自检

自检采用钢砧检定回弹仪方法，即在有效周期检定时限内，回弹仪使用频繁，用户应进行自检，即用钢砧做标准器具来检定回弹仪的方法，其内容和程序如下：

①标准器具钢砧，应符合现行国家标准《回弹仪》GB 9138，砧芯硬度为HRC58～HRC62，应有导向护套和弹击杆定位装置。

②钢砧检定回弹仪程序：

钢砧检定回弹仪是一个综合性的方法，并非单一钢砧上率定回弹值88±2这项指标。钢砧检定回弹仪方法如下：

a. 检定指针最大静摩擦力，应在（0.65±0.15）N范围内。

b. 弹击拉簧工作长度（106±0.5）mm，用游标卡尺检验。

c. 弹击拉簧标准拉伸长度100mm的检验。

采用加修正系数的间接测量方法，将回弹仪机芯取出仪器之外，测量挂钩状态下弹击杆与弹击锤碰撞面之间的距离应为（102±1）mm来取代弹击拉簧标准拉伸长度。

d. 脱钩点的校验

弹击锤脱钩瞬间，指针示值红刻线应位于回弹值读尺最后一道刻线处或未装读尺时仪壳指针槽上第三道刻线。如果回弹仪尾盖上的调整螺栓没有松动，可免检此项。

e. 钢砧上率定回弹值应为88±2。

在钢砧上检验回弹仪采用GZ20型钢砧，将其置于刚性较好的地面上，稳固不晃动，可在钢砧下垫5mm左右厚的胶皮，将回弹仪放入导向套筒中，弹击杆对准砧芯，推压仪器进行检验，率定回弹值应在88±2范围。

通过上述程序的检验，可以确认回弹仪性能基本符合标准要求。

2) 检定周期

参照现行国家标准《回弹仪》GB 9138、《回弹仪检定规程》JJG 817、行业标准《回弹法检测混凝土抗压强度技术规程》JGJ/T 23，检定周期为半年。超过检定周期后应对回弹仪进行检定。

回弹仪检定必检项目如下：

① 指针最大静摩擦力（0.65±0.15）N。

② 指针长度（25±0.3）mm（指针示值红刻线至弹簧片舌端距离）。

③ 弹击拉簧刚度（900±40）N/m。

④ 弹击拉簧工作长度（106±0.5）mm。

⑤ 弹击锤冲程（102±1）mm（修正后数据）。

⑥ 指针回零位。

⑦ 弹击锤脱钩点。

⑧ 钢砧上率定回弹值88±2。

3) 一般率定实验

当遇有下列情况之一时，应在钢砧上进行率定：

① 回弹仪使用前；

② 在测试过程中对回弹值有怀疑时。

(9) 维护保养

维护保养好回弹仪，使其处于正常状态，是应用好回弹法，取得准确数据的可靠保证。因此，回弹仪应由专人使用和保管。每次用毕后，应及时维护，将回弹仪外部和弹击杆擦净，弹击杆处于外伸状态装入仪器盒内。

当回弹仪有下列情况之一时，应进行维护保养。

① 弹击超过2000次；

② 仪器发生故障或零件损坏时；

③ 钢砧上率定回弹值不合格；

④ 对检测数据有怀疑。

回弹仪维护保养及要求：

① 弹击锤脱钩状态下取出机芯（读尺面朝上），卸下弹击杆取出缓冲簧，从三连件（弹击锤，弹击拉簧，弹簧座）中抽出中心导杆。

② 用洁净医用纱布擦净以下零件部位：中心导杆，弹击锤及弹击杆内孔与端面，仪壳内壁等。

③ 用带有微量钟表油或缝纫机油的纱布擦拭中心导杆形成极薄一层油膜，其他零件均不得涂油。

④ 尾盖上的调整螺栓不应旋动。

⑤ 不得自制或更换零件。

⑥ 擦毕零件，组装仪器，应在钢砧上率定值达到88±2。

(10) 回弹仪的分解与复原装配

1) 回弹仪分解程序

① 弹击杆顶住地面，轻压仪器按钮弹出回弹仪器，弹击杆伸出（分解回弹仪弹击杆必须处于外伸状态）。

② 旋下尾盖和盖帽，取出压缩弹簧和半圆卡环。

③ 顶推弹击杆，使机芯缓慢往尾部移动（注意读尺应朝上），脱钩状态下取出机芯。

④ 机芯分解：用弹击锤击弹击杆使其退出中心导杆，取出弹击杆内缓冲簧，将中心导杆抽出三连件，机芯即分解完毕。

⑤ 指针部件分解：用仪表起子从仪器尾端逆时针方向旋转指针轴至脱开前固定块，用夹钳将指针轴抽出（注意：应旋转指针轴脱开指针），取出指针（滑块）；卸下读尺，指针不见将分解完毕。

⑥ 装读尺的仪壳上长方形平面的指针槽上刻有三道刻线：零刻线、脱钩点刻线和钢砧上率定回弹值刻线。依据这三道刻线。不装读尺也能检验回弹仪。

2) 回弹仪复原装配程序。

回弹仪复原装配程序与分解程序相反，即后拆卸零件先装配，但读尺最后装配，以便检验弹击锤脱钩点。

采用标称动能为4.5J回弹仪时，结构或构件混凝土强度换算值可按本书中表2-1直接查得或根据曲线公式 $f^{c}_{cu,i}=-7.83+0.75R+0.0079R^2$ 计算得出。

2. 5.5J 高强混凝土回弹仪

（1）概述

5.5J 高强混凝土回弹仪是由山东乐陵市回弹仪厂在原 ZC3-A 型混凝土回弹仪基础上，通过多年试验改进研制出的 ZC1 型高强混凝土回弹仪，可检测抗压强度为 60～80MPa 范围内的混凝土结构或构件。

（2）回弹仪的结构

回弹仪的结构形式同 4.5J 回弹仪，详见前面图 3-1 所示：4.5J 高强混凝土回弹仪（GH450 型回弹仪）在弹击后的纵向剖面结构示意图。

（3）技术要求

回弹仪使用时的环境温度应为－4℃～40℃，能量为 5.5J 的回弹仪，其弹击锤冲击长度为 100mm，弹击杆前端球面半径为 18mm。回弹仪必须具有制造厂的合格证及检定单位的检定合格证，并应在回弹仪的明显位置上具有下列标志：名称、型号、制造厂名（或商标）、出厂编号、出厂日期等。

回弹仪必须符合下列标准状态的要求：

① 水平弹击时，弹击锤脱钩的瞬间，回弹仪的标准能量应为 5.5J；

② 弹击锤与弹击杆碰撞的瞬间，弹击拉簧应处于自由状态，此时弹击锤起跳点应相应于指针指示刻度尺上“0”处；

③ 在洛氏硬度 HRC 为 60±2 的钢砧上，回弹仪的率定值应为 83±2。

（4）主要技术性能指标

1）标准能量 5.5J

2）测强范围 60～80MPa

3）在钢砧上率定回弹值 83±2

4）弹击拉簧刚度 86.0N/m

5）弹击拉簧长度 86.0mm

6）弹击杆冲击球面半径为（18.0±1.0）mm

7）指针最大静摩擦力（0.65±0.15）N

8）外形尺寸 ϕ54×350mm

（5）凝土强度换算值

采用标称动能为 5.5J 回弹仪时，结构或构件的第 i 个测区混凝土强度换算值可按本书中表 2-2 直接查得或根据曲线公式 $f^{c}_{cu,i} = 2.51246R^{0.889}$ 计算。

3. HT-1000 型高强回弹仪

HT-1000 型高强回弹仪适用于检测 C50～C80 混凝土的抗压强度，特点与同类高强回弹仪相比较具有体积相对较大、重量较重、测试精度高，便于操作。主要技术参数：①标称冲击动能：9.8J（1kgf·m）；②弹击锤冲程：140mm；③指针滑块的静摩擦力：（0.65±0.15）N；④钢砧率定平均回弹值：（83±2）mm；⑤弹击拉簧刚度：（1000±45）N/m；⑥重量：≈3.5kg。

3.2 混凝土超声仪

3.2.1 混凝土超声仪的分类

用于混凝土的超声波检测仪可分为下列两类，一类为模拟式：接收的信号为连续模拟量，可由时域波形信号测读声学参数；另一类为数字式：接收的信号转化为离散数字量，具有采集、储存数字信号、测读声学参数和对数字信号处理的智能化功能。

3.2.2 混凝土超声波检测仪器的主要技术参数

混凝土超声波检测仪器的主要技术参数应符合《混凝土超声波检测仪》JG/T 5004 的要求，并应符合《高强混凝土强度检测技术规程》JGJ/T 294—2013 中的有关要求。

(1) 模拟式超声波检测仪技术要求

① 要求示波装置波形清晰、显示稳定；

② 声时最小分度值为 0.1μs；

③ 幅度调整系统应具有最小分度值为 1dB 的信号；

④ 接收放大器频响范围 10～500kHz，总增益不小于 80dB，信噪比 3∶1 时的接收灵敏度不大于 50μV；

⑤ 换能器的工作频率宜在 50～100kHz 范围内；

⑥ 换能器的实测主频与标称频率相差不应超过±10%；

⑦ 电压在标称值±10%波动范围能正常工作；

⑧ 连续工作时间不少于 4h；

⑨ 具有手动游标和自动整形两种声时测读功能；

⑩ 声时在 20～30μs 范围内，连续静置 1h 数值变化不超过±0.2μs。

(2) 数字式超声波检测仪技术要求

数字式超声波检测仪技术要求除满足上述模拟式超声波检测仪技术要求的①～⑧外，还应具备以下 3 条要求。

① 具有数据采集、储存并进行处理的功能；

② 具有手动游标测读和自动测读两种方式。自动测试条件下，1h 内每 5min 声时值的差异不超过±0.2μs；

③ 声时自动测读状态下，测读位置应有光标指示。

3.3 高强回弹仪、超声仪的构造及工作原理

3.3.1 高强回弹仪的构造及工作原理

(1) 高强回弹仪的构造

高强回弹仪和普通回弹仪构造大致相同，主要由弹击杆、弹击锤、压簧、指针、尾盖、外壳等部件组成，其具体构造详见前面图 3-1 所示。

(2) 高强回弹仪的工作原理

高强回弹仪的工作原理实质为采用特定定义的回弹值作为硬度单位的高强回弹仪检测

硬化后混凝土的表面硬度，利用混凝土硬度与强度的相关规律，建立强度与回弹值的关系的数学模型或测强曲线来推定高强混凝土强度，一般将这一过程为“回弹法”。

3.3.2 混凝土超声仪的构造及工作原理

（1）混凝土超声仪的构造

混凝土超声仪的型号规格较多，但构造大体相同。现以瑞士生产的TICO型混凝土超声波测试仪为例，对其构造作一介绍。

① 主机为TICO显示装置；

② 内置可以将数据传输到PC机上的软件系统；

③ 128×128的LCD；

④ 带有RS232C接口；

⑤ 带有不易丢失内存（可以存储250次测试结果）；

⑥ 带有6节1.5V电池，可连续工作30h；

⑦ 2个54kHz换能器，配备有专用的耦合剂，出厂时通常带有一瓶150ml的耦合剂；

⑧ 2根1.5m的BNC缆线背带、操作手册和手提箱（325mm×295mm×105mm，共重3.4kg）。

（2）混凝土超声仪的工作原理

TICO混凝土超声波测试仪用于混凝土的无损检测，能测定混凝土强度、均一性、裂缝、蜂窝、火烧或霜冻后引起的缺陷及混凝土的弹性模量等性能参数，在本规程中是用于与回弹法配合使用检测高强混凝土的抗压强度。它是建立在超声波传播速度和回弹值与混凝土抗压强度之间相关关系的基础上，以声速和回弹值两项指标来综合测定混凝土抗压强度。其具体技术指标如下：

①测试范围：0.1～6553.5μs；

②电压脉冲：1kV；

③输入阻抗：1MΩ；

④分辨率：0.1μs；

⑤脉冲速率：3/s；

⑥温度范围：－10～60℃。

由上述技术指标的第⑥项可知，该仪器的适用范围远超出《高强混凝土强度检测技术规程》规定的－4～40℃的使用范围。

3.4 影响回弹仪、超声仪检测性能的主要因素

3.4.1 影响回弹仪检测性能的主要因素

（1）回弹法测试的使用条件的影响

首先，采用回弹法检测时，不同类别的回弹仪不能互换检测。

回弹法测试的使用条件应和回弹仪本身的适用范围相一致，中型回弹仪只能检测10～60MPa的混凝土，不能检测高强混凝土。同样，高强混凝土回弹仪只能用于高强混凝土的检测，不得用于检测普通混凝土的强度。

其次，采用回弹法检测时，必须保证被检混凝土质量内外一致。

回弹法使用的前提是要求混凝土质量内外一致，当混凝土表层和内部质量有明显差异，如遭受火灾、高温、化学腐蚀等，以及混凝土内部存在缺陷时，是不适宜采用回弹法进行检测的。如此时还采用回弹法进行检测，势必影响到回弹仪检测性能，增大测试误差。

第三，采用回弹法检测时，保证回弹仪的使用温度在规定范围。

《高强混凝土强度检测技术规程》规定回弹仪使用时的环境温度应为－4～40℃。笔者曾经做过有关实验研究，对于机械式回弹仪来说，回弹仪使用时的环境温度可以有一定扩展，至少试验表明，在－10～50℃范围时，对回弹结果没有影响。但对于数字式回弹仪而言，对温度的敏感性较大。特别是基于数字式回弹仪一些电子零部件目前的技术水平，温度过低不显示数据，过高误差增大。所以回弹法规程基于现状仍然规定回弹仪使用时的环境温度应为－4～40℃。

（2）不同型号规格的回弹仪、产品的质量和回弹仪的率定以及率定用的钢砧质量

目前回弹仪种类很多，不同回弹仪的检测性能各有差异；将在第3章对高强回弹仪进行专门介绍。

回弹仪本身的质量；回弹仪本身的质量主要包括：回弹仪机芯主要零部件的装配尺寸，包括弹击拉簧的工作长度、弹击锤的冲击长度以及弹击锤的起跳位置等；主要零部件的质量，包括拉簧刚度、弹击杆前端的球面半径、指针长度和摩擦力、影响弹击锤起跳的有关零件；机芯的装配质量，如调零螺丝、固定弹击拉簧和机芯同轴度等。

回弹仪本身的质量直接影响到测试性能和测试误差，对混凝土强度推定的准确性也就造成了相应影响。只有性能良好的回弹仪才能保证回弹法检测精度，确保测试结果的可靠性。

回弹仪的率定以及率定用的钢砧质量：

回弹仪的率定应按照现行回弹法规程操作并满足相应要求，率定用的钢砧质量应符合规定要求。

（3）混凝土结构中表层钢筋的影响

混凝土结构中表层钢筋对回弹的影响，要根据钢筋混凝土保护层厚度、钢筋直径及钢筋疏密程度而定。据有关文献资料表明，当保护层厚度大于20mm，钢筋直径为4～6mm时，用回弹仪进行对比回弹，混凝土回弹值波动幅度不大，可视为没有影响。

（4）回弹仪的技术指标不符合标准状态

当回弹仪测试过程，其技术指标不符合标准状态时将直接影响检测结果的准确性，应按有关要求进行相应处理。

3.4.2　影响超声仪检测性能的主要因素

（1）超声仪测试条件的影响

首先，采用超声-回弹综合法检测高强混凝土抗压强度时，所用超声仪应为混凝土超声仪或可用于混凝土与检测的非金属超声仪，不能是医用或其他用途的超声仪。也就是说，不同类别的超声仪不能互换检测。

其次，在采用混凝土超声仪测试时，宜选择结构或构件的相对面进行测试。

第三，注意温度、湿度范围的协调一致。

基于部分检测仪器中电子部分技术性能所限，温度过低或过高将会出现数据显示异常或不显示的情形。为确保检测结果的可靠性，《高强混凝土强度检测技术规程》JGJ/T 294—2013在其总则 1.0.2 条第 4 款明确规定，对所处环境温度低于 0℃或高于 40℃的混凝土不适于检测。但在检测仪器在此温度范围外性能可靠的前提下，可以放宽检测仪器工作环境的限制。

正如我国通行规定回弹仪使用时的环境温度应为－4～40℃。笔者曾经对数字式回弹仪做过有关实验研究，初期的数字式回弹仪一些电子零部件的技术水平，温度过低不显示数据，过高误差增大。如今数字式回弹仪已历经多次技术改进，现今的数字式回弹仪各项性能已显著提升，完全可满足－10～50℃范围的检测，远超出回弹法规程使用环境温度应为－4～40℃的规定。而据了解，目前瑞士的超声仪的温度适用范围也可满足－10～60℃范围，远超出目前《高强混凝土强度检测技术规程》JGJ/T 294—2013 的规定。

湿度范围应满足超声仪使用说明书的要求，最好能在混凝土表面干燥状态下进行。在同批构件测试时，测试的混凝土构件湿度尽可能相近，否则会产生较大测试误差，影响最终结果的可靠性。

(2) 不同型号规格的超声仪差异

采用的混凝土超声波检测仪，即便型号规格不同，由于其测试原理和所受影响因素基本一致，测试差异并不明显，因此只要满足规程规定的测试性能要求即可使用。但测试同一构件或同批构件时，宜采用同一台仪器，以减小系统误差。

(3) 混凝土结构中表层钢筋的影响

本规程所用超声仪是特指混凝土用超声波检测仪或非金属用超声波检测仪，对金属件将尤为敏感。因此，混凝土结构中表层钢筋对超声仪的影响尤为显著，检测时须避开混凝土结构中表层钢筋的位置进行测试，以减小误差甚至错误数据的出现。

(4) 操作人员应持证上岗

任何一种检测方法的操作人员和责任性，对检测结果的可靠性都是至关重要的。因此，首先要求通过专门培训和考核，持证上岗，确保操作程序的正确性、规范性。其次，加强职业道德的教育，增强质量意识和工作责任性以确保检测结果的可靠性。

(5) 特殊情形的影响

采用超声仪对特殊骨料等材料配制的混凝土进行检测，发现数据异常或推断该混凝土测试影响程度显著时，应采用适当的方法进行修正，或根据本规程曲线指定的方法和要求制定专用测强曲线。

(6) 超声仪的技术指标不符合标准状态

当超声仪测试过程，其技术指标不符合标准状态时将直接影响检测结果的准确性，应按有关要求进行相应处理。

3.5　高强回弹仪的率定

高强回弹仪在工程检测前后，应在钢砧上进行率定。由于现行规程《高强混凝土强度检测技术规程》JGJ/T 294—2013 中只列入了 4.5J 回弹仪和 5.5J 回弹仪两种，所以在此仅介绍 4.5J 回弹仪和 5.5J 回弹仪的率定程序和率定值计算方法。

4.5J 回弹仪和 5.5J 回弹仪率定程序和率定值计算方法相同，但率定值标准有所差别。4.5J 回弹仪要求率定平均值均应为 88±2，5.5J 回弹仪要求率定平均值均应为 83±2。

高强回弹仪具体率定程序和率定值计算方法应遵循下列规定：

（1）钢砧洛氏硬度 HRC 应为 60±2；

（2）钢砧上应稳固地平放在坚实的地坪或刚度大的物体上，在钢砧下可垫 5mm 左右厚的胶皮；

（3）回弹仪率定试验宜在干燥、室温为 5～35℃的条件下进行；

（4）将回弹仪放入导向套筒中，弹击杆对准砧芯，推压仪器进行率定；

（5）率定时，弹击杆应旋转 3 次，每次旋转 90°，每个角度测试时应连续弹击 3 次；

（6）应取连续 3 次稳定回弹值的平均值作为率定值。

由上可知，高强回弹仪的率定和中型回弹仪率定略有区别。首先是旋转次数的区别。高强回弹仪的率定仅需旋转 3 次，而中型回弹仪是旋转 4 次。其次，率定值的计算方法有所不同。高强回弹仪率定值的计算方法是取连续 3 次稳定回弹值的平均值作为率定值。而中型回弹仪则是取每个方向的回弹值平均值均应达到 80±2。

3.6 高强回弹仪的操作、校验及维护保养

3.6.1 高强回弹仪的操作

（1）将弹击杆顶住混凝土的表面，轻压仪器，使按钮松开，放松压力时弹击杆伸出，挂钩挂上弹击锤。

（2）使仪器的轴线始终垂直于混凝土的表面并缓慢均匀施压，待弹击锤脱钩冲击弹击杆后，弹击锤回弹带动指针向后移动至某一位置时，指针块上的示值刻线在刻度尺上示出一定数值即为回弹值。

（3）使仪器继续顶住混凝土表面进行读数并记录回弹值。如条件不利于读数，可按下按钮，锁住机芯，将仪器移至它处读数。

（4）逐渐对仪器减压，使弹击杆自仪器内伸出，待下一次使用。

3.6.2 高强回弹仪的校验

高强回弹仪的校验包括检定和率定两个方面。高强回弹仪具有下列情况之一时应送检定单位检定：

（1）新回弹仪启用前；

（2）超过检定有效期限；

（3）更换零件和检修后；

（4）尾盖螺钉松动或调整后；

（5）遭受严重撞击或其他损害。

高强回弹仪在工程检测前后，应在钢砧上作率定试验，钢砧应稳固地平放在刚度大的物体上，回弹仪率定试验宜在干燥、室温为 5～35℃的条件下进行。率定时，取连续向下弹击三次的稳定回弹平均值，且弹击杆分 4 个方向旋转，每次旋转 90°。每旋转一次的率

定平均值均应为83±2。高强回弹仪具有下列情况之一时应进行率定：

(1) 每个项目检测之前和之后；

(2) 测试过程回弹值出现异常。

3.6.3　高强回弹仪的维护保养

回弹仪使用完毕后应及时进行维护，清除回弹仪外壳及弹击杆的污垢尘土。然后将弹击杆压入机壳内，经弹击后锁住机芯，装入仪器箱，平放在干燥阴凉处。

高强回弹仪具有下列情况之一时应进行维护保养：

(1) 每次检测完毕后；

(2) 弹击次数超过2000次；

(3) 在钢砧上的率定值不合格。

回弹仪维护保养应按下列步骤进行：

(1) 使弹击锤脱钩后取出机芯，然后卸下弹击杆，取出杆内的缓冲压簧，并取出弹击锤、弹击拉簧和拉簧座；

(2) 对机芯各零部件应进行擦拭，重点擦拭中心导杆、弹击锤和弹击杆的内孔和冲击面，不得自制或更换零部件；擦拭后应在中心导杆上薄薄涂抹钟表油，其他零部件均不得抹油；

(3) 清理机壳内壁，卸下刻度尺，并应检查指针，其摩擦力应为0.5～0.7N；

(4) 不得旋转尾盖上已定位紧固的调零螺丝；

(5) 保养后应按有关规定要求要求进行率定试验。

3.7　高强回弹仪的常见故障及排除方法

随着高层建筑的日益增多，高强混凝土的应用亦日益增多。为解决检测高强混凝土的问题，本着既要考虑高强回弹仪能量能满足检测精度的要求，又要考虑现场适用性的要求。经过各种不同强度等级混凝土试件等大量对比试验，先后研制了GHT450、ZC1和HT1000三种型号，其标称动能分别为4.5J、5.5J和9.8J。结合仪器精度和市场应用现状，最终选取了4.5J和5.5J回弹仪，列入了现行《高强混凝土强度检测技术规程》。尽管回弹仪使用说明书和相关技术规程中对回弹仪的正确操作方法均有相关说明和规定，但仍然有人无法正确掌握和理解，出现一些人为的操作错误，使回弹仪出现这样或那样的故障。或是采用了正确的操作方法，由于测试过于频繁导致仪器产生一些故障。以下就高强回弹仪的常见故障及相应的排除方法作一说明，以便回弹仪使用人员掌握其技术要领。

3.7.1　弹击检测时，指针滑块停在起始位置不动

出现“弹击检测时，指针滑块停在起始位置不动”这一故障的原因通常有以下3种：

(1) 指针弹簧片折断，导致弹簧片在弹击的过程中挂不上弹击锤，是指针滑块停在起始位置不动；这种情况排除故障的方法是更换弹簧片。

(2) 回弹仪弹击锤的起跳位置不合格，造成针滑块停在起始位置不动；这时应调整回弹仪后盖螺母的位置，使弹击锤脱钩时的位置在指针“100”处。

(3) 指针片相对指针轴的张角太小，使其在弹击过程产生的摩擦力太小，导致指针不

能滑动；这时可卸下指针部分，适当扳大张角，使其达到规定范围。

3.7.2　指针滑块在弹击后上升到某一非标准位置而不再上升

出现“指针滑块在弹击后上升到某一非标准位置而不再上升”这一故障的原因通常有以下三种：

(1) 指针滑块与指针轴的接触过松，导致摩擦力太小不能使弹簧片挂住弹击锤，故只能抖动到某一非标准位置而不动；这种情况排除故障的方法是卸下指针，适当调小簧片的张角，使其达到规定范围。

(2) 指针片相对指针轴的张角太小，使其在弹击过程产生的摩擦力太小，导致指针不能滑动；这种情况排除故障的方法是卸下指针部分，适当扳大张角，使其达到规定范围。

(3) 指针滑块与壳体或刻度尺相摩擦，增大了指针滑动过程的摩擦力，导致抖动到某一非标准位置而不动；这种情况排除故障的方法是采用小锉锉平指针滑块上平面或两肩直至摩擦基本消除。

3.7.3　出现弹击锤不能弹出的故障

出现弹击锤不能弹出的故障原因有 2 种：

(1) 挂钩上的压簧脱掉，挂钩没有弹性；这种情况排除故障的方法是更换安装新的压簧。

(2) 挂钩钩端磨损或折断导致挂钩不能正常发挥作用；这种情况排除故障的方法是更换安装新的压簧。

3.7.4　按钮无法使用，弹击杆压不动

出现按钮无法使用，弹击杆压不动故障原因有 2 种：

(1) 按钮弹簧老化松动导致按钮作用失效；这种情况排除故障的方法是更换安装新的按钮。

(2) 缓冲压簧被按钮卡住；这种情况排除故障的方法是打开回弹仪后盖，去除缓冲压簧，消除被卡现象。

3.7.5　率定值不合格

出现率定值不合格的原因有 3 种：

(1) 使用频率较高或现场环境尘土较大对回弹仪造成较大污垢；这种情况排除故障的方法是进行维护保养。

(2) 超出规定的检定期限；这种情况排除故障的方法是进行检定。

(3) 弹击拉簧刚度不在规定范围内；这种情况排除故障的方法是先更换弹击拉簧再进行检定。若检定合格则不需要再调换弹击锤。否则需继续调换弹击拉簧。

(4) 率定值过大引起的不合格由于冲击长度过大；这种情况排除故障的方法是更换缓冲簧，使其符合规定范围。

3.7.6　弹击锤不起跳

出现弹击锤不起跳的原因是冲击长度过小。这种情况排除故障的方法是更换缓冲簧，使其符合规定范围。

3.7.7　回弹值偏低

在检定和维护过程中出现回弹值偏低是较为常见的现象，究其原因主要有5种：

（1）弹击拉簧工作长度小于该型号回弹仪的标称值，致使弹击力变小，冲击能量变小，导致弹击锤回弹能量变小，最终使回弹值偏低；这种情况排除故障的方法是更换适弹击拉簧，使其工作长度达到该型号回弹仪的标称值；或调大弹击拉簧在弹簧座上的固定位置，使其工作长度在规定的长度。

（2）指针滑块的摩擦力偏高所致；这种情况排除故障的方法是指针滑块里的弹簧圈与指针轴的松紧程度，使最大静摩擦力在规定范围。

（3）弹击锤与弹击杆的冲击面有污物导致弹击过程摩擦力增大回弹能量的损失，造成回弹值偏低；这种情况排除故障的方法是进行维护保养，清除污物。

（4）弹击锤与中心导杆摩擦力增大导致弹击过程摩擦力增大回弹能量的损失，造成回弹值偏低；这种情况排除故障的方法是给中心导杆涂抹一层润滑油。

（5）弹击锤回弹位置偏低导致初始启动位置偏低造成回弹值偏低；这种情况排除故障的方法是将尾盖上的螺丝拧紧并检定弹击锤100脱钩位置。

3.7.8　回弹值偏高

在检定和维护过程中有时也出现回弹值偏高的现象，究其原因主要有5种：

（1）弹击拉簧工作长度大于该型号回弹仪的标称值，致使弹击力变大，冲击能量变大，导致弹击锤回弹能量变大，最终使回弹值偏高；这种情况排除故障的方法是更换适弹击拉簧，使其工作长度达到该型号回弹仪的标称值；或调小弹击拉簧在弹簧座上的固定位置，使其工作长度在规定的长度。

（2）指针滑块的摩擦力偏小所致；这种情况排除故障的方法是指针滑块里的弹簧圈与指针轴的松紧程度，使最大静摩擦力在规定范围。

（3）弹击锤的起跳位置偏高，在能量不变的情况下会造成率定值相应偏高，造成回弹值偏高；这种情况排除故障的方法是调节弹击锤的起跳位置至规定位置。

（4）弹击锤回弹位置偏高导致初始启动位置偏高造成回弹值偏高；这种情况排除故障的方法是将尾盖上的螺丝拧松并检定弹击锤100脱钩位置。

3.8　混凝土超声波检测仪校验检定和保养

（1）混凝土超声波检测仪应通过技术鉴定，必须具有产品合格证和检定证；

（2）超声波检测仪的声时应按“时一距”法计量检验；

① 实测空气中的声速值 v^o 与计算值 v_k 的相对误差不应超过±0.5％。

② 计算值 v_k 按式（3-1）进行计算。

$$v_k = 331.4\sqrt{1+0.00367T_k} \tag{3-1}$$

式中 331.4——0℃时空气中的声速值（m/s）；

v_k——温度为 T_k 时空气中的声速计算值（m/s）；

T_k——测试时空气的温度（℃）。

（3）检测前应先行测定声时初读数 t_0。测试过程中如更换换能器或高频电缆线，应对初读数 t_0 重新进行测定。

（4）超声波检测仪应定期进行保养。

3.9 超声仪的常见故障及排除方法

由于超声仪各自的使用环境和保养不同，在长期使用后会产生各种故障现象。尤其是在厂家没有配备任何图纸和技术资料，且主机的电路设计及工艺技术较为复杂的情况下，常常给故障诊断检测及维修带来困难。因此，弄清超声仪的工作原理，掌握常见的故障排除方法，并做好日常的维护保养工作，改善设备的环境，对于保养和维修超声仪的工程技术人员来说，即使在没有任何资料和图纸的情况下，也可以快捷完全地修复超声仪。以下就超声仪常见故障及排除方法作一介绍。

3.9.1 超声仪出现死机现象

超声仪开机出现光栅，干扰多，按面板一直不动，即为超声仪出现死机现象。究其原因较多，有可能出自面板控制键及键控转换电路以及传输线或接插头等部分的问题。如检查均未发现问题再考虑是否电路有短路情形。可打开机器后板，测试缓单元供电电压是否正常。或仔细检查主板各块电路板，看有否故障元件，或查看每块电路板上是否积有大量灰尘，或使用环境湿度是否过大等各因素，从而引起元件插脚局部短路，这些均有可能造成此故障。

排除方法：关闭电源，吹去或刷去电路板正反面零部件及电路上的灰尘，必要时用高纯度乙醇刷洗，后吹干，此时故障一般即可排除。对湿度过大的测试环境应采取必要的措施避免因湿度过大引起元件插脚局部短路。

3.9.2 超声仪探头出现问题

超声仪探头出现故障的原因可能由于探头线出现扭曲、断路，信号线晶振受潮，探头中开关二极管损坏、电容漏电或损坏等，也可能系操作及工作负荷过大引起，造成图像异常或无图像。

排除方法：更换探头，随即正常。

3.9.3 超声仪无反射波和图像灵敏度低

超声仪扫描线有部分无反射波，图像灵敏度也较低，其原因是超声探头不良和发射电路工作不正常。

排除方法：更换备用探头。如换用备用探头后，亦出现同样的情况，再考虑发射脉冲产生电路工作是否正常。检测接线头后发现电压输出正常，然后再用示波器逐一检查发射激励脉冲波形，发现没有脉冲输出，进一步检测发现场效应晶体管已烧毁。经及时更换参数相同的场效应管后，再进行通电，发现扫描完整，灵敏度提高，故障被排除。

3.9.4　超声仪图像常出现复影像干扰

超声仪有时会出现一些不同程度的复影像干扰，但主机的其他部分正常。此故障大多出现与超声仪成像相关的发收电路、数字扫描变换器和图像处理的控制信号发生器电路部分。

排除方法：检查发放电路及相关控制电路中。先用示波器检查该部分电路，懂得相关控制信号，重点检测主板场效管的脉冲输出信号及工作电压，以及电路上的高压扫描控制信号发生器电路，再断开这两个信号的输出端，然后开启主机观察，发现复影现象消失，说明该部分电路中集成片已损坏。更换上同型号的配件后，整个超声仪图像清晰完整，各项技术指标正常。

3.10　超声仪故障检查的基本原则

3.10.1　先外后内

超声仪有些故障是人为造成的，不是机器本身有故障，所以首先检查操作者是否按正确的操作程序进行操作，再检查各开关和旋钮位置是否正确或适当。有些故障通过面板上的旋钮或控制键便能判断故障的大致位置。

3.10.2　先电源后负载

接通电源后，首先测量电源各组输出电压是否正常，只有电源输出电压正常，才能再考虑其他问题。相当数量的故障都是由于电源电压不正常造成的。

3.10.3　先电路板后单元电路

超声仪一般是几个功能单元电路装在一块电路板上，由几块电路板构成整机电路，一般采用拔插法和代换法确定故障所在电路板。拔下某一电路板插件检查插头锈蚀、尘土，将其擦净，再将电路板插回判断故障在哪一插件及是否接触不良的方法。代换法仍是采用同型号超声仪的相同且工作的电路板，代换故障机上怀疑有故障的电路板，代换后若故障排除，则说明该机原电路板确实有故障。

3.10.4　单元电路检修方法

根据电路板的检测，确定故障所在单元电路后，采用下述方法确定变质或损坏的元器件。

（1）电压测定法：测量有关测试点电压的高低，判断单元电路工作状态，确定变质、损坏的元器件。这种方法最为方便，应用最广。

（2）电阻测量法：根据测量有关节点的对地电阻，分析判断单元电路的故障范围，找出变质、损坏的元器件。

（3）波形观测法：用示波器测量有关测试点的信号波形，判断单元电路的工作状态，分析找出变质、损坏的元器件。

（4）代换法：怀疑某个元器件有问题时，试用同规格的正常元器件代换，以确定变质、损坏的元器件。

第4章　高强回弹仪的计量检定

4.1　高强回弹仪检定的意义

高强回弹仪和普通回弹仪一样，都需要统一的方法对其进行检定，以确保高强回弹仪的标准状态，保证检测结果的可靠性。所谓的标准状态，就是指回弹仪的部件参数和整体质量均达到检定规定确定的统一要求。回弹仪的标准状态是统一回弹仪各项性能的前提。只有在对回弹仪各项技术性能进行统一的情况下，检测数据才能比对，测试结果才具有可靠性。

高强回弹仪的标准状态主要包括以下四项指标。

(1) 水平弹击时，在弹击锤脱钩瞬间，回弹仪的标称能量应达到规定要求。如4.5J回弹仪标称能量应达到4.5J。

(2) 在弹击锤与弹击杆碰撞的瞬间，弹击拉簧应处于自由状态，弹击锤起跳点应在刻度“0”的位置。

(3) 在洛氏硬度HRC60±2钢砧上的率定值应达到相应要求。如4.5J回弹仪率定值应达到88±2。

(4) 数字式回弹仪应带有指针直读示值系统，且数字显示的回弹值与指针直读示值系统显示的回弹值相差不应超过1。

4.2　高强回弹仪的检定周期及技术要求

在高强回弹仪尚未研制开发之前，我国大量使用的回弹仪主要有中型混凝土回弹仪、砂浆回弹仪和砖回弹仪。这些回弹仪的检定周期都是根据回弹仪自身的质量和使用状况，结合实践经验人为地制定的。

近年来我国在回弹法技术研究开发方面取得了较大进展，尤其是数字式回弹仪和高强回弹仪的出现，迫切需要对原有国家计量检定规程《混凝土回弹仪》JJG 817—1993进行修订和完善。为此，根据国家质量技术监督检验检疫总局（2008）365号文件将检定规程《混凝土回弹仪》JJG 817—1993列入2008年修订计划。修订后的《混凝土回弹仪》规程更名为《回弹仪》，其涵盖了混凝土回弹仪、砂浆回弹仪和砖回弹仪，增加了数字式回弹仪和高强回弹仪。此次修订，对原有检定周期进行了修订。现行的高强回弹仪的检定周期就是考虑到和现有《回弹法检测混凝土抗压强度技术规程》JGJ/T 23—2011和《回弹仪》JJG 817—2011等规程的协调一致，目前统一规定，具有下列情况之一时应进行检定：

(1) 新回弹仪启用前。

(2) 超过检定期限。

(3) 遭受严重撞击或其他损害。

(4) 经维护保养后在钢砧上的率定值不合格。

（5）拆卸更换某些零部件后。

（6）数字回弹仪显示回弹值与指针直读示值相差大于 1。

4.3　高强回弹仪的检定项目及技术要求

4.3.1　高强回弹仪的检定项目

高强回弹仪的检定项目较多，主要包括以下 11 个方面。

（1）标尺“100”刻度线位置的检定；

（2）指针长度的检定；

（3）指针摩擦力的检定；

（4）弹击杆端部球面半径的检定；

（5）弹击锤脱钩位置；

（6）弹击拉簧刚度的检定；

（7）弹击拉簧工作长度的检定；

（8）弹击拉簧拉伸长度的检定；

（9）弹击锤起跳位置；

（10）钢砧率定值的检定；

（11）示值系统一致性的检定。

4.3.2　高强回弹仪的检定技术要求

以下就上述高强回弹仪的检定项目的具体技术要求及允许偏差作一介绍。

（1）标尺“100”刻度线位置的检定，要求与检定器盖板定位缺口侧面重合，允许误差须在刻度宽度 0.4mm 范围内。

（2）指针长度的检定，H450 规格的高强回弹仪要求指针长度为（25.0±0.2）mm（注：见《回弹仪》JJG 817—2011 第 1 号修改单），H550 规格的高强回弹仪对指针长度的要求与 L20、L75、M225 规格的回弹仪和 H980 规格的高强回弹仪一致，均为（20±0.2）mm。

（3）指针摩擦力的检定，要求达到相应规格的回弹仪的要求。H450、H550、H980 型三种规格的高强回弹仪要求指针摩擦力相同，均为（0.65±0.15）N，与 M225 规格的回弹仪一致。较 L20 和 L75 规格的回弹仪要求指针摩擦力为（0.50±0.15）N，相对要高。

（4）弹击杆端部球面半径的检定，H450、H550 和 H980 规格的回弹仪弹击杆端部球面半径分别为（35.0±1.0）mm（注：见《回弹仪》JJG 817—2011 第 1 号修改单）、（18.0±1.0）mm 和（40.0±1.0）mm。

（5）弹击锤脱钩位置。H450、H550 和 H980 三种规格的回弹仪和其他规格回弹仪一致，要求在标尺“100”刻度线位置，允许误差±0.2mm。

（6）弹击拉簧刚度的检定，其技术要求因回弹仪规格型号不同而各不一样。H450、H550 和 H980 三种规格的高强回弹仪的弹击拉簧刚度技术要求各不相同，且和其他规格回弹仪也不一样，具体技术要求详见表 4-1 所示。

弹击拉簧刚度（N/m）技术要求及允许偏差 **表 4-1**

回弹仪规格	技术要求	允许误差
L20	69	±4
L75	261	±12
M225	785	±30
H450	900	±40
H550	1100	±50
H980	1000	±45

（7）弹击拉簧工作长度的检定，其技术要求因回弹仪规格型号不同而各不一样。为了更为直观地表述和比较，现将三种规格的高强回弹仪和其他各规格的回弹仪弹击拉簧工作长度技术要求全部列出，详见表 4-2 所示。

弹击拉簧工作长度（mm）技术要求及允许偏差 **表 4-2**

回弹仪规格型号	技术要求	允许误差
L20	61.1	±0.3
L75		
M225		
H450	106.0	±0.5
H550	86.0	±0.5
H980	134.4	±0.5

（8）弹击拉簧拉伸长度的检定，H450、H550 规格的回弹仪要求弹击拉簧拉伸长度达到（100.0±0.5）mm，H980 规格的回弹仪要求弹击拉簧拉伸长度为（140.0±0.5）mm。

（9）弹击锤起跳位置，三种规格的高强回弹仪和其他规格回弹仪一样，要求在标尺“0”处，允许误差 0～1。

（10）钢砧率定值的检定，其技术要求因回弹仪规格型号不同而各不一样。为了更为直观地表述和比较，现将三种规格的高强回弹仪和其他各规格的回弹仪钢砧率定值的检定的技术要求及允许偏差全部列出，详见表 4-3 所示。

钢砧率定值的检定的技术要求及允许偏差 **表 4-3**

回弹仪规格型号	技术要求	允许误差
L20	74	±2
L75	74	±2
M225	80	±2
H450	88	±2
H550	83	±2
H980	83	±2

（11）对于数字式回弹仪，尚需对示值系统的一致性进行检定，要求指针滑块刻度示值与数显示值差异不超过 1，且两者的率定值均应满足要求。

4.4 回弹仪检定（校准）有关规定及高强回弹仪检定（校准）方法

4.4.1 回弹仪检定（校准）有关规定

（1）国外有回弹仪校准要求并无回弹仪检定器

1948 年瑞士人施密特（E. Schmidt）发明了 2.207J 机械直读式回弹仪，后来经过工程应用证明，回弹仪是简便高效的现场结构混凝土强度检测仪器，在世界各国得到推广应用。笔者曾经在 20 世纪 90 年代与瑞士回弹仪生产厂家 proceq 公司进行过技术交流。据了解，国外对回弹仪虽然也有测试前的校准，但是，并没有回弹仪检定器。国外一致认为只要控制好率定值、弹击锤脱钩点位置和指针滑块与指针轴间摩擦力等指标，就能保证回弹仪的正常工作。当然，校准工作是由手工操作完成。

(2) 我国相关回弹仪检定（校准）规定及回弹仪检定器

为提高检测精度，《高强混凝土强度检测技术规程》JGJ/T 294—2013 中规定，对回单仪需要进行检定。因此，计量部门对早期的普通混凝土回弹仪（2.207J）制定了检定规程，内容见《混凝土回弹仪检定规程》JJG 817—1993。该本检定规程对 2.207J 机械直读式回弹仪做了较为详细的检定规定，并把手工操作的校准步骤通过一体化的器具（回弹仪检定器）来实现。

检定回弹仪使用的检定器具统称为回弹仪检定器，包括回弹仪检定装置和回弹仪拉簧检定仪（图 4-1、图 4-2）。回弹仪检定装置结构图和回弹仪拉簧检定仪结构图，（图 4-3 和图 4-4）。现行的回弹仪检定器实际上也只适用于普通混凝土回弹仪（2.207J）。

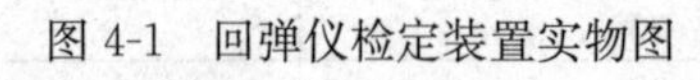

图 4-1 回弹仪检定装置实物图

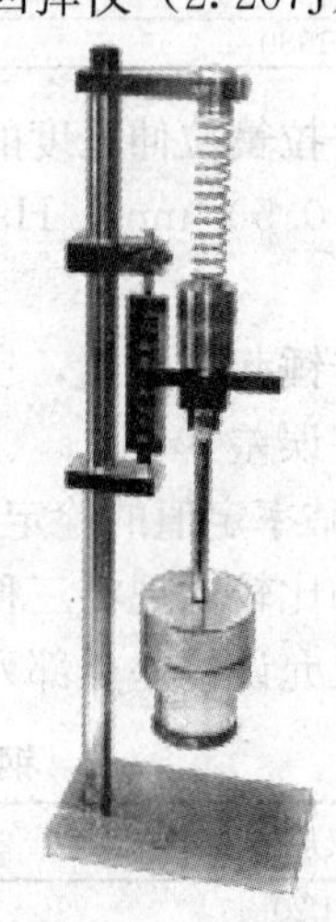

图 4-2 回弹仪拉簧检定仪实物图

《混凝土回弹仪检定规程》JJG 817—1993 中提到的回弹仪检定器，在检定回弹仪时，并不是将回弹仪整体工作状态进行校准确认，而是将回弹仪分解后，将机壳和机芯平行置于装置上进行测量。所以，一直以来检定器各夹持部件间的相对位置无法得到有效精度溯源。被检定仪器的标称能量也是通过间接计算得到的。

2012 年 3 月 14 日实施的《回弹仪》JJG 817—2011，是 JJG 817—1993 检定规程的修订版本。这本规程中除了有 2.207J 回弹仪外，还纳入了重型回弹仪（H 型）和轻型回弹仪（L 型）。仍然规定采用回弹仪检定器检定。但是，根据各计量单位反映，市场上没有对应于重型回弹仪的检定器，所以，还采用手工操作方法对重型回弹仪（4.5J、5.5J、9.8J 三种回弹仪）进行检定。正在修订的产品标准《回弹仪》GB/T 9138 中的“回弹仪冲击动能测试方法”，虽然能够检定所有型号的回弹仪冲击能量，也并没有纳入其中。

检定规程《回弹仪》JJG 817—2011，今后会使用一段时间。2011 年 9 月 14 日发布的版本有错误，后来作了纠正，希望大家使用 2012 年 5 月 3 日的版本。

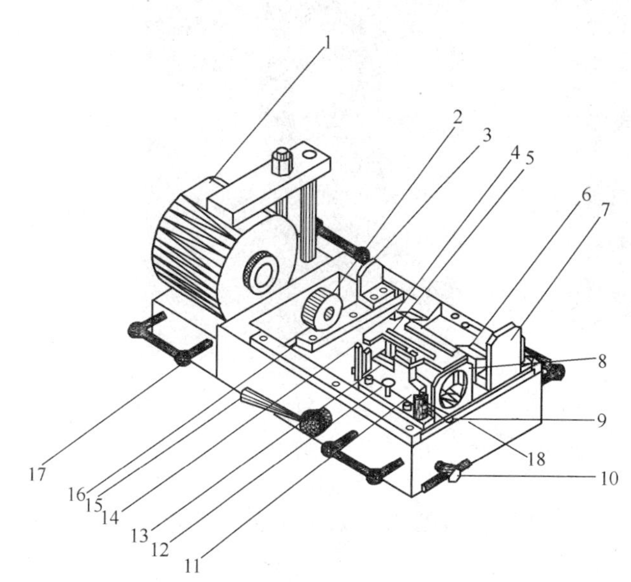

图 4-3 普通回弹仪检定装置结构图

1—钢砧；2—力传感器；3—定位板Ⅱ；4—盖板；5—加长指针；6—机壳定位槽；7—定位板Ⅰ；8—尾盖支架；9—手柄Ⅱ；10—手柄Ⅰ；11—机芯定位槽；12—定位按钮；13—压紧螺钉；14—捶夹；15—弹击手柄；16—锁紧按钮；17—底座；18—位移传感器

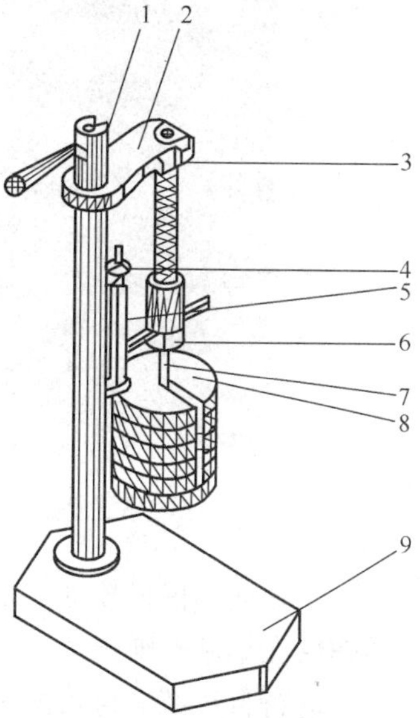

图 4-4 普通回弹仪拉簧检定仪结构图

1—压紧螺母；2—定位板；3—定位按钮；4—调零螺母；5—专用刻度尺；6—横架游标；7—砝码钩；8—专用力值砝码；9—底座

4.4.2 高强回弹仪检定（校准）方法

从上面的介绍可以得知，现行的检定规程《回弹仪》JJG 817—2011 并没有完全解决高强混凝土回弹仪检定的问题。因此，为了保证检测精度，《高强混凝土强度检测技术规程》JGJ/T 294—2013 对高强混凝土回弹仪提出了需要检定的规定。在现有技术条件下，高强混凝土回弹仪的检定实际上大多还处于自校准的层面。

下面以图示的方式对高强混凝土回弹仪自校准进行介绍，以便于相关技术人员掌握技术要领，保证检测精度。

（1）高强混凝土回弹仪外观、配套钢砧和率定

高强混凝土回弹仪外观、配套钢砧和率定情形与同类混凝土回弹仪大致相同，但具体技术要求有一定差异。现以 4.5J 高强混凝

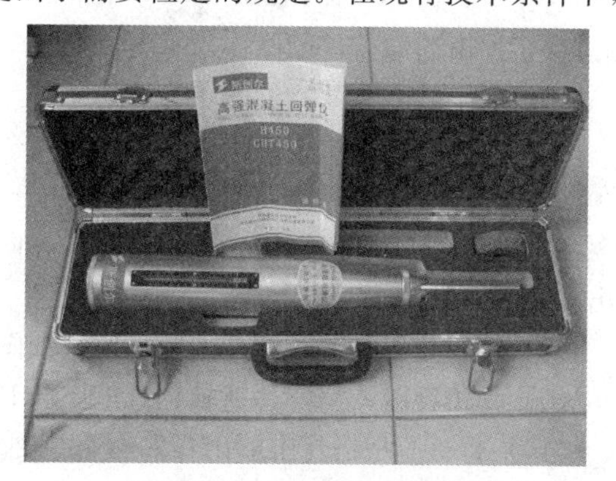

图 4-5 高强混凝土回弹仪外观

土回弹仪为例加以说明。回弹仪外观、配套钢砧和率定情形见图4-5～图4-7。

图4-6　率定用钢砧

图4-7　回弹仪率定

（2）高强回弹仪自校准

回弹仪在钢砧上弹击后，观察率定值是否符合要求。如果不符合要求或需要进行保养，则应进行自校准。自校准按以下步骤进行。

1）拧下尾盖，如图4-8所示；

2）取出压簧，如图4-9所示；

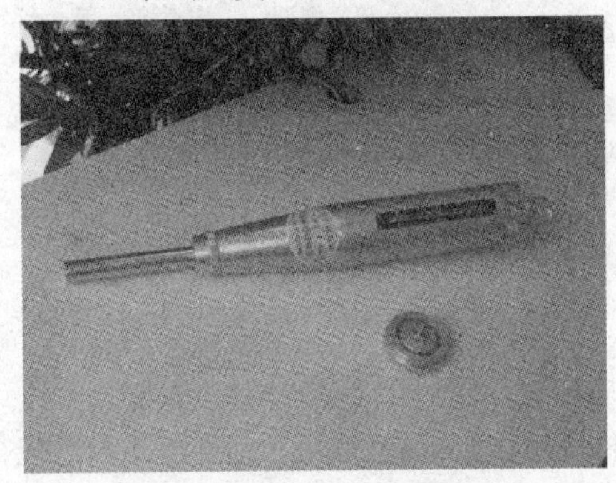

图4-8　拧下尾盖

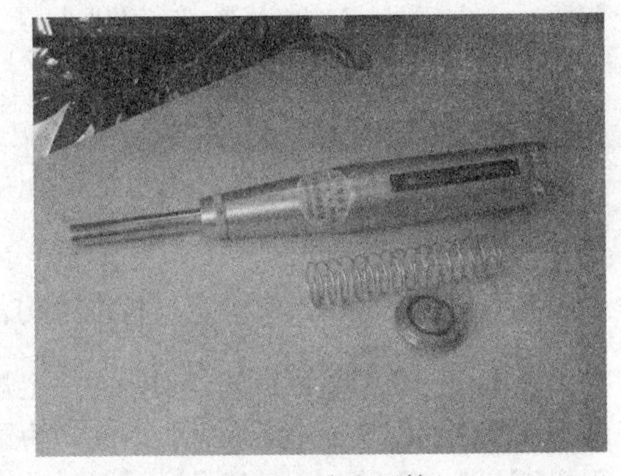

图4-9　取出压簧

3）拧下前端盖，如图4-10所示；

4）取下防尘毡圈，如图4-11所示；

5）向外拉弹击拉簧座，直至半圆卡环全部露出，如图4-12所示；

6）卸下半圆卡环，如图4-13所示；

7）标尺向上，斜握机壳同时将弹击杆向机壳内推送，直到弹击锤挂钩在机壳尾部露出。如图4-14所示；

8）轻轻按压挂钩，使弹击锤脱钩，如图4-15所示；

9）弹击锤脱钩后，手持挂钩，如图4-16所示；

10）将机芯从机壳中取出，如图4-17所示；

11）将机芯分解，手握弹击锤，将中心导杆用力拔出，如图4-18所示；

12）回弹仪分解后，各部件如图 4-19 所示；

13）拧下指针轴，如图 4-20 所示；

14）将指针轴和指针滑块从机壳中取出，用干棉丝擦拭指针轴（不得涂油），如图 4-21 所示；

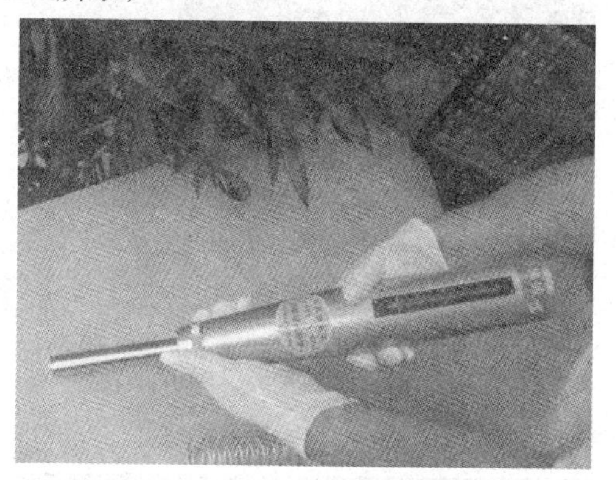

图 4-10 拧下前端盖

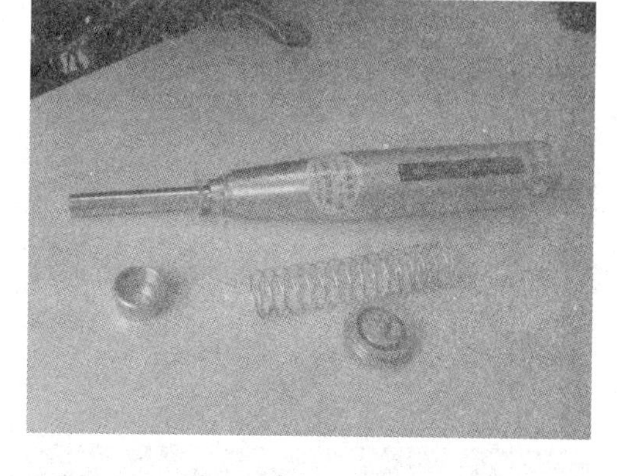

图 4-11 取下防尘毡圈

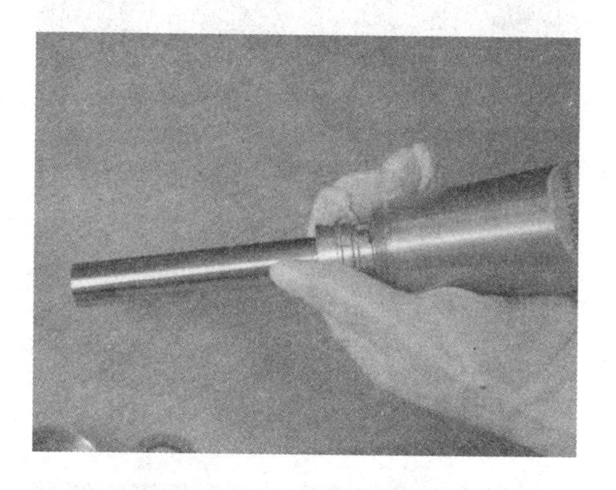

图 4-12 向外拉弹击拉簧座使半圆卡环全部露出

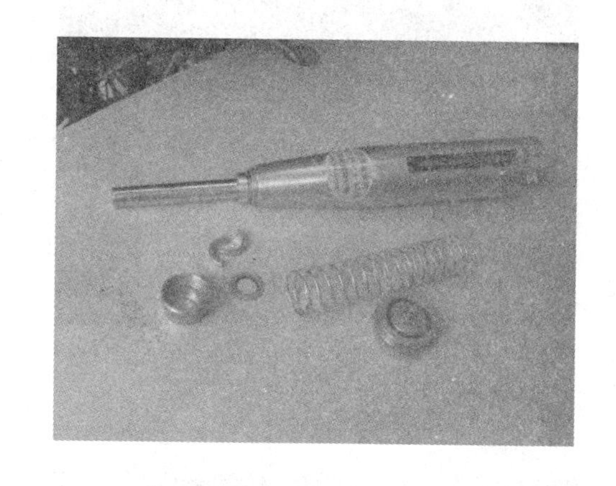

图 4-13 卸下半圆卡环

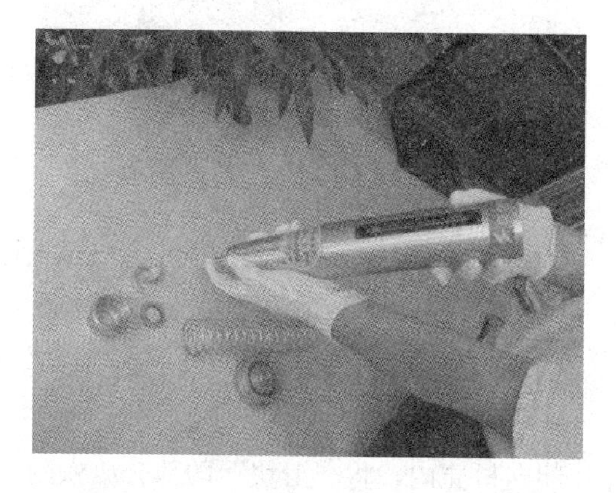

图 4-14 使弹击锤挂钩在机壳尾部露出

图 4-15 轻轻按压挂钩，使弹击锤脱钩

图 4-16　手持挂钩

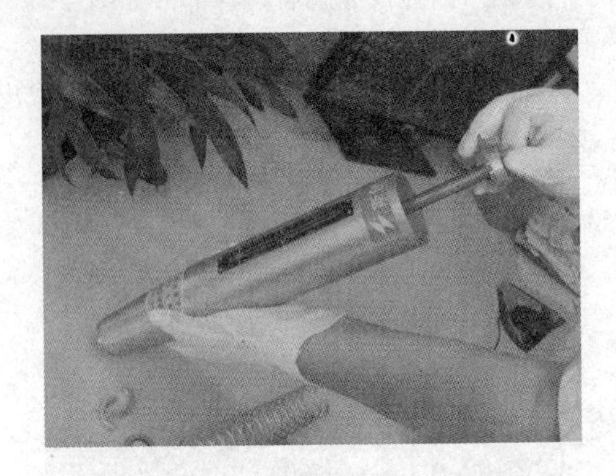

图 4-17　从机壳中取出机芯

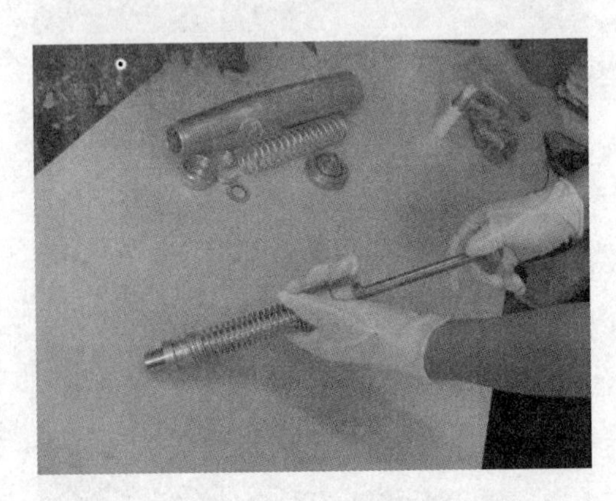

图 4-18　拔出中心导杆

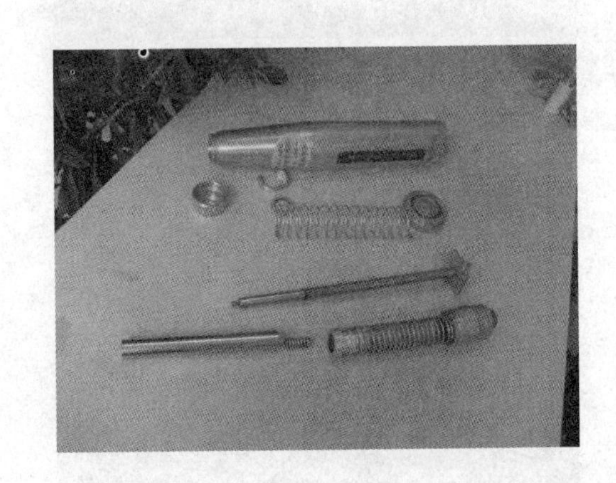

图 4-19　回弹仪分解后各部件

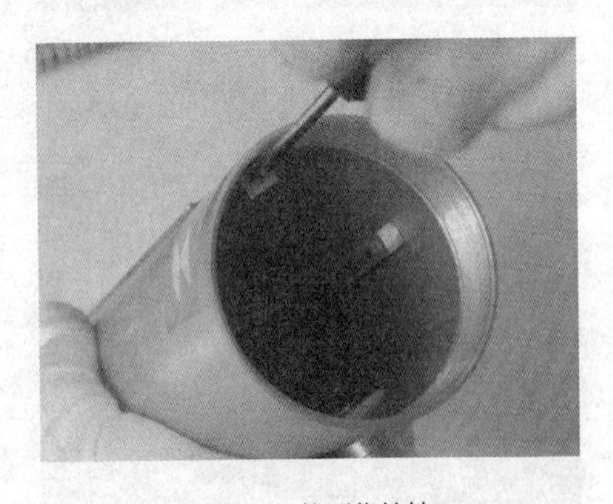

图 4-20　拧下指针轴

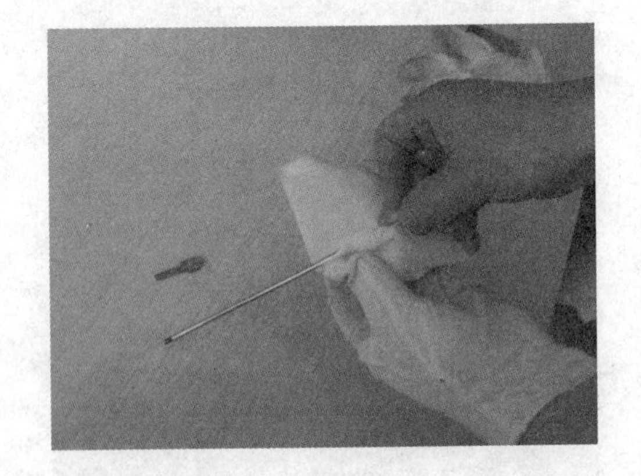

图 4-21　用干棉丝擦拭指针轴（不得涂油）

15）将指针轴擦拭干净后，将指针滑块的弹片朝向机壳内，将“滑块”的部分放入刻度尺下面的槽内，插入指针轴，如图 4-22 所示；

16）拧紧指针轴，如图 4-23 所示；

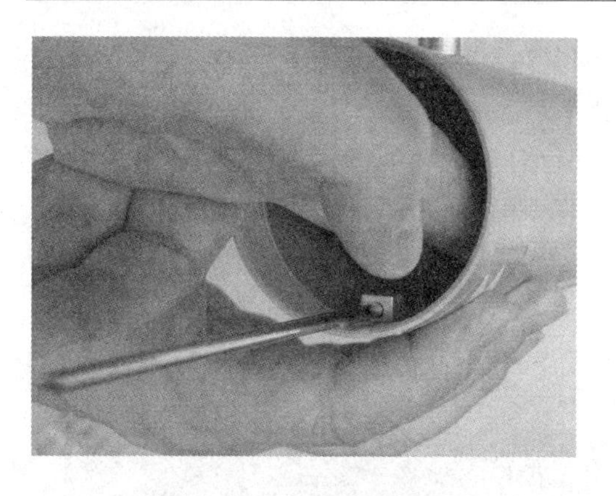

图 4-22 插入指针轴

图 4-23 拧紧指针轴

17）卸下中心导杆上的防脱胀圈（橡胶材质），如图 4-24 所示；

18）用棉丝擦拭中心导杆表面，去除表面的油泥和污物，如图 4-25 所示；

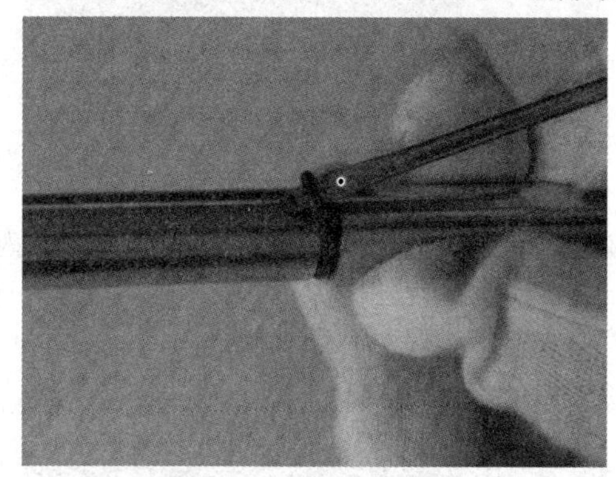

图 4-24 卸下中心导杆上的防脱胀圈（橡胶材质）

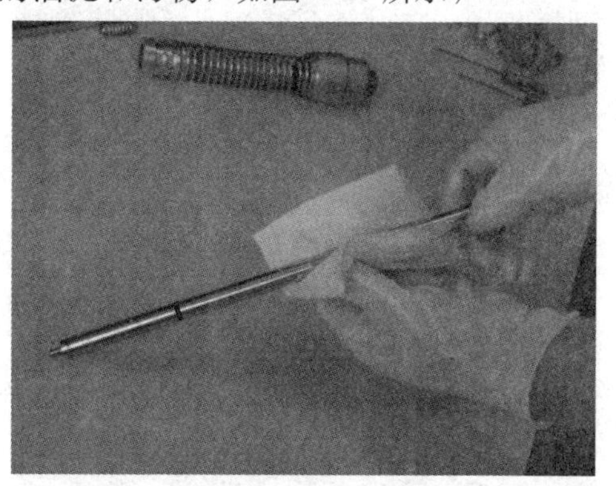

图 4-25 擦拭中心导杆

19）擦拭弹击锤和弹击拉簧，如图 4-26 所示；

20）擦拭弹击锤内孔，如图 4-27 所示；

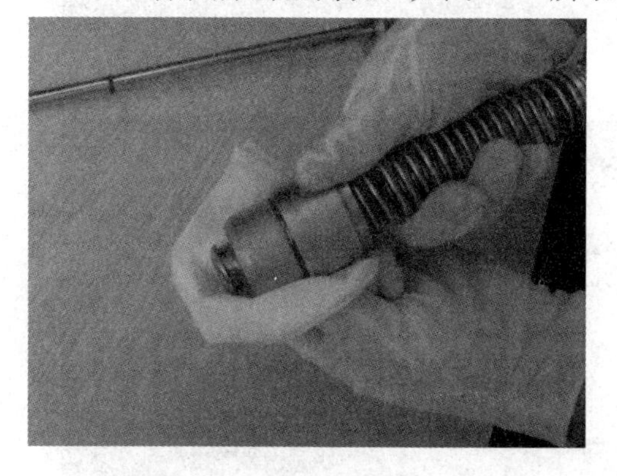

图 4-26 擦拭弹击锤和弹击拉簧

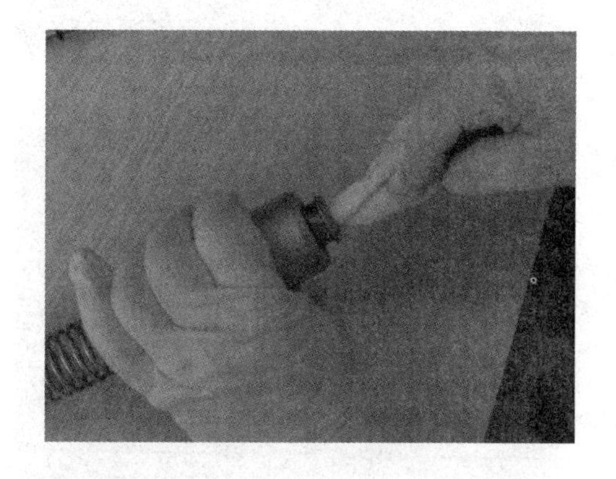

图 4-27 擦拭弹击锤内孔

21）擦拭弹击锤弹击断面，如图 4-28 所示；

22）将擦拭结束的中心导杆装回弹击锤和弹击拉簧组件内，如图 4-29 所示；

23）在弹击杆的前端部放入新的防脱胀圈，如图 4-30 所示；

24）将防脱胀圈推入胀圈槽内，如图 4-31 所示；

25）将缓冲弹簧放入弹击杆内孔，如图 4-32 所示；

26）将中心导杆装入弹击杆内孔，如图 4-33 所示；

27）在弹击拉簧处于自由状态时，测量弹击拉簧的工作长度（应为 106mm），如图 4-34 所示；

28）如果工作长度未达到要求，则调整弹击拉簧在弹簧座上的旋入位置，直至到达要求（本操作最好在台钳上进行，以免划伤），如图 4-35 所示；

图 4-28　擦拭弹击锤弹击断面

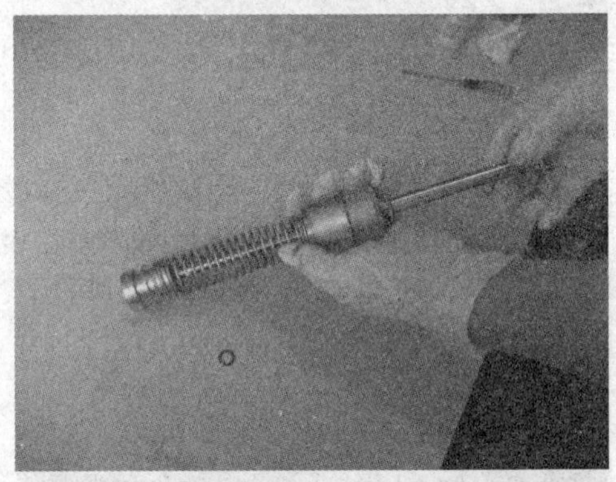

图 4-29　将中心导杆装回弹击锤和弹击拉簧组件内

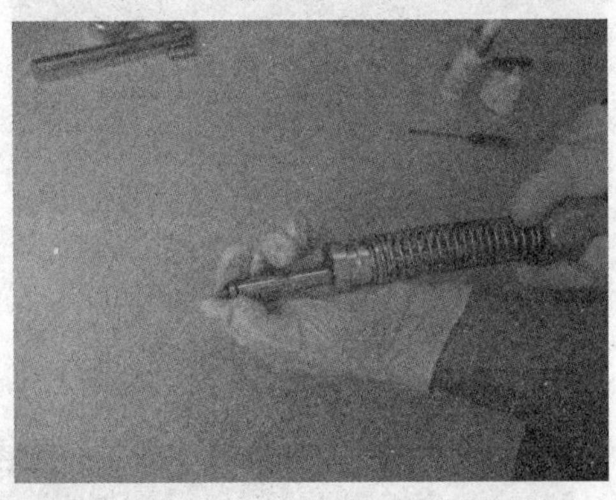

图 4-30　放入新的防脱胀圈

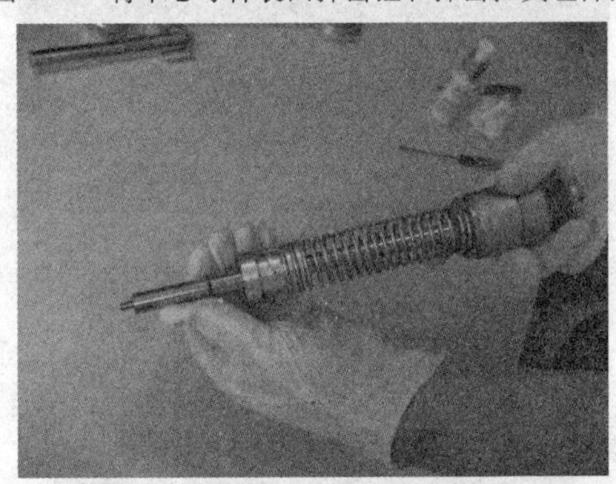

图 4-31　将防脱胀圈推入胀圈槽内

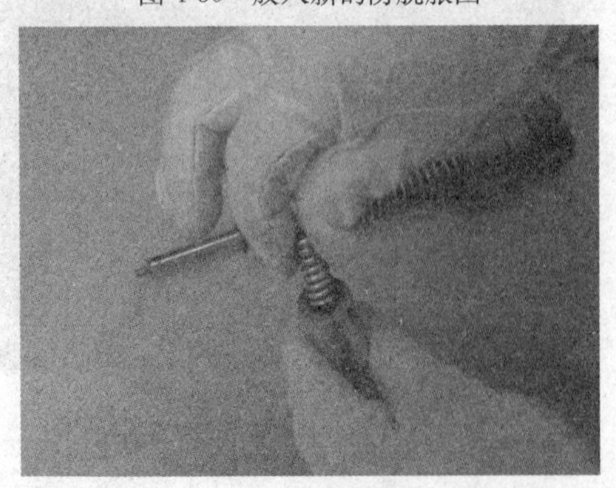

图 4-32　将缓冲弹簧放入弹击杆内孔

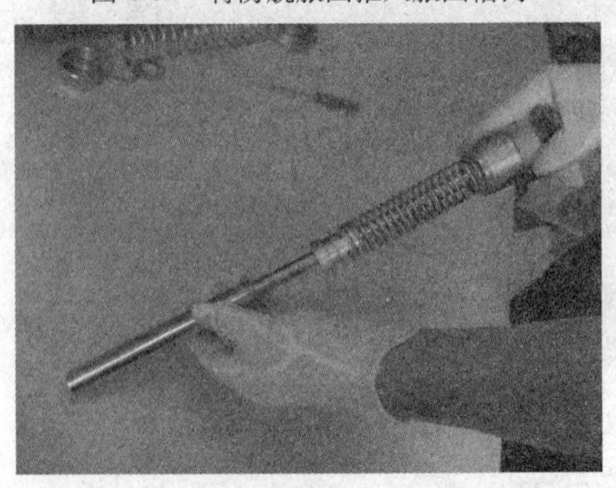

图 4-33　将中心导杆装入弹击杆内孔

图 4-34 测量弹击拉簧的工作长度

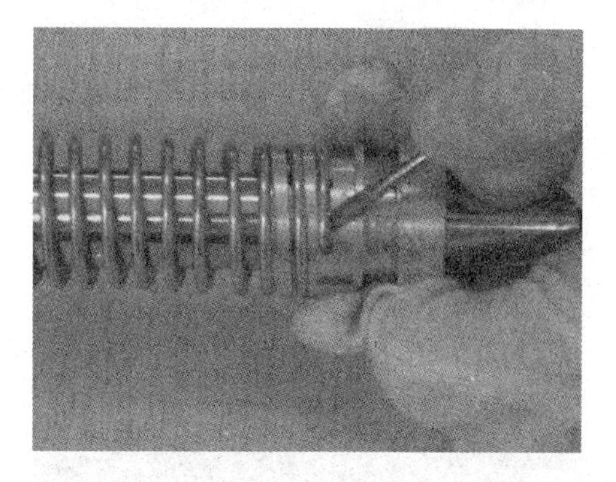

图 4-35 调整弹击拉簧使工作长度达到要求

29）在弹击锤脱钩情况下，在中心导杆上点少许钟表油，如图 4-36 所示；

30）用棉丝将油在中心导杆上涂抹均匀，如图 4-37 所示；

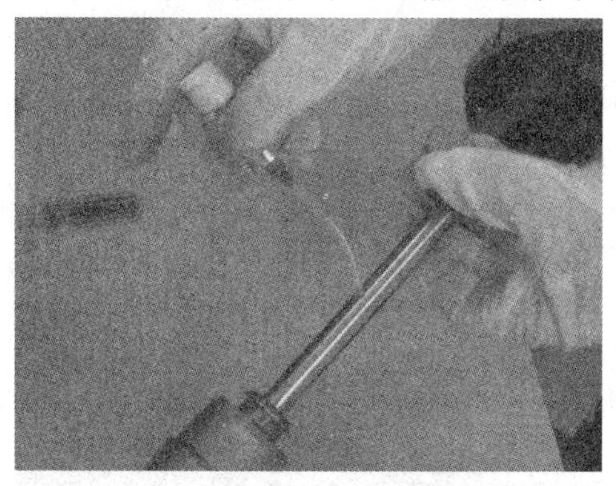

图 4-36 在中心导杆上点少许钟表油

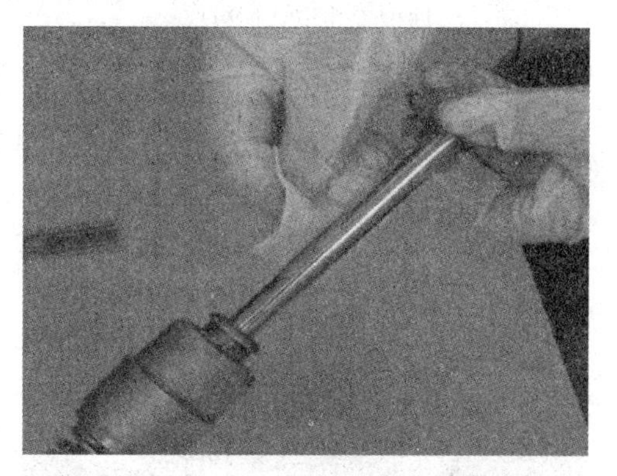

图 4-37 用棉丝将油在中心导杆上涂抹均匀

31）清除机壳内粉尘，如图 4-38 所示；

32）将机芯上弹击锤脱钩，在刻度尺朝上的状态下，将机芯放入机壳内如图 4-39 所示；

图 4-38 清除机壳内粉尘

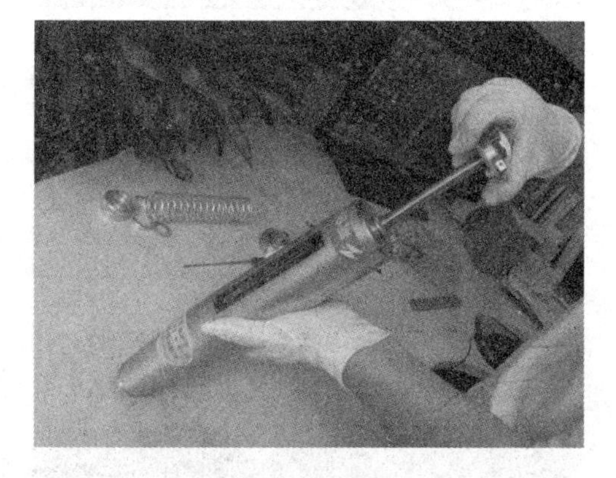

图 4-39 将机芯放入机壳内

33）放入前，应调整导向法兰方向，使法兰上的导向槽和机壳内的导向键和指针轴一一对应，如图 4-40 所示；

34）导向槽和机壳内的导向键和指针轴一一对应的情况，如图 4-41 所示；

图 4-40　调整导向法兰方向使导向槽等和指针轴对应

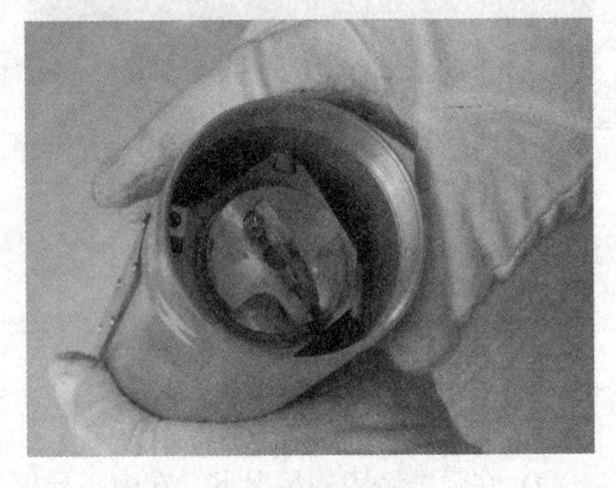

图 4-41　调整后的情况

35）在机壳前端处，拉出弹击拉簧座，如图 4-42 所示；

36）在弹击拉簧座上安装半圆卡环，如图 4-43 所示；

37）安放防尘毡圈，如图 4-44 所示；

38）拧上前端盖帽，如图 4-45 所示；

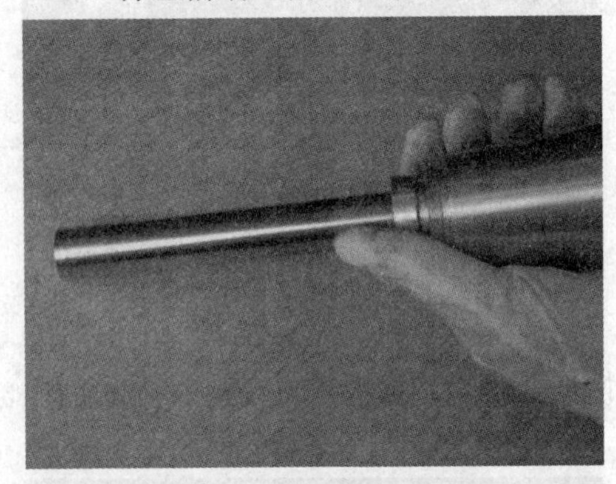

图 4-42　拉出弹击拉簧座

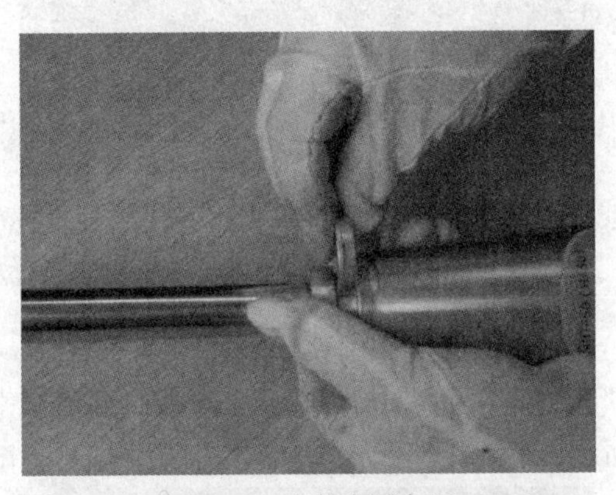

图 4-43　安装半圆卡环

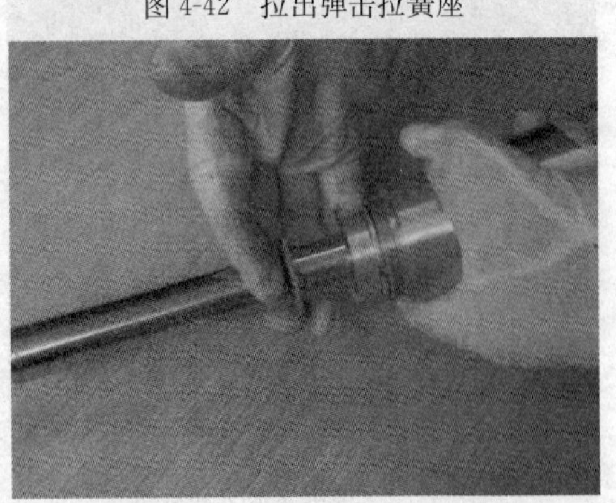

图 4-44　安放防尘毡圈

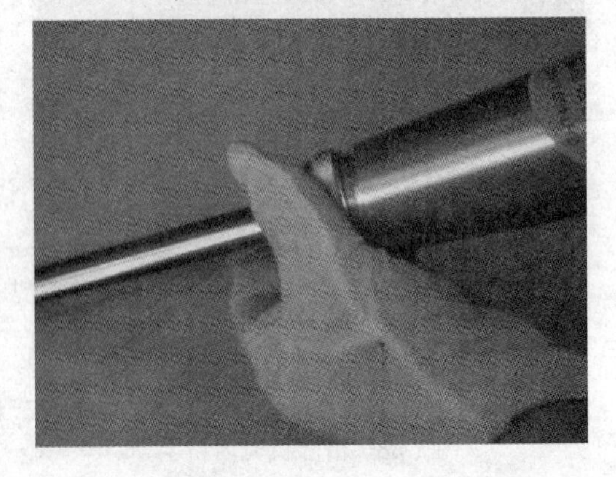

图 4-45　拧上前端盖帽

39）将压缩弹簧对准导向法兰突起的部位，放入机壳内，如图 4-46 所示；

40）拧上尾盖，如图 4-47 所示；

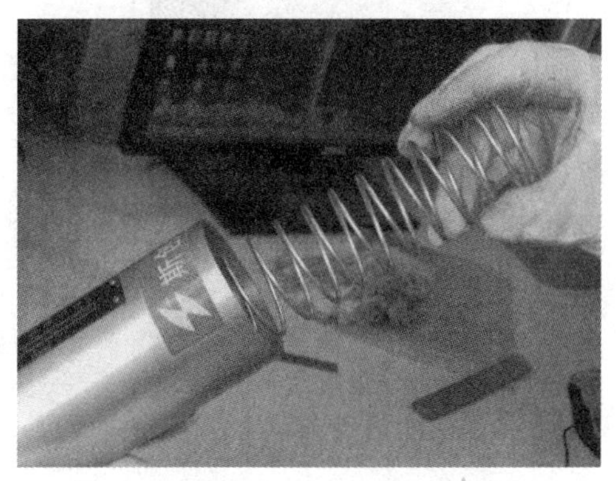

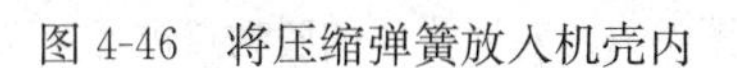

图 4-46　将压缩弹簧放入机壳内

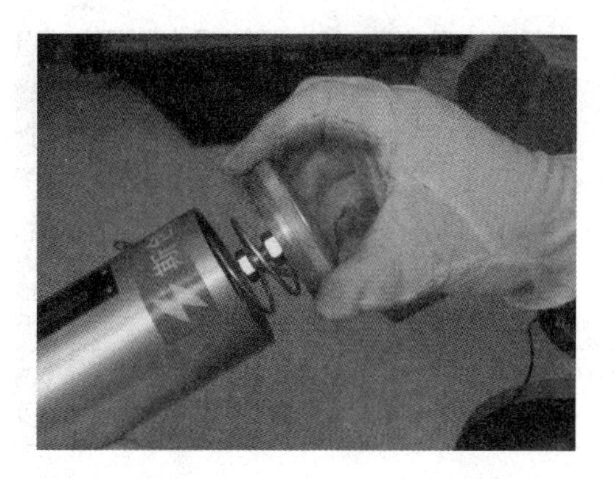

图 4-47　拧上尾盖

41）经过保养的回弹仪再次率定，如图 4-48 所示；

42）确认率定值为 88±2，如图 4-49 所示；

图 4-48　对回弹仪进行率定

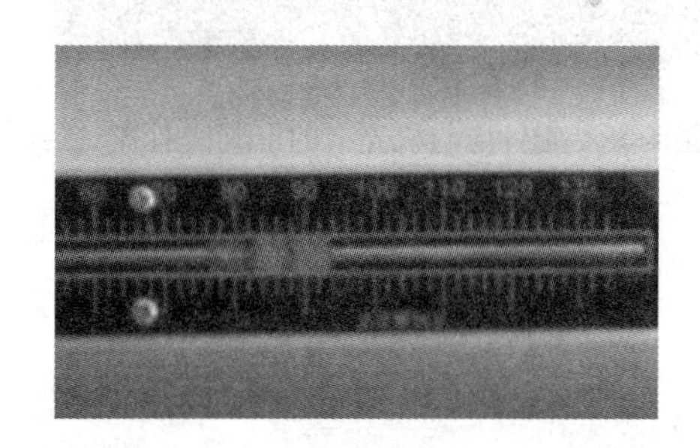

图 4-49　确认率定值为 88±2

43）当发现尾盖上的调整螺栓松动时，应对回弹仪的脱钩点进行校准，校准前先卸下标尺，如图 4-50 所示；

44）一边弹击杆向机壳内压入，一边用螺丝刀等将指针向上拨，直到弹击锤能够带动指针。此时继续向机壳内压送弹击杆，直至弹击，按下机壳上的按钮，观察指针滑块的停留位置。对回弹仪的脱钩点进行校准，如图 4-51 所示；

45）指针应与机壳上的上刻线对齐，如图 4-52 所示；

46）当指针与机壳上的上刻线未对齐，则调整尾盖上的调整螺栓，直至指针与机壳上的上刻线对齐，如图 4-53 所示。

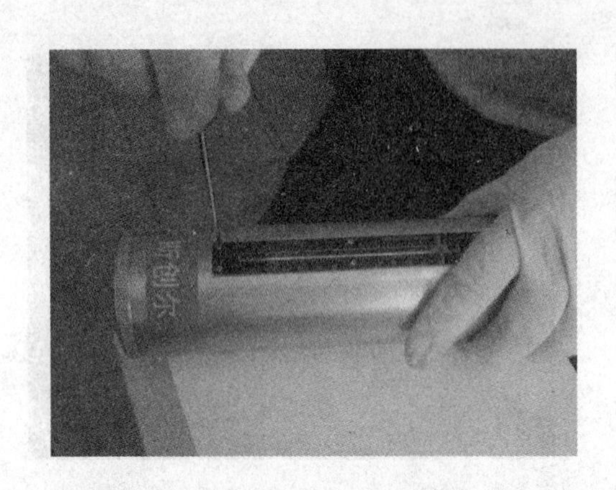

图 4-50　卸下标尺

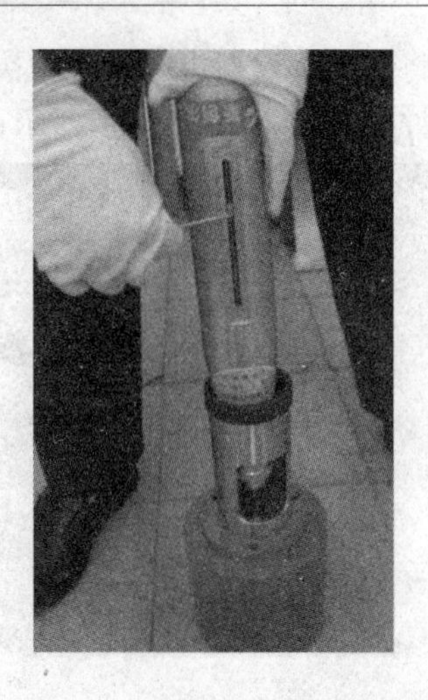

图 4-51　对回弹仪的脱钩点进行校准

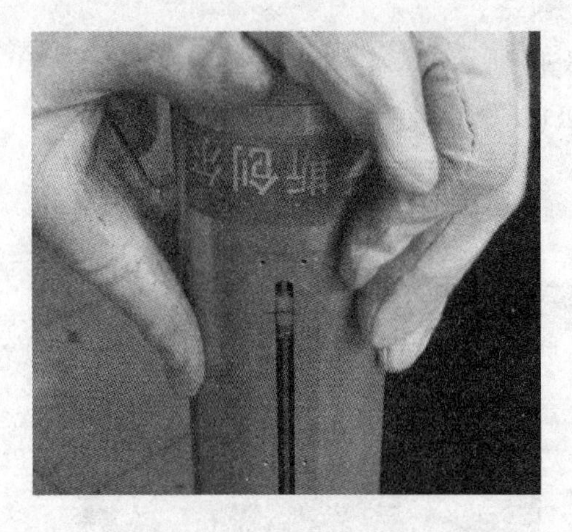

图 4-52　指针应与机壳上的上刻线对齐

图 4-53　调整尾盖上的调整螺栓

第5章　回弹法检测混凝土强度的影响因素

采用回弹仪测定混凝土表面硬度以确定混凝土抗压强度是根据混凝土硬化后其表面硬度（主要是混凝土内砂浆部分的硬度）与抗压强度之间有一定的相关关系。通常，影响混凝土的抗压强度与回弹值的因素并不都是一致的，某些因素只对其中一项有影响，而对另一项不产生影响或影响甚微。弄清这些影响因素的作用及影响程度，对正确制订及选择测强曲线、提高测试精度很有必要。

5.1　原材料

通常来说，混凝土抗压强度大小主要取决于其中的水泥砂浆的强度、粗骨料的强度及二者的粘结力。因此，混凝土的表面硬度除主要与水泥砂浆强度有关外，一般和粗骨料与砂浆的粘结力以及混凝土内部性能关系并不明显。但对于高强混凝土来说，混凝土抗压强度大小主要取决于粗骨料的强度。而且由于配制高强混凝土时骨料的粒径较小，通常在25mm甚至20mm以下。因此，混凝土的表面硬度主要是和粗骨料与砂浆的粘结力有关。

5.1.1　水泥

不同水泥品种对混凝土碳化速度有较大差异。国内有研究数据表明，对于长龄期自然养护条件下的试块，在相同强度条件下，已经碳化的试块回弹值高。龄期越长，此现象越明显。这主要是由于不同水泥品种的混凝土碳化速度不同引起的。当碳化深度相同的情况下，用普通硅酸盐水泥、矿渣硅酸盐水泥及粉煤灰硅酸盐水泥的混凝土抗压强度与回弹值之间的基本规律相同，对测强曲线没有明显差别。

国内也有部分研究机构对水泥与碳化深度进行试验研究后认为：在回弹法考虑了碳化深度的条件下，可以不考虑用不同水泥品种、不同强度等级、不同用量的影响。

高强混凝土原则上不做碳化试验，但在某种特定情形下碳化试验可作为一种验证手段进行比对，查找质量事故的原因。尽管当下对高强混凝土普遍认为没有碳化的情形，实际上有时也不完全是这样。尤其是对于存在质量缺陷的混凝土更有存在碳化的可能，当然应区别对待假性碳化避免误判。在实际检测工作中宜把碳化深度的测试作为一个重要的参考因素加以考虑，以对混凝土实际质量进行全面正确的分析和判断。

5.1.2　粗骨料

对于粗骨料的影响，国外一般认为粗骨料品种、粒径及产地均有影响。国内存在不同的意见和看法，至今尚未取得共识。有的认为不同粗骨料品种对回弹法测强有一定影响，应该分别建立曲线，提高测试精度。有的认为粗骨料影响不大，无需分别建立曲线。

笔者通过长期的回弹法测试实践得知，在现代混凝土组分有较大变化和改善的情况下，尤其是高强混凝土，骨料的影响主要在于其自身的抗压强度。骨料的品种对握裹力的影响和高强度等级相比，几乎可以忽略不计了。

实际上，其他方法影响因素中也有类似于回弹法的情形。近年来，笔者对抗折法、抗剪法、(包括抗剪法的单剪法、双剪法、直剪法等各类情形、)、直拔法（也有称之为拉脱法）等诸多检测混凝土抗压强度新方法做了大量的实验研究，包括在构件（或试件）原位测试和钻制相应试件进行试验，如抗剪法进行了单剪法、双剪法、直剪法等各类情形的比对试验。所有这些新的检测混凝土抗压强度的技术和方法，对于高强混凝土测试结果只是与骨料自身强度的影响较大，而与骨料品种的差异并不明显，完全可以忽略不计。

5.1.3　细骨料

国外试验研究资料表明，混凝土用细骨料的品种和粒径，对回弹法测强没有显著影响。国内试验研究资料也证实，混凝土用细骨料的品种和粒径，对回弹法测强影响不大。专家普遍认为，使用的细骨料只要符合《普通混凝土用砂、石质量及检验方法标准》JGJ 52 和《高强混凝土应用技术规程》JGJ/T 281 的规定，对回弹法测强的影响就可以忽略不计。

5.2　外加剂

外加剂对回弹法的影响是应该加以区分的。

试验表明，非引气型外加剂对混凝土回弹测强影响较小，可以忽略。但当混凝土中掺加引气型外加剂时，回弹法测强影响较大。因此，我国的《回弹法检测混凝土抗压强度技术规程》在最初几个版本中均有对外加剂的限制性内容，明确表述用回弹法检测时，不适用于掺引气型外加剂的混凝土的检测。

笔者认为对回弹法修编中删除了对混凝土中掺加引气型外加剂检测的限制，是不符合客观实际的。如果对掺加引气型外加剂的混凝土回弹检测不加以区别对待，采取必要的修正措施，难免会造成检测结果的误判。

5.3　成型方法

目前，混凝土成型方法主要有人工插捣、机械振捣和离心工艺等三类方式。

对于人工插捣、机械振捣的混凝土，只要成型后的混凝土基本密实，回弹测强时没有太大影响。

大量试验结果表明，离心工艺成型的混凝土影响较大，从试件抗压强度的结果来看尤为明显。因此，我国对离心工艺的混凝土抗压强度的检测有其专门的技术规程，如有《钻芯检测离心高强混凝土抗压强度试验方法》GB/T 19496—2004。但在回弹法领域，国内尚无研究数据，因此，笔者建议对离心工艺的混凝土回弹检测应进行完善和补充。在目前尚无具体参考依据的情形下，对回弹法检测结果应按照现行国家标准《钻芯检测离心高强混凝土抗压强度试验方法》GB/T 19496—2004 加以修正，以正确把握混凝土的实际质量。

此外，对于一些采用真空法、压浆法、喷射法和混凝土表层经过各种物理、化学方法处理成型的混凝土，也应慎重使用回弹法，必要时应制定专用测强曲线。

5.4 养护方法及湿度

5.4.1 养护方法的影响

混凝土的养护方法目前主要有三种：标准养护、自然养护和蒸汽养护。

标准养护主要用于标准养护室，也有些在实验室或工地现场设置标准养护箱，这类养护试件抗压强度结果其实质主要用于对配合比的验证。自然养护和结构实体保持同步，对结构实体的真实质量具有较好的比对和控制作用。标准养护与自然养护的混凝土含水率不同，强度发展不同，表面硬度也不同，尤其在早期，差异更明显。而蒸汽养护通常用于工厂化的生产和混凝土强度的加速上升需求。

国内外资料都主张标准养护与自然养护的混凝土应有各自不同的校准曲线。还有试验表明，蒸汽养护使混凝土早期速度增长较快，但表面硬度也随之增长，若排除了混凝土表面湿度、碳化等因素的影响，则蒸汽养护混凝土的测强曲线与自然养护混凝土基本一致。因此，主张蒸汽养护出池7d以内的混凝土应另行建立专用测强曲线，而蒸汽养护出池7d以上的混凝土可按自然养护混凝土看待。

5.4.2 混凝土湿度的影响

混凝土的含水量就是混凝土的湿度。试验研究表明，湿度对于低强度混凝土影响较大，随着强度的增长，湿度的影响逐渐减小，这一影响变化规律已得到国内外一致认可。尤其是混凝土表面的湿度差异较大时，回弹法检测时影响尤为显著。

在新疆地区最早的回弹法检测技术规程中就有干法和湿法两种不同的测强曲线。因此，对于回弹法检测高强混凝土早龄期强度时，湿度的影响还是较为明显，因此回弹法检测需引起足够的重视。

5.5 碳化及龄期

混凝土的碳化就是指混凝土中的碱性物质$Ca(OH)_2$受空气中CO_2的作用发生化学反应，生成硬度较高的$CaCO_3$的过程。

通常来说，混凝土中的水泥经水化就游离出大约35%的$Ca(OH)_2$，混凝土表面受到空气中CO_2的侵入，就会生成硬度较高的$CaCO_3$。混凝土表面一旦产生碳化现象，其表面硬度逐渐增高，使回弹值与强度的增加速率不等，显著影响了f_{cu}-R的关系。这种混凝土的碳化现象，对回弹法测强有显著影响。

随着混凝土龄期的增长，回弹值随着碳化深度的增大而增大，但当碳化深度达到某一数值如等于6mm时，这种影响基本不再增长。对高强混凝土普遍认为没有碳化的情形，实际上有时不完全是这样，这在前面5.1节中已有叙述。

混凝土的碳化作用能提高其表面的硬度，研究发现在某种场合用酚酞试剂测定到的碳化值，不一定是实质意义上氢氧化钙和二氧化碳反应生成的碳酸钙现象。这种混凝土碳化深度值实际是混凝土表层失碱产生的中性化现象，因此要尽力避免酚酞试剂指示的假性碳化对混凝土检测强度评判的误区。

5.6　模板和脱模剂

有关试验表明，只要模板不是吸水类型且符合《混凝土结构工程施工质量验收规范》GB 50204—2002的要求时，它对回弹法测强没有显著影响。当使用吸水性模板时，会改变混凝土表层的水灰比，使混凝土表面硬度增大，但对混凝土强度并无显著影响。

当采用的是酸性脱模剂或废机油涂刷的模板成型的混凝土，其模板结合面的表层混凝土，用酚酞酒精溶液测定到的碳化值，不一定是氢氧化钙和二氧化碳反应生成的碳酸钙，有时只不过是碱性混凝土受到脱模剂侵蚀后的中性化反映，其实只是一种假性碳化现象。对于高强度混凝土早龄期回弹法检测过程，当测定的碳化值较大或对碳化值有怀疑时，可打磨掉混凝土表层疑似碳化层后进行回弹验证，但此时应避免裸露石子对回弹测值的影响，并应及时询问工程中使用的混凝土脱模剂种类，避免假碳化值对混凝土回弹检测强度的误导。

5.7　混凝土分层泌水现象

高强混凝土配制得当一般不会出现分层泌水现象。当配制不当出现混凝土分层泌水现象时，会导致构件底边石子较多，回弹读数偏高；表层泌水，水灰比略大，面层疏松，回弹值偏低。钢筋对回弹值的影响视混凝土保护层厚度、钢筋直径及其密集程度而定。资料表明：当保护层厚度大于20mm，钢筋直径为4～6mm时，可以不考虑它的影响。中国建筑科研院结构所就约束力对回弹测值的影响的试验表明：约束力对回弹测值有明显的影响，要使回弹值相同，必须按有效的约束荷载，试验证明了15%极限荷载最为有效，约束力太低或太高都会使回弹值偏低。由此证明，对于小试件回弹测试，如果约束不够，都会造成回弹值不准且分散性较大。此外，测试时构件的厚度、刚度、曲率半径、大气温度以及测试技术等对回弹也会产生不同程度的影响。

非泵送混凝土中很少掺加外加剂或仅掺加非引气型外加剂，高强混凝土大多为泵送混凝土，而泵送混凝土则掺加了加气型泵送剂、砂率增加、粗骨料粒径减小、坍落度明显增大。由于高强混凝土回弹全国统一曲线就是针对泵送混凝土建立的，因此，在回弹法检测高强混凝土抗压强度时，没有必要对回弹法检测泵送混凝土抗压强度进行修正。为了提高回弹法检测高强混凝土抗压强度的精度，可制定回弹法检测高强混凝土强度的地区曲线或专用曲线，也可以采用超声回弹综合法或其他精度更高的的检测技术和方法进行检测。

第 6 章　高强混凝土检测用超声仪的校准

6.1　概述

当前，我国用于混凝土检测的超声仪型号较多，但是，其技术性能指标都应符合现行计量标准《声波检测仪检定规程》JJG 990—2004 的规定。作为检测混凝土强度或检测混凝土缺陷的仪器，超声仪应属于一种计量设备。

由于使用的频段不同或使用的领域不同，为了区别于其他行业的超声设备，混凝土结构质量检测中使用的超声仪称为非金属超声仪（本书简称超声仪）。

超声仪的基本原理，是向待测的结构混凝土发射超声脉冲，使其穿过混凝土。然后接收穿过混凝土后的脉冲信号，仪器显示超声脉冲穿过混凝土所需的时间和接收信号的波形、波幅等等。根据超声脉冲穿越混凝土的时间（称为声时）和距离（称为声程），即可计算声速；根据波幅可求得超声脉冲在混凝土中的能量衰减；根据所显示的波形，经适当处理后可得到接收信号的频谱等信息。非金属超声仪基本工作原理如图 6-1 所示。

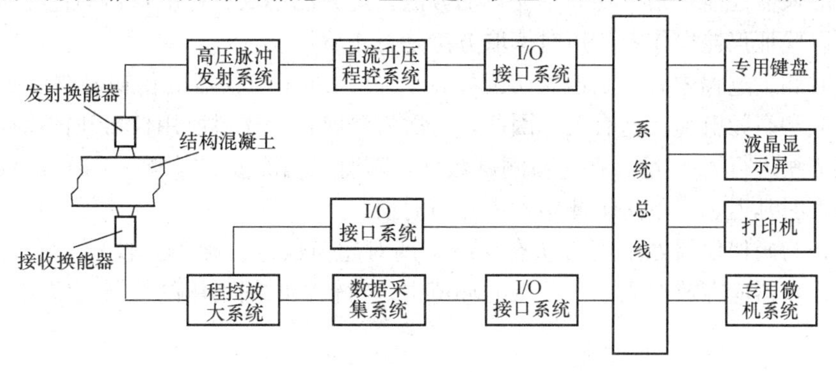

图 6-1　非金属超声仪工作原理简图

6.2　超声仪校准的意义和校准周期

日常检测工作中，为了使检测的数据准确可靠，都应定期到计量部门进行精度校准（检定）。超声仪计量校准周期一般为 24 个月。

我国早期建筑行业使用的是模拟式超声仪。随着技术的进步，国内先后研制生产了性能好、功能多的数字式超声仪。这两种检测混凝土的超声仪各自的特点如下：

(1) 模拟式仪器的接收信号为连续模拟量，通过时域波形由人工读取声学参数。其中，声时采用游标或整形关门信号关断计数电路来测读脉冲波从发射到计数电路被关断所经历的时间，并经译码器和数码管显示出来。波幅读数是通过人工调节，读取衰减器的“dB”数。

(2) 数字式仪器是将所接收的信号经高速 A/D 转换为离散的数字量并直接输入计算

机，通过相关软件进行分析处理，自动读取声时、波幅和主频值并显示于仪器屏幕上。具有对数字信号采集、处理、存储等高度智能化的功能。

6.3　超声仪的校准项目和自校方法

计量部门对超声仪的校准，主要是按照《声波检测仪检定规程》JJG 990—2004 的规定，校准如下4项内容：①声时测量相对误差（声信号测量）；②幅值测量级线性；③发射电压幅值稳定度；④接收系统频率响应。这些校准检测属于其他专业领域，在此不再赘述。这里介绍一下，作为超声仪使用者，如何对超声仪做自行校准。

作为自行校准的一种方法，常采用“时-距”法。本方法测量空气中声速实测值 v°，并与按下列公式计算的空气中声速计算值 v_k 相比较，以达到超声仪的声时计量检验目的。标准中规定，v° 和 v_k 二者的相对误差不应超过±0.5%。

$$v_k = 331.4\sqrt{1+0.00367T_k}$$

式中　331.4——0℃时空气中的声速值（m/s）；

v_k——温度为 T_k 时空气中的声速计算值（m/s）；

T_k——测试时空气的温度（℃）。

之所以采用“时-距”法作为超声仪的自行校准，是由于在常温下，空气中的声速值除了随温度变化而有一定变化外，受其他因素的影响很小。因此，用测量空气中声速的方法定期校准仪器性能，是一种简单易行的方法。此方法不仅可校准仪器的计时机构是否可靠，还可以验证仪器操作者的声时读取方法是否正确。

在声时测量过程中有一个声时初读数 t_0，而 t_0 除了与仪器的传输电路有关外还与换能器的构造和高频电缆长度有关。因此，每次检测时，应先对所用仪器和按需要配置的换能器、电缆线进行 t_0 测量。在超声测试数据处理时，消除 t_0 的影响。因为 t_0 仅是超声系统本身的声时延迟，并不是被测结构中的声时值。

此外，为确保仪器处于正常状态，应定期对超声仪进行保养。仪器工作时应注意防尘、防振；仪器应存放在阴凉、干燥的环境中；对较长时间不用的仪器，应定期通电排除潮气。

第 7 章　高强混凝土测强曲线的建立

7.1　测强曲线的分类及形式

实践证明专用测强曲线精度高于地区测强曲线，而地区测强曲线精度高于全国测强曲线。《高强混凝土强度检测技术规程》JGJ/T 294—2013 中给出了全国范围的测强曲线。但是，规程仍然提倡优先使用专用测强曲线或地区测强曲线。建立专用或地区测强曲线的目的，是为了使测强曲线的使用条件尽可能地符合本地区或某一专项工程的实际情况，以减少工程检测中的验证和修正工作量，同时也可避免因修正不当带入新的误差因素，从而提高检测混凝土强度的准确性和可靠性。

建立后的测强曲线有严格的精度要求。JGJ/T 294—2013 规定，所建立的专用或地区测强曲线的抗压强度相对标准差（e_r）应符合下列规定：

（1）超声回弹综合法专用测强曲线的相对标准差（ e_r ）不应大于 12%；

（2）超声回弹综合法地区测强曲线的相对标准差（ e_r ）不应大于 14%；

（3）回弹法专用测强曲线的相对标准差（ e_r ）不应大于 14%；

（4）回弹法地区测强曲线的相对标准差（ e_r ）不应大于 17%。

e_r 按下列公式计算：

$$e_r = \sqrt{\frac{\sum_{i=1}^{n}\left(\frac{f_{cu,i}^c}{f_{cu,i}}-1\right)^2}{n}} \times 100\% \tag{7-1}$$

式中　e_r ——相对标准差；

$f_{cu,i}$ ——第 i 个立方体标准试件的抗压强度实测值（MPa）；

$f_{cu,i}^c$ ——第 i 个立方体标准试件按相应检测方法的测强曲线公式计算的抗压强度换算值（MPa）。

建立专用或地区测强曲线时，除了采用专项工程的混凝土原材料或本地区常用原材料，以及混凝土配合比外，还应严格控制试件的制作、养护及超声、回弹和抗压强度试验等每一操作环节，并注意观察、记录试验过程中的异常现象（如试件测试面是否平整、试件是否标准立方体、测试时试件表面干湿状态、抗压破坏是否有偏心受压、混凝土中的石子含量偏多或偏少及分布是否均匀等），对明显异常的数据，应认真分析其原因再确定取舍。根据声速代表值、回弹代表值和试件抗压强度实测值进行回归分析，最后得到精度符合标准要求的测强曲线。

7.2　专用测强曲线

如何建立高强混凝土的测强曲线，是土木工程检测鉴定等相关单位很关心的问题。从各种标准执行实践来看，仅仅有标准规定是远远不够的。应该让标准使用者通过标准技术背景资料的学习，真正掌握测强曲线的具体建立方法。这里通过一个具体的实例，说明地区高强混凝土测强曲线的建立过程。

(1) 试验装置

在超声波试验中，采用了非金属超声探测仪，对高强混凝土进行了超声波测试。采用标称动能为4.5J的回弹仪-GHT450型回弹仪进行高强混凝土回弹测试。回弹仪器的构造见前面有关章节。

(2) 试件

试件混凝土强度等级为C50、C60、C70、C80。试件尺寸为边长150mm的立方体。为模拟现场施工情况采用自然养护。

(3) 回弹法试验结果分析

回弹法测定混凝土强度的基本依据，是回弹值与混凝土抗压强度之间的相关性。其相关关系一般以经验公式或基准曲线的形式来确定。本例试验步骤如下。

在试件成型侧面各回弹16次→记录每一次回弹值→回弹试验结束后立即进行试件抗压试验并记录抗压试验结果→测量碳化深度。数据处理时，考虑到回弹测点刚好处于石子或气孔上的情况，将最大和最小的三个值剔除后，把余下的10个数据进行平均，作为该试件的回弹代表值。通过对11988个数据（每1组为1个试件，每1组数据包括16个回弹值、1个抗压试验强度值、1个碳化深度值）处理，进行回归分析后得到如下曲线公式。

$$f_{cu}^{c} = 4.5 + 0.026R + 0.0155R^2 \tag{7-2}$$

式中 f_{cu}^{c}——测区混凝土强度换算值（MPa），精确至0.1MPa；

R——测区回弹代表值，精确至0.1；

曲线公式的相关系数r=0.91，相对标准差e_r=14%。测试数据分布情况与测强曲线如图7-1所示，图中纵坐标为试件抗压强度f_{cu}，单位为MPa，横坐标为试件回弹代表值R。试验时试件强度在5.8～96.4MPa之间。

试验中发现，夏季25～30℃自然养护条件下，高强混凝土在成型后，强度增长速度很快。在24h强度最高可达30.0MPa。10d左右即可达到强度设计值。为了了解在较大强度变化范围内的回弹值与强度之间的关系，在试件成型后24h即开始（即脱模时）进行试验。对于春秋两季成型的试件则不然，我们适当地延长了每次试验的时间间隔。所以，在JGJ/T 294—2013中，给出的建立测强曲线时试件试验的时间间隔，只是一个原则性的参考。实际试验中，应因地制宜地做好试验，尽量在高强混凝土强度增长过程中，“抓到”较大强度范围的试验数据。对于高强混凝土来说，能够检测混凝土达到设计强度等级要求之前的强度，是非常有意义的。比如，在预应力混凝土结构上建立预应力时，需要知道实际结构混凝土的当前抗压强度；为了实现施工质量控制，需要知道实体结构中混凝土强度增长速度是否正常等等。试验中也发现高强混凝土抗碳化能力很强，保留1年多的试件仍未被碳化。对于碳化这一影响因素来说，我国的早期回弹法做了充分考虑。那时的普通混凝土组分比较“单纯”，在碳化后的混凝土表面确实形成了“硬壳”，进而使回弹值增加，考虑碳化因素是必要的。

随着混凝土材料的技术进步，为满足各种结构的要求，或为了节能环保、废物利用等的要求，在混凝土中参入的各种外加剂和掺合料（经过加工的工业废弃物）。如今的混凝土与20年前的混凝土相比，已经有了巨大的变化。大量工程实践证明，现在的混凝土碳化后，在表面并未形成“硬壳”，而是较比未碳化的混凝土表面“软”了。经过对其他国家回弹法检测混凝土强度技术标准的调查，发现只有我们国家考虑了碳化深度的影响。

本次试验中，在未考虑碳化深度的情况下，混凝土抗压强度和回弹代表值之间仍然有好的相关关系。

(4) 超声回弹综合法基本原理和试验结果分析

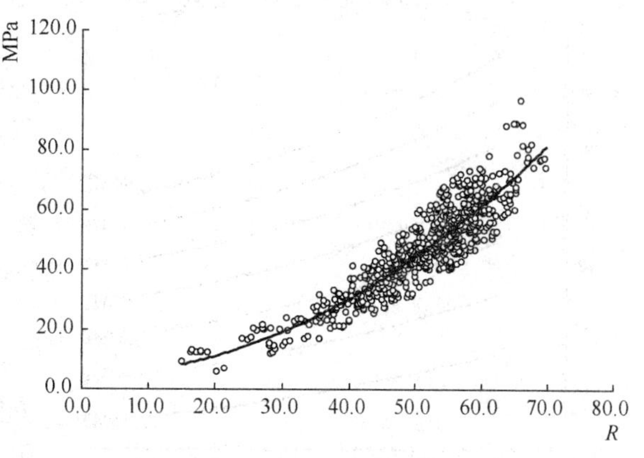

图7-1 回弹值与混凝土抗压强度之间的关系

对于混凝土强度这种多要素的综合指标来说，它与许多因素有关，比如材料本身的弹塑性、非均质性、混凝土内气孔含量和试验条件等等。所以人们从很早以前就采用多种检测手段结合的办法来综合判断混凝土强度，目的是为了减少单一指标判断混凝土强度的局限性。国内外对于综合法检测混凝土强度虽然有过许多提案，但是经过多年工程实践证明，其中超声一回弹综合法的应用最为成功。超声回弹综合法试验中采用GHT450型的回弹仪(4.5J)和非金属超声仪。

超声回弹综合法试验条件如下：

试件为边长150mm的立方体，强度等级为C50、C60、C70、C80，采用自然养护。考虑到高强混凝土强度增长迅速的特点，夏季试验在浇筑混凝土后24h开始进行。试件声时测量，取试件浇注方向的侧面为测试面，并用钙基脂作耦合剂。声时测量时采用对测法，在一个相对测试面上测3点（测点布置见图7-2），发射和接收探头轴线在一直线上，试块声时值t_m为3点的平均值，保留小数点后一位数字。试块边长测量精确至1mm。

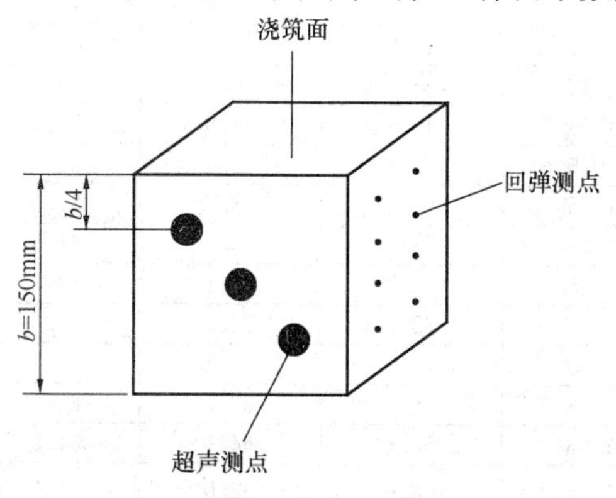

图7-2 测点布置示意图

试件的声速值按下式计算：

$$v = l/t_m$$

式中 v——试块声速值(km/s)，精确至0.01km/s；

l——超声测距(mm)；

t_m——3点声时平均值(μs)。

回弹值测量选用不同于声时测量的另一相对侧面。将试件油污擦净放置在压力机上下承压板之间加压至80kN，在此压力下，在试件相对测试面上各测8点回弹值。在数据处理时，剔除3个最大值和3个最小值，将余下的10个回弹值的平均值作为该试块的回弹代表值R，计算精度至0.1。

回弹值测试完毕后卸荷，将回弹面放置在压力承压板间连续均匀加荷至破坏。抗压强

度值 f_{cu} 精确至 0.1MPa。经过对所取得的 13500 个数据整理回归分析后得到如下测强公式。

$$f_{cu}^{c}=0.045v^{0.68}\cdot R^{1.5}$$

式中　f_{cu}^{c}——测区混凝土强度换算值（MPa），精确至 0.1MPa；

R——测区平均回弹值，精确至 0.1；

v——测区修正后的声速值（km/s），精确至 0.01km/s。

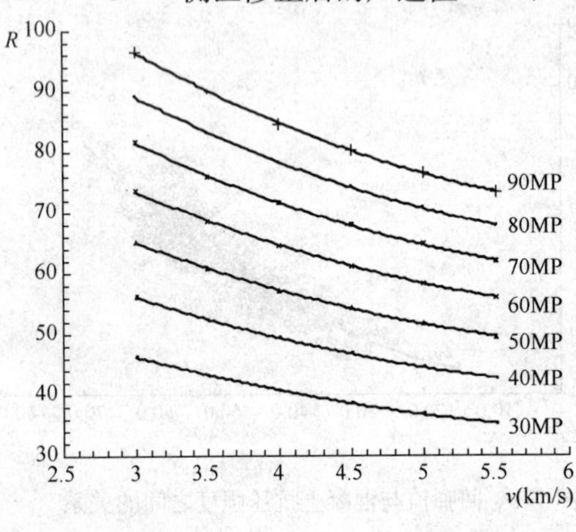

图 7-3　f_{cu}^{c}-R-v 的关系

作为实际应用的计算公式，不同强度等级的混凝土 f_{cu}^{c}-R-v 的关系如图 7-3 所示。

曲线公式的相关系数 $r=0.93$，相对标准差 $e_r=14\%$。试验时试件强度在 5.8～96.4MPa 之间。

（5）计算公式精度验证

在结束上述试验研究后，又委托施工单位对回弹法、超声回弹综合法计算公式作了施工现场验证工作。验证测试结果表明，综合法的相对标准差为 12.1%，回弹法相对标准差为 12.4%，回弹法、超声回弹综合法的相对标准差均满足 JGJ/T 294—2013 对测强曲线的使用精度要求（表 7-1）。

测强曲线验证结果　　**表 7-1**

序号	工程名称	回弹值	声速 (km/s)	标准试件抗压强度（MPa）	推定强度（MPa）	
					回弹法	综合法
1	混凝土生产单位实际工程预留标准试件	46.6	4.76	37.5	39.4	41.4
2		45.7	4.61	40.0	38.1	39.3
3		46.6	4.75	40.7	39.4	41.3
4		46.1	4.75	42.2	38.6	40.6
5		55.7	4.57	53.5	54.0	52.6
6		52.5	4.93	46.4	48.6	50.7
7		62.1	4.75	63.6	65.9	63.5
8		58.3	4.65	60.1	58.7	57.0
9		60.8	4.74	63.7	63.4	61.5
10		63.7	5.05	68.4	69.1	68.8
11		64.9	5.34	72.1	71.5	73.5
12		65.0	5.39	72.0	71.7	74.1
13		63.0	4.98	68.4	67.7	67.0
14		61.2	4.68	63.7	64.1	61.5
15		60.1	4.78	64.8	62.0	60.7
相对标准差 e_r（%）					12.4	12.1

本节对如何建立回弹法和超声回弹综合法测强曲线，举例作了解释。这里需要注意的是，建立的测强曲线和所用仪器是一一对应的。测强曲线的应用，应控制在建立测强曲线

时的试件强度范围，不得外推。

7.3 统一测强曲线

《高强混凝土强度检测技术规程》JGJ/T 294—2013 在编制过程中，编制组对回弹法和超声回弹综合法检测高强混凝土强度做了大量的试验，为全国高强混凝土测强曲线的建立打下了坚实的基础。规程中的测强公式是对全国 11 个省、直辖市等单位提供的 84000 多个数据回归分析后得到的结果，如表 7-2 所示。

测强曲线公式和统计分析指标 **表 7-2**

检测方法	测强曲线公式	相关系数 r	相对标准差 e_r	平均相对误差 δ	试件龄期（天）	试件强度范围（MPa）
回弹法	$f_{cu,i}^{c}=-7.83+0.75R+0.0079R^2$	0.86	16.2%	±13.1%	1～900	11.8～110.7
超声回弹综合法	$f_{cu,i}^{c}=0.117081v^{0.539038}\cdot R^{1.33947}$	0.90	16.1%	±12.9%	1～900	7.4～113.8

注：表中所用回弹仪标称动能为 4.5J，超声仪为非金属超声仪。

考虑到高强混凝土质量控制时，需要掌握高强混凝土在强度增长过程的强度变化情况，公式的强度应用范围定为 20.0～110.0MPa。

《高强混凝土强度检测技术规程》JGJ/T 294—2013 附录中虽然给出的是推定强度换算表，但是，应严格把强度推定值限定在换算表的强度范围内。随着计算机技术在建筑质量检测行业的普及，多数单位都会根据测强曲线编写检测数据处理软件，所以，测强曲线对于编写计算机软件是很方便的。《规程》附录中的推定强度换算表较适用于现场速查。

第8章 高强混凝土强度检测技术及数据分析处理

8.1 检测技术

首先，要保证从事高强混凝土检测的技术人员是经过专业培训取得技术资格的人员。

在接受客户混凝土强度检测委托后，首先应尽量多地掌握被测工程的相关信息。比如：①工程名称及设计、施工、建设、监理单位名称；②要测结构或构件的名称、部位及混凝土设计强度等级；③水泥品种、强度等级，砂石品种、粒径，外加剂品种，掺合料类别及等级，混凝土配合比等；④混凝土浇筑日期、施工工艺、养护情况及必要施工记录；⑤结构现状等等。

根据客户的需求，可以按批检测实体混凝土强度，或按单个构件检测实体混凝土强度。按批抽样检测时，应注意现场选取构件所处位置应该是分散的和随机的，避免集中一处取样。即按批检测的混凝土强度应具有代表性。同时注意同批构件还应符合“四同”要求。即：①混凝土设计强度等级、配合比和成型工艺相同；②混凝土原材料、养护条件及龄期基本相同；③构件种类相同；④在施工阶段所处状态相同。“四同”的要求，主要是在混凝土龄期比较短时要特别注意，应严格按照《规程》规定执行。

一般情况下，按批抽样检测时，抽样数量应大于或等于同批构件的30％（不少于10件），混凝土强度推定的数据处理方法，按《规程》规定执行。

当工程较大时，30％的抽检量会导致现场检测工作量加大，所以，当检验批中构件数量大于50时，可以按现行国家标准《建筑结构检测技术标准》GB/T 50344进行对构件抽样数量调整，抽取的构件总数也不应少于10件。此时，相应的检测数据处理应按现行国家标准《建筑结构检测技术标准》GB/T 50344执行。

现场检测时在构件上尽量均匀布置测区，每个构件上的测区数不要少于10个。对于特殊部位，比如客户特指的柱头部位混凝土强度检测，可以将测区数量减少到5个。《规程》提到的“对某一方向尺寸不大于4.5m且另一方向尺寸不大于0.3m的构件，其测区数量可减少，但不应少于5个”的规定，只是考虑具体工程中可能出现的情形。实际上，高强混凝土多用在承受竖向荷载的构件或为减少截面尺寸的大型混凝土构件上。一个构件上布置5个测区的情况比较少。

《规程》中测强曲线公式是建立在混凝土成型侧面上的，所以，现场检测时，测区应布置在构件混凝土浇筑方向的侧面。现场可以根据具体情况，把测区布置在构件的两个对称的可测面上或布置在同一可测面上。这里需要注意的是，测区一定要包括构件的重要部位及薄弱部位，同时还要避开预埋件。重要部位和薄弱部位是工程中很关注的地方。而预埋件对检测结果会产生很大影响。

所测构件尺寸较大时，可以把测区之间的距离加大，但是，考虑到检测的构件应该是同批混凝土，测区间距大于 2m，有可能测区间的强度换算值就不是同一批的材料的检测结果，因此，相邻两测区的间距不宜大于 2m。

此外，《规程》检测前提是结构表面和内部混凝土质量相同，测强曲线建立时，试件表面清洁、平整、干燥，没有接缝、饰面层、浮浆和油垢。那么，被测构件表面也应该尽量和建立测强曲线的构件表面状态一致，不符合要求时做适当处理。例如不平处用手持砂轮适度打磨，擦净残留粉尘等。这里提到的打磨，并不是采用电动砂轮，电动砂轮打磨后往往会把混凝土表层打掉，露出石子。这和测强曲线的使用条件大相径庭，是绝对不允许的。

《规程》中规定的“结构或构件上的测区应注明编号，并应在检测时记录测区位置和外观质量情况。”主要是对于那些需要具体查找低强度区域时采取的措施。外观质量差会使回弹值降低，并不如实反映混凝土内部的强度情况。

8.2 数据的分析和处理

现场检测完毕后，检测获取的数据应按规程要求进行处理。计算测区回弹值时，在每一测区内的 16 个回弹值中，应剔除 3 个最大值和 3 个最小值，然后将余下的 10 个回弹值按式（8-1）计算，其结果作为该测区回弹值的代表值：

$$R = \frac{1}{10}\sum_{i=1}^{10} R_i \tag{8-1}$$

式中 R——测区回弹代表值，取有效测试数据的平均值，精确至 0.1；

R_i——第 i 个测点的有效回弹值。

之所以要在 16 个回弹值中剔除 3 个最大值和 3 个最小值，是考虑到回弹检测时，测点可能会落到石子（粗骨料）上或落在气孔上造成回弹值异常变化。而将剩余的 10 个回弹值平均值作为该测区的回弹代表值的处理办法，也是使其值尽量靠近测试真值。要想得到测试参数的真值是困难的，理论上要做无穷多次测试并进行平均。但是，实际测试时难以做到。所以，仅用到处理后剩余的 10 个回弹值的平均值。

当采用超声回弹综合法检测时，应在回弹测试完毕的测区内进行超声测试。3 个超声测点应布置在回弹测试的同一测区内。由于测强曲线建立时采用了超声对测方法，所以，实际工程检测时应优先采用对测的方法。当被测构件不具备对测条件时（如地下室外墙面），可采用角测或平测法。平测时两个换能器的连线应与附近钢筋的轴线保持 40°～50°夹角，以避免钢筋的影响。大量实践证明，平测时测距宜采用 350～450mm，以便使接收信号首波清晰易辨认。角测和平测的具体测试方法可参照现行标准《超声回弹综合法检测混凝土强度技术规程》CECS 02：2005。总之，应尽量采用对侧的方法。

超声测试时，使用耦合剂是为了保证换能器辐射面与混凝土测试面达到完全面接触，排除其间的空气和杂物。同时，每一测点均应使耦合层达到最薄，以保持耦合状态一致，这样才能保证声时测量条件的一致性，这一点很重要。耦合不当，声通路上存在的空气介质或其他杂质，会造成声时延长。

当在混凝土浇筑方向的两个侧面进行对测时，测区混凝土中声速代表值应为该测区中 3 个测点的平均声速值，并应按下式计算：

$$v = \frac{1}{3}\sum_{i=1}^{3}\frac{l_i}{t_i - t_0} \tag{8-2}$$

式中　v——测区混凝土中声速代表值（km/s）；

l_i——第 i 个测点的超声测距（mm）；

t_i——第 i 个测点的声时读数（μs）；

t_0——声时初读数（μs）。

声时初读数 t_0 是声时测试值中的仪器及发、收换能器系统的声延时。是每次现场测试开始前都应确认的声参数。

采用标称动能为 4.5J 回弹仪及非金属超声仪，得到上述测试参数代表值后，结构或构件中第 i 个测区的混凝土抗压强度换算值应按全国高强混凝土测强曲线公式，计算结构或构件中第 i 个测区混凝土抗压强度换算值。当采用回弹法检测时，结构或构件第 i 个测区混凝土强度换算值，按下式计算：

$$f^{c}_{cu,i} = -7.83 + 0.75R + 0.0079R^2 \tag{8-3}$$

当采用超声回弹综合法检测时，结构或构件第 i 个测区混凝土强度换算值，按下式计算：

$$f^{c}_{cu,i} = 0.117081v^{0.539038} \cdot R^{1.33947} \tag{8-4}$$

根据混凝土强度无损检测技术的特点，测强曲线公式的应用，应严格限定在建立测强曲线时试件的强度及龄期范围之内。所以，式（8-3）和式（8-4）的龄期为 0～900d，强度为 20～110MPa 范围以内。

数据处理基于数理统计的方法。结构或构件的测区混凝土换算强度平均值可根据各测区的混凝土强度换算值计算。当测区数为 10 个及以上时，应计算强度标准差。平均值和标准差应按式（8-5）、式（8-6）计算：

$$m_{f^{c}_{cu}} = \frac{1}{n}\sum_{i=1}^{n} f^{c}_{cu,i} \tag{8-5}$$

$$s_{f^{c}_{cu}} = \sqrt{\frac{\sum_{i=1}^{n}(f^{c}_{cu,i})^2 - n(m_{f^{c}_{cu}})^2}{n-1}} \tag{8-6}$$

式中　$f^{c}_{cu,i}$——结构或构件第 i 个测区的混凝土抗压强度换算值（MPa）；

$m_{f^{c}_{cu}}$——结构或构件测区混凝土抗压强度换算值的平均值（MPa），精确至 0.1MPa；

$s_{f^{c}_{cu}}$——结构或构件测区混凝土抗压强度换算值的标准差（MPa），精确至 0.01MPa；

n——测区数。对单个检测的构件，取一个构件的测区数；对批量检测的构件，取被抽检构件测区数之总和。

在实际工程中，可能会出现检测条件与测强曲线的适用条件有较大差异，或曲线没有经过验证的情形，这时应采用同条件标准试件或直接从结构构件测区内钻取混凝土芯样进行推定强度修正，试件数量不应少于 6 个。作为修正方法，有修正系数法和修正量法。但是，关于修正方法，业内意见并不一致，修正系数法和修正量法之间的差别是：修正系数法在修正各个测区强度换算值的同时，对所有测区的强度换算值的标准差也做了修正，而修正量法并不改变所有测区的强度换算值的标准差。为了与GB/T 50344相协调，《高强混凝土强度检测技术规程》JGJ/T 294—2013采用了修正量法。

在数据处理时，测区混凝土强度修正量及测区混凝土强度换算值的修正按式（8-7）、式（8-8）计算：

$$\Delta_{tot} = \frac{1}{n}\sum_{i=1}^{n} f_{cor,i} - \frac{1}{n}\sum_{i=1}^{n} f_{cu,i}^{c} \tag{8-7}$$

$$\Delta_{tot} = \frac{1}{n}\sum_{i=1}^{n} f_{cu,i} - \frac{1}{n}\sum_{i=1}^{n} f_{cu,i}^{c} \tag{8-8}$$

式中 Δ_{tot}——测区混凝土强度修正量（MPa），精确到0.1MPa；

$f_{cor,i}$——第i个混凝土芯样试件的抗压强度；

$f_{cu,i}$——第i个同条件混凝土标准试件的抗压强度；

$f_{cu,i}^{c}$——对应于第i个芯样部位或同条件混凝土标准试件的混凝土强度换算值；

n——芯样或标准试件数量。

测区混凝土强度换算值的修正按下式计算：

$$f_{cu,i1}^{c} = f_{cu,i0}^{c} + \Delta_{tot} \tag{8-9}$$

式中 $f_{cu,i0}^{c}$——第i个测区修正前的混凝土强度换算值（MPa），精确到0.1MPa。

$f_{cu,i1}^{c}$——第i个测区修正后的混凝土强度换算值（MPa），精确到0.1MPa。

结构或构件混凝土强度推定值（$f_{cu,e}$）分两种情况进行计算：

当该结构或构件测区数少于10个时，按下式计算：

$$f_{cu,e} = f_{cu,min}^{c} \tag{8-10}$$

式中 $f_{cu,min}^{c}$——结构或构件最小的测区混凝土抗压强度换算值（MPa），精确至0.1MPa。

当该结构或构件测区数不少于10个或按批量检测时，按式（8-11）计算：

$$f_{cu,e} = m_{f_{cu}^{c}} - 1.645\, s_{f_{cu}^{c}} \tag{8-11}$$

对按批量检测的结构或构件，当该批构件混凝土强度标准差出现下列情况之一时，该批构件应全部按单个构件检测：

（1）该批构件的混凝土抗压强度换算值的平均值（$m_{f_{cu}^{c}}$）不大于50.0MPa且标准差（$s_{f_{cu}^{c}}$）大于5.50MPa；

（2）该批构件的混凝土抗压强度换算值的平均值（$m_{f_{cu}^{c}}$）大于50.0MPa且标准差（$s_{f_{cu}^{c}}$）大于6.50MPa。

第9章　高强混凝土强度检测及计算实例

9.1　回弹法检测高强混凝土强度实例

9.1.1　测试准备

（1）委托单位提交《工程质量检测/检查委托书》；

（2）收集工程相关技术资料、确认检测仪器处于标准状态。

9.1.2　检测前，应具备的有关资料和条件

（1）工程名称、工程地点、设计、施工、监理和建设单位名称；施工（结构和建筑）图纸，结构或构件名称、编号及混凝土设计强度等级；

（2）混凝土配合比，石子、砂子品种规格、粒径，外加剂或掺合料品种、掺量等；

（3）混凝土成型日期，以及浇筑和养护情况；

（4）混凝土试件抗压试验报告，结构或构件存在的质量问题等；

（5）提交“检测方案”并获得委托方认可；

（6）签订“工程质量检验协议书”。

9.1.3　现场准备

（1）按照“检测方案”确定的构件，在构件相对应的测试面上，将饰面剔除漏出混凝土表面，用砂轮片把浮浆打磨干净（不得用电动砂轮片打磨）；

（2）需设置脚手架检测的构件位置要采取安全防护措施；

（3）测区布置在混凝土成型侧面；

（4）测区应均匀分布（测区布置原则见图9-1）。

按照标准要求，相邻两测区的间距不宜大于2m、测区应避开钢筋密集区和预埋件、测区尺寸为200mm×200mm、测试面应清洁、平整、干燥，不应有接缝、饰面层、浮浆和油垢。特别要注意的是要避开蜂窝、麻面部位，必要时可用砂轮片清除杂物和打磨不平处，结构或构件上的测区应注明编号，并记录测区位置和外观质量情况。

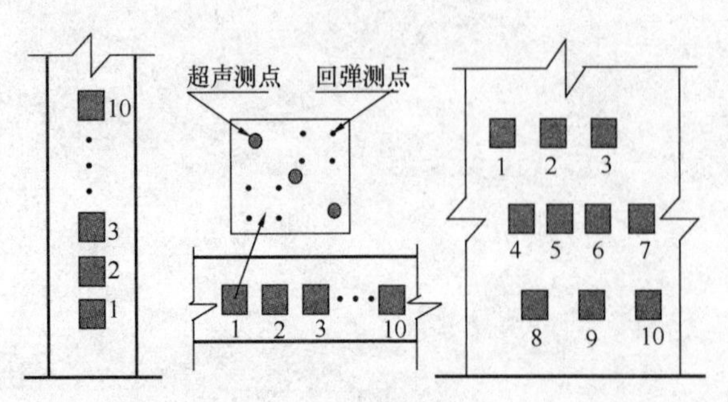

图9-1　柱、梁、墙测区布置原则示意图

9.1.4　回弹值的测量与计算

（1）结构或构件的每一测区，宜先进行回弹测试，后进行超声测试。

（2）回弹仪测试时，应使仪器处于水平状态，测试混凝土构件成型侧面。

对构件上每一测区的两个相对测试面各弹击 8 点（或单面弹击 16 点），每一测点的回弹值测读精度至 1。回弹测点在测区范围内应均匀分布，但不得布置在气孔或外露石子上。相邻两测点的间距一般不小于 30mm；测点距构件边缘或外露钢筋、铁件的距离不小于 100mm，且同一测点只弹击一次。

【实例 1】 北京某工程项目为现浇钢筋混凝土框架—剪力墙结构，地上裙房 4 层，两栋主楼 19 层。其中，9 层及以下各层柱混凝土设计强度等级为 C60、10 层柱混凝土设计强度等级为 C50。为确认已经施工的结构混凝土强度，投资方委托检测单位对地下 3 层柱混凝土强度进行现场抽检。工程平面见图 9-2。

按照《高强混凝土强度检测技术规程》JGJ/T 294—2013 和《钻芯法检测混凝土强度

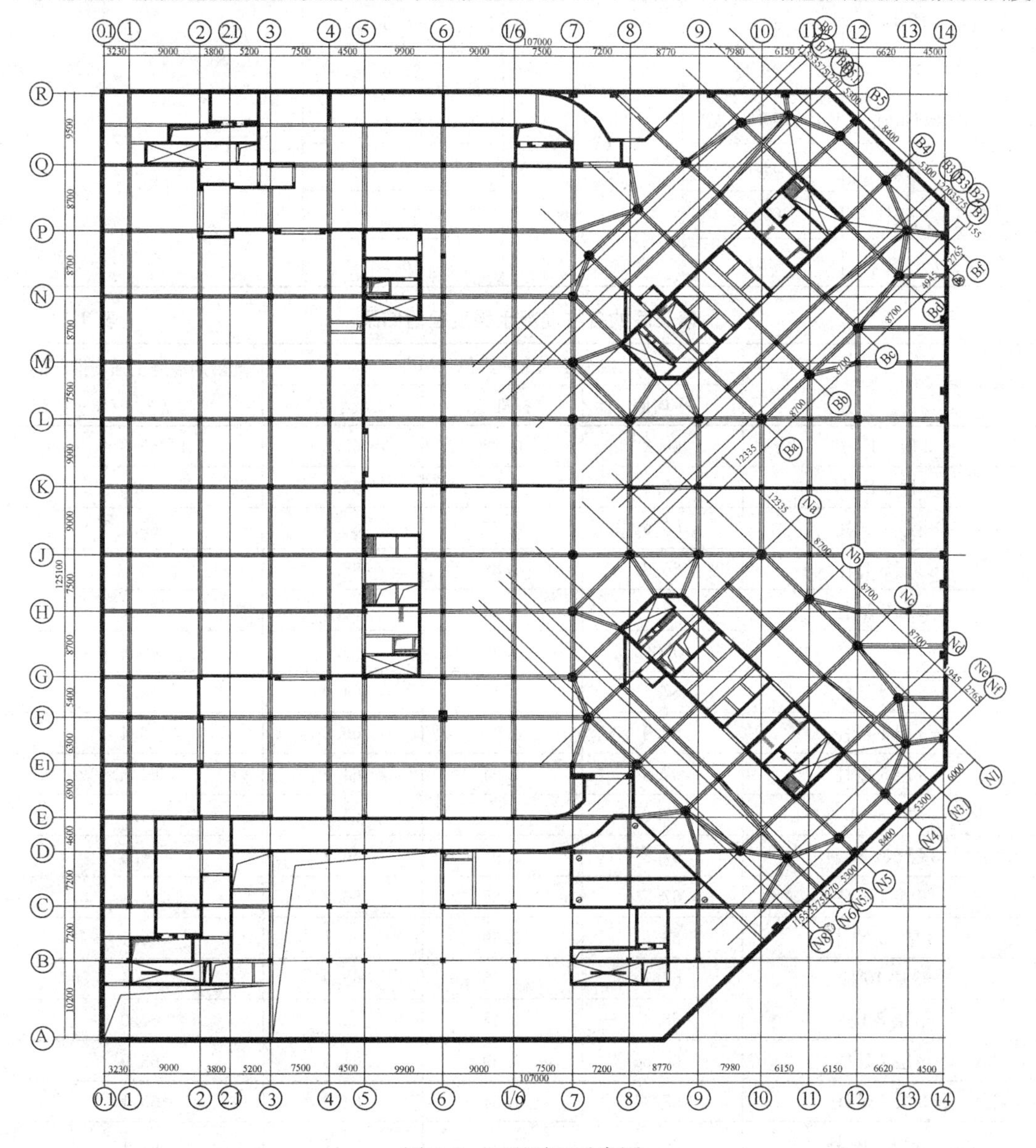

图 9-2 工程平面示意图

技术规程》CECS 03：2007 的要求，采用 GHT450 型回弹仪（4.5J）对地下 3 层柱混凝土强度进行了检测。为提高检测精度，分别在抽检范围构件上钻取 6 个混凝土芯样进行抗压强度试验，用混凝土抗压强度修正对应测区的回弹法推定强度值。钻芯前用磁感应成像仪对构件中的钢筋进行定位。锯切后的芯样用硫黄在专用补平装置上补平，混凝土芯样试件在室内自然干燥后进行抗压强度试验，混凝土芯样抗压试验结果及强度修正量计算结果见表 9-1。修正后的各柱混凝土强度检验结果见表 9-2。

混凝土芯样抗压试验结果及强度修正量　　表 9-1

<table>
<tr><th>构件编号</th><th>芯样抗压强度
(MPa)</th><th>$\frac{1}{n}\sum_{i=1}^{n} f_{cor,i}$
(MPa)</th><th>测区回弹换算强度
(MPa)</th><th>$\frac{1}{n}\sum_{i=1}^{n} f_{cu,i}^{c}$
(MPa)</th><th>Δ_{tot}
(MPa)</th></tr>
<tr><td>−3 层 3-E1 柱</td><td>67.5</td><td rowspan="6">68.9</td><td>66.5</td><td rowspan="6">67.4</td><td rowspan="6">1.5</td></tr>
<tr><td>−3 层 3-P 柱</td><td>68.1</td><td>67.6</td></tr>
<tr><td>−3 层 N6-Ne 柱</td><td>69.2</td><td>67.1</td></tr>
<tr><td>−3 层 9-L 柱</td><td>69.2</td><td>67.8</td></tr>
<tr><td>−3 层 1/6-G 柱</td><td>69.5</td><td>67.3</td></tr>
<tr><td>−3 层 2-H 柱</td><td>69.8</td><td>68.1</td></tr>
</table>

修正后的各柱混凝土强度检验结果　　表 9-2

构　件　编　号	混凝土强度换算值（MPa）			现龄期混凝土强度推定值（MPa）
	平均值	标准差	最小值	
−3 层 3-E1 柱	66.8	0.92	65.5	65.3
−3 层 5-E1 柱	66.9	0.89	65.9	65.5
−3 层 6-F 柱	66.9	0.75	65.5	65.7
−3 层 3-L 柱	66.3	0.88	65.1	64.9
−3 层 2-M 柱	66.7	0.69	65.2	65.6
−3 层 1-N 柱	672	0.99	66.0	65.6
−3 层 3-P 柱	67.1	1.15	64.9	65.2
−3 层 4-N 柱	67.9	0.93	66.8	66.4
−3 层 5-Q 柱	67.6	1.94	64.9	64.5
−3 层 N8-Nb 柱	67.6	1.09	65.7	65.8
−3 层 N6-Ne 柱	67.8	0.93	66.7	66.3
−3 层 4-E 柱	67.5	0.85	66.2	66.1
−3 层 13-Ne 柱	66.8	0.99	65.1	65.1
−3 层 10-柱	67.7	1.40	65.9	65.4
−3 层 8-J 柱	66.4	1.44	65.1	64.0
−3 层 7-K 柱	66.6	1.59	64.3	63.9
−3 层 7-N 柱	67.3	1.34	64.9	65.1
−3 层 B8-Bc 柱	66.6	1.55	64.7	64.1

续表

构 件 编 号	混凝土强度换算值（MPa）			现龄期混凝土强度推定值（MPa）
	平均值	标准差	最小值	
−3层B4-Bf柱	67.6	1.13	65.7	65.7
−3层B1-Bc柱	66.7	1.17	64.3	64.8
−3层9-L柱	68.3	1.81	66.3	65.3
−3层12-J柱	66.9	1.59	65.2	64.3
−3层1/6-G柱	67.8	1.12	66.5	65.9
−3层12-L柱	66.2	1.17	64.6	64.3
−3层1/6-J柱	67.6	1.49	66.3	65.1
−3层1-G柱	67.8	1.73	65.1	64.9
−3层2-H柱	67.9	1.31	66.0	65.7
−3层1-J柱	67.0	0.69	66.0	65.9
−3层3-J柱	67.6	1.45	65.4	65.2
−3层2-K柱	67.3	1.18	65.7	65.4

该批构件混凝土强度平均值为67.2MPa，标准差为1.30MPa，该批构件混凝土强度推定值为65.1MPa，达到设计强度等级C60要求。

【实例2】 某框架梁跨度为6m，梁高0.45m，混凝土设计强度等级为C60，各种材料均符合国家标准要求，自然养护，龄期4个月。因混凝土试件抗压强度未达到设计要求，实体结构采用回弹法检测混凝土强度。构件混凝土强度计算结果见表9-3。

构件混凝土强度计算结果　　**表9-3**

项目 \ 测区		1	2	3	4	5	6	7	8	9	10
回弹值	测区平均值	53.9	55.9	53.2	54.7	57.2	56.3	57.3	56.6	54.8	55.8
测区强度值 f_{cu}（MPa）		55.5	58.8	54.4	56.8	60.9	59.4	61.1	59.9	57.0	58.6
强度计算（MPa）$n=10$		$m_{f_{cu}^{c}}=58.2$			$s_{f_{cu}^{c}}=2.25$			$f_{cu,e}=54.5$			
使用测区强度换算表名称：规程　地区　专用								备注：			

此类计算属单个构件强度检测，其推定强度应按 $f_{cu,e}=m_{f_{cu}^{c}}-1.645s_{f_{cu}^{c}}$ 公式计算。该构件强度达到设计强度等级值的90.8%。

【实例3】 某框架柱高度为4.5m，断面为0.45m×0.45m，混凝土设计强度等级为C60，各种材料均符合国家标准要求，自然养护，龄期4个月。因试块试验未达到设计要求，采用回弹法检测混凝土强度。构件混凝土强度计算结果见表9-4。

构件混凝土强度计算结果　　　　表 9-4

项目 \ 测区		1	2	3	4	5	6	7	8	9	10
回弹值	测区平均值	60.5	66.5	66.0	63.1	62.8	66.1	65.1	65.7	65.1	66.6
测区强度值 f_{cu}（MPa）		69.9	77.0	76.1	70.9	70.4	76.3	74.5	75.5	74.5	77.2
强度计算（MPa）$n=10$		$m_{f_{cu}^c}=74.2$				$s_{f_{cu}^c}=2.81$			$f_{cu,e}=69.6$		
使用测区强度换算表名称：规程　地区　专用								备注：			

此类计算属单个构件强度检测，其推定强度应按 $f_{cu,e}=m_{f_{cu}^c}-1.645s_{f_{cu}^c}$ 公式计算。该构件强度达到设计强度等级值的 116%，达到了设计强度等级 C60 要求。

【实例 4】 某框架结构设备层柱，高度为 2.20m，断面为 0.30m×0.30m 混凝土设计强度等级为 C60，各种材料均符合国家标准要求，自然养护，龄期 6 个月。因混凝土标准试件抗压强度未达到设计要求，采用回弹法检测混凝土强度。混凝土柱强度计算表见表 9-5。

构件混凝土强度计算表　　　　表 9-5

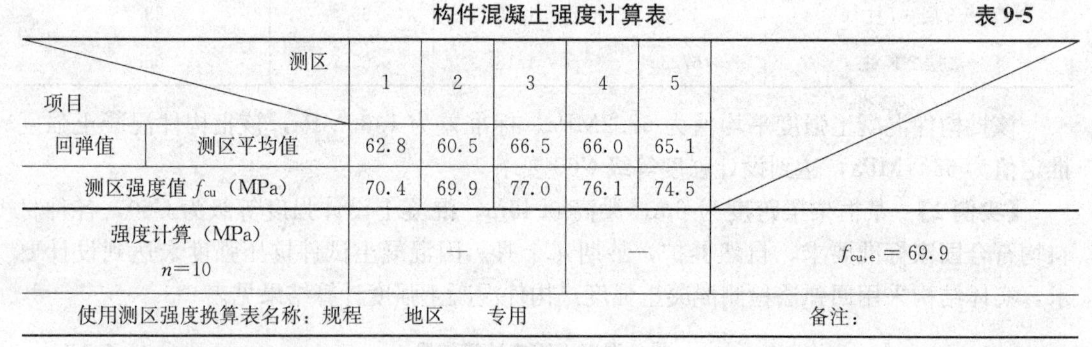

项目 \ 测区		1	2	3	4	5	
回弹值	测区平均值	62.8	60.5	66.5	66.0	65.1	
测区强度值 f_{cu}（MPa）		70.4	69.9	77.0	76.1	74.5	
强度计算（MPa）$n=10$		—			—		$f_{cu,e}=69.9$
使用测区强度换算表名称：规程　地区　专用							备注：

此类计算属单个构件强度检测，构件某一方向尺寸不大于 4.5m 且另一方向尺寸不大于 0.3m 的构件，其测区数量可适当减少，但不少于 5 个。当该结构或构件测区数少于 10 个时，其推定强度为 $f_{cu,e}=f_{cu,min}^c$。该柱混凝土强度推定值为 69.6MPa，达到设计强度等级 C60 要求。

9.2　超声回弹综合法检测高强混凝土强度实例

检测前准备、测区布置、回弹值测试与计算等与 9.1 节相同。

【实例 1】 广东某工程，2 层柱混凝土设计强度等级为 C60，龄期 300d。采用超声回弹综合法对 2 层柱进行抽检。

回弹仪采用标称动能为 4.5J 的 GHT450 型回弹仪，超声仪采用非金属超声仪。现场抽检之前，在柱上沿竖向的两个平行侧面上均匀布置 10 个测区，每一测区边长为 200mm×200mm 的正方形，如图 9-3 所示。测试时，首先在每对测区回弹 16 次，然后再在相应的测区对测 3 点超声声时值，测量两个平行侧面之间的距离作为声程值。数据处理时，每一测区的 16 个回弹值中去掉最大的 3 个回弹值和最小的 3 个回弹值，将余下的 10 个回弹值平均，作为测区的回弹代表值，将 3 对超声测点声速平均值作为测区的声速代表值，将测区的回弹代表值和声速代表值代入超声回弹综合法测强曲线公式。强度推定结果见表 9-6。抽检结果表明，所抽检的 2 层柱混凝土强度达到设计强度等级要求。

各柱混凝土强度抽检结果　表 9-6

构件名称及部位		推定强度（MPa）
2 层柱	L-13	77.6
	H-12	84.8
	M-12	80.3
	Q-12	83.9
	Q-11	77.1
	M-11	72.8
	H-11	69.8

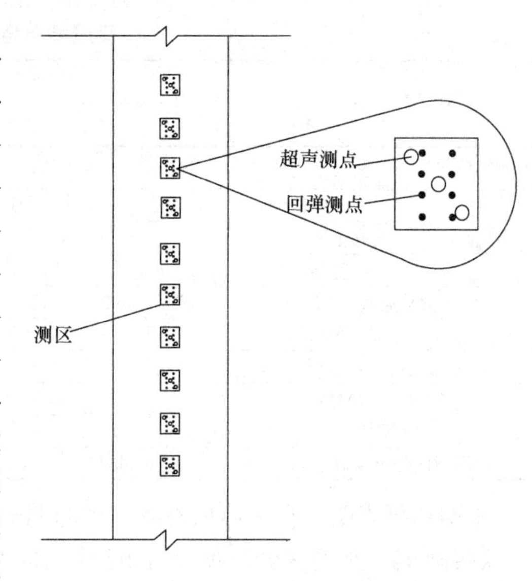

图 9-3　柱测区布置

【实例 2】 北京某工程柱混凝土强度设计等级为 C60 的混凝土，现场成型了 5 根断面为 350mm×350mm 混凝土柱。由于混凝土标准试件受冻，28d 龄期抗压强度未达到设计要求，现场已无备用试件。天气回暖后采用超声回弹综合法对柱混凝土进行强度检测（回弹测试角度为 0°、测试面为侧面；超声波采用对测法）。构件混凝土强度检测结果见表 9-7。

构件混凝土强度检测结果　表 9-7

计算项目		测区 1	2	3	4	5	6	7	8	9	10
回弹值	测区平均值	55.6	57.0	55.9	54.0	52.9	53.0	57.2	53.0	55.1	51.0
声速	测区声速值	4.51	4.82	4.59	4.84	4.84	4.85	4.72	4.71	4.51	4.52
	修正值（λ）	1.00（对测）									
	声速值修正后	4.51	4.82	4.59	4.84	4.84	4.85	4.72	4.71	4.51	4.52
测区换算强度（MPa）		57.4	61.5	58.3	57.3	55.7	55.9	61.1	55.1	56.7	51.2
强度修正量（MPa）		0.0（未钻芯修正）									
测区强度修正后（MPa）		57.4	61.5	58.3	57.3	55.7	55.9	61.1	55.1	56.7	51.2
强度计算（MPa）$n=10$		$m_{f_{cu}^{c}}=57.0$MPa			$s_{f_{cu}^{c}}=2.97$MPa			$f_{cu,e}=52.1$MPa			
使用测区强度换算表名称		规程，地区，专用			备注						

检测结果表明，实体混凝土强度仍未达到设计强度等级 C60 的要求。

【实例 3】 某工程中梁混凝土设计强度等级为 C60。混凝土标准试件 28d 龄期抗压强度未达到设计要求，现场已无备用试件。采用超声回弹综合法对柱混凝土强度进行现场单个构件抽检（测试角度为 0°、测试面为侧面）。单个梁混凝土强度检测结果见表 9-8。

梁混凝土强度计算表　　表 9-8

计算项目		测区 1	2	3	4	5	6	7	8	9	10
回弹值	测区平均值	59.6	58.9	56.9	57.0	56.9	57.0	57.2	58.5	59.1	58.9
声速	测区声速值	4.61	4.82	4.79	4.84	4.84	4.85	4.72	4.78	4.71	4.76
	修正值（λ）	1.00（对测）									
	声速值修正后	4.61	4.82	4.79	4.84	4.84	4.85	4.72	4.78	4.71	4.76
测区换算强度（MPa）		63.7	64.2	61.1	61.6	61.4	61.7	61.1	63.3	63.7	63.8
强度修正量（MPa）		0.0（未钻芯修正）									
测区强度修正后（MPa）		63.7	64.2	61.1	61.6	61.4	61.7	61.1	63.3	63.7	63.8
强度计算（MPa）$n=10$		$m_{f_{cu}^{c}}=62.6$			$s_{f_{cu}^{c}}=1.28$			$f_{cu,e}=60.4$			
使用测区强度换算表名称		规程，地区，专用			备　注						

检测结果表明，在实体抽检时，梁的混凝土强度已经达到设计强度等级 C60 的要求。

【实例 4】 某高速公路预应力箱型桥梁，跨度为 32.0m，箱梁腹板厚度为 400mm，混凝土设计强度等级为 C60。其中一施工段结构验收时缺乏规定的试验资料，要求对该段采用综合法进行混凝土强度测试。

限于此种条件，测试时只能进入箱梁内部布点测试。箱梁内部混凝土外观、测区布置和平测点布置见图 9-4～图 9-6。

图 9-4　箱梁内部混凝土外观

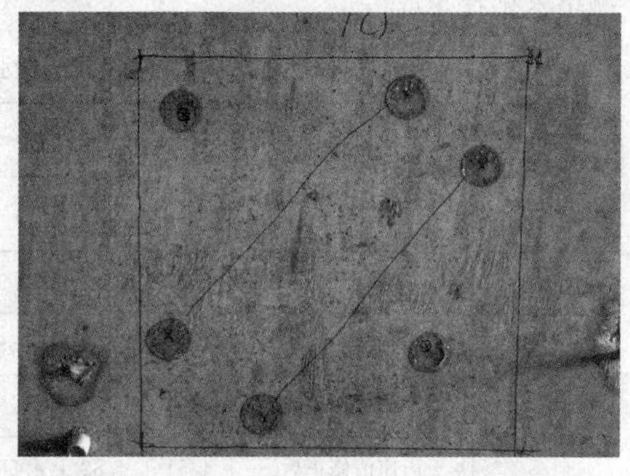

图 9-5　箱梁腹板测区布置（400×400mm）

图 9-6　平测点布置（用于求出修正系数）

超声声时采用单面平测，16个回弹值测点在400×400mm测区内均匀布置。单面平测λ计算结果见表9-9。箱梁腹板混凝土强度检测结果见表9-10。

单面平测λ值计算结果 **表9-9**

测距（mm）	100	200	300	400	500	600
声时（s）	18.8	42.8	58.0	88.0	108.8	130.4
声速（km/s）	5.32	4.67	5.17	4.55	4.60	4.60
平均声速（km/s）	4.82					
回归方程	$l=19.3772+4.44t$, $r=0.9979$ $e_r=4.40\%$, $D_a=3.08\%$ $\lambda=4.44/4.82=0.921162$					

箱梁腹板混凝土强度检测结果 **表9-10**

计算项目		测区									
		1	2	3	4	5	6	7	8	9	10
回弹值	测区平均值	62.6	61.8	64.0	63.0	65.1	59.9	64.0	61.3	64.6	64.0
声速	测区声速值	4.61	4.82	4.79	4.84	4.84	4.85	4.72	4.78	4.71	4.76
	修正值（λ）	0.92									
	声速值修正后	4.24	4.43	4.41	4.45	4.45	4.46	4.34	4.40	4.33	4.38
测区换算强度（MPa）		65.0	65.5	68.4	67.3	70.3	63.0	67.8	64.5	68.6	68.1
强度修正量（MPa）		0.0									
测区强度修正后（MPa）		65.0	65.5	68.4	67.3	70.3	63.0	67.8	64.5	68.6	68.1
强度计算（MPa） $n=10$		$m_{f_{cu}^{c}}=66.9$			$s_{f_{cu}^{c}}=2.26$			$f_{cu,e}=63.1$			
使用测区强度换算表名称		规程，地区，专用			备　注						

此类型测试时回弹仪测试是在混凝土成型侧面水平弹击。超声波测试是在单面平测，$\lambda=0.92(\lambda=4.44/4.82)$ 超声波声速需要进行0.92倍的修正，然后根据测区回弹代表值和修正后声速代表值换算测区强度。抽检显示：箱梁腹板混凝土强度推定值为63.1MPa，达到设计强度等级C60要求。

第10章　混凝土强度检测新技术

10.1　概述

混凝土强度检测技术广泛用于混凝土施工质量控制、验收、鉴定、评估等方面，目前，我国常用的混凝土强度检测技术和强度检测方法有：无损检测和微破损检测，无损检测又分为回弹法、综合法、超声法等，破损检测又分为钻芯法、拔出法、贯入法等。无损检测操作方便，但检测结果误差较大。破损检测结果虽精度虽高，但存在工序多、操作不便等缺点。

《高强混凝土强度检测技术规程》编制组先后对高强混凝土强度检测进行了后装拔出法、针贯入法、超声回弹综合法、回弹法等四种方法的试验研究，并通过对各省、直辖市各种检测方法的大量试验和数据汇总分析，后装拔出法和针贯入法未找到精度符合要求的测强公式。因此基于当时的技术现状和研究成果，规程中的测试方法为回弹法和超声回弹综合法。对规程的编制内容随即做了相应地调整，最终编制完成了《高强混凝土强度检测技术规程》。

近年来，有关单位和检测技术人员通过实验研究，对混凝土测强方法有了新的突破和发现，如抗折法、抗剪法、直拔法（也有称作：拉脱法、拉拔法）等新技术（以下统称新技术）层出不穷。这些新的检测技术均可用于检测高强混凝土最高强度等级C100的检测，而且测试方便，检测效率和精度较高。

新技术和其他检测方法的主要区别，见表10-1。

新技术和其他检测方法的主要区别　　**表10-1**

检测方法	特　点	原　理
新技术	对被测混凝土结构损伤较小，试件无需加工，操作便捷，测试时混凝土所受应力单纯，检测精度高	根据混凝土新技术试件测试强度与混凝土150mm×150mm×150mm立方体试件抗压强度的相关关系，推定混凝土强度
后装拔出法（现称拔出法）	需在被测面形成一定的损伤，测试过程影响因素多，混凝土内应力复杂	将嵌入混凝土内的锚具拔出，利用混凝土内的后装锚具被拔出时的应力和事先建立的相关关系来推定混凝土的抗压强度
剪压法	检测过程中，对混凝土构件造成损伤，且受混凝土构件的形状、检测位置、检测范围及混凝土构件的厚度等条件限制，操作烦琐，检测精度较低	通过剪压仪对混凝土构件的直角边施加垂直于混凝土构件的承压面的剪压力，进而推定混凝土的抗压强度

续表

检测方法	特点	原理
钻芯法	对被测混凝土结构构件有较大损伤，加工测试影响因素多	在构件内钻取的混凝土，加工成圆柱状的标准试件，在压力试验机做抗压试验取得混凝土强度值
回弹法	对混凝土表面不造成损伤，但测试影响因素较多，精度差	利用混凝土表面硬度与强度的关系推定混凝土强度值
后锚固法	检测过程破坏体对混凝土结构或混凝土构件造成损伤，且在检测过程中应力复杂，对检测结果的影响因素较多	该方法通过在混凝土表层 30mm 的范围内，将嵌入在混凝土中的后锚固法的破坏体拨出，测定拨出力，进而推定混凝土的抗压强度
超声回弹综合法	精度较单一法要高，虽对混凝土表面不造成损伤，但操作起来较为烦琐	利用混凝土表面硬度和通过混凝土内的超声波声速推定混凝土强度值

由表 10-1 表明，新技术具有高效、快速、准确、对结构损伤小，适用钢筋密集部位测试，检测 C10～C100 强度等级，不同龄期及早龄期混凝土强度等，由于新技术试件不需加工处理，是目前混凝土强度检测精度较高、误差较小的一种检测技术，适用工业与民用建筑、铁路公路桥梁、水运港工等行业使用，包含建设工程施工的试验、验收、检验、检测、推定混凝土强度使用，检测精度优于现有的无损测强方法，是一种先进、高效的检测技术，与目前的其他混凝土强度检测方法有实质性的改进。

下面，本书将分别对新技术中的抗折法、抗剪法、直拔法（亦即：拉脱法、拉拔法）等检测混凝土抗压强度的原理和方法进行一一介绍。

10.2 抗折法技术

10.2.1 抗折法技术研究背景

《抗折法检测混凝土抗压强度技术》（以下简称“抗折法”），源于国家发明专利《抗折法检测混凝土抗压强度的方法及装置》。系采用抗折试件抗折强度与边长为 150mm 的立方体标准试件抗压强度建立相关关系，推定结构或构件混凝土的抗压强度。2011 年初提出课题设想后，于 7 月份开始试验设备的研制，同年 8 月完成初步实验研究成果。《抗折法检测混凝土抗压强度技术》已列为住房和城乡建设部 2012 年科学技术项目计划——研究开发项目（新型建材与材料合理利用技术）（2012-k4-13）。抗折法已于 2012 年 9 月 14 日成立课题组，由来自我国东、西、南、北地区的建筑、铁路、公路、水运、仪器仪表等不同行业十余家单位共同参与研究。该项目研究的“抗折法”为混凝土结构实体强度检测提供了新的检测方法，具有创新性、实用性和科学性。该“抗折法”测强技术方法及其装置已获得中华人民共和国国家知识产权局授权“发明专利”证书，其研究成果经评定达到国际领先水平。填补了目前我国的抗折法检测混凝土抗压强度的技术空白，为早龄期混凝土和钢筋密集型混凝土强度的检测提供了切实可行的方法，开创了我国无损检测新技术的先河。以下结合抗折法课题的研究过程与成果进行介绍。

10.2.2 抗折“抗折法检测混凝土抗压强度技术”课题单位及人员组成

课题组负责单位及人员名单：

新疆巴州建设工程质量检测中心　　王文明　脱江英　邓　军　罗　敏

参加课题组单位及人员名单：

中国建筑科学研究院　　张荣成

华中科技大学土木工程与力学学院
武汉华中科大土木工程检测中心　　朱宏平、徐文胜、李继能

北京斯创尔建筑测试技术开发有限公司　　崔　琳

河北遵化市东陵盛业设备仪器厂　　王宝才

浙江台州建设工程机械厂　　王云贵

廊坊市阳光建设工程质量检测有限公司　　韩春雷　贺继涛

中国人民解放军总装备部建设工程马兰质量监督站　　刘泰来、张洋

新疆兵团建筑工程科学技术研究院　　张卫国　潘昌远

兰州军区空军工程质量监督站　　陈秀兰

乌鲁木齐诚而信工程检测有限公司　　曹世军

佛山市顺德区建设工程质量安全监督检测中心　　司徒漫生

列席会议单位及人员：

巴州住建局　　葛　明、李　斌

巴州住建局监管科　　陈志军

巴州建设工程质量监督站　　江　峰

新疆西部建设股份有限公司　　董新春　魏　忠

库尔勒天山神州混凝土有限责任公司　　汤旭江

乌鲁木齐诚而信工程检测有限公司　　杨建平

巴州建设工程质量检测中心　　王严卿　董　红　蒋秀兰　姚志刚　刘晓明　黄　华　陈光荣　陈晓丽　殷富兰

华中科技大学土木工程与力学学院
武汉华中科大土木工程检测中心　　李国卫　李运提　罗　辉　胡　隽　房慧明

湖北省高速公路开发有限公司　　张泽文

中交二航局　　徐少波

长江航道规划设计研究院工程检测中心　　孙爱国

武汉新业商品混凝土有限公司　　吴　衡

湖北蓝海混凝土有限公司　　聂　虎

中铁大桥局特种公司　　尹双庆

10.2.3 抗折法技术研究内容

抗折法技术研究内容包括：混凝土不同龄期尤其是早龄期、长龄期试件的试验研究；抗折试件直径大小等重要影响因素的比对试验；卵石和碎石等不同骨料配制的混凝土试件的比对试验；不同长度抗折试件抗折力影响因素的研究分析；最小抗折试件长度的确定；不同取值方法和测强曲线函数形式的最佳组合分析研究以及工程现场的验证试验。

（1）抗折法与其他检测方法的区别

由于抗折法不需对抗折试件进行任何加工处理，与目前的其他混土抗压强度检测方法有实质性的不同，详见表 11-1。可大大减少或避免测试误差，使抗折法测强技术具有相关性好、代表性强等突出特点。截至目前，抗折法测试所用的关键设备——抗折仪也已经研制完成，现对抗折法初步试验研究成果做一简单介绍。

（2）抗折法试件制作技术要求

结合课题需要和其他实际情况的考虑，我们的试件选用各地区常用原材料配制C10-C100。同时，考虑不同长度抗折试件的影响因素分析的需要及其他各种可能因素的影响，我们将每个强度等级的试件按 20 组（即 60 个）成型。另外选择 3 个较为常用的强度等级（C20、C40、C60）采用卵石制作作为骨料影响因素的分析，每个强度等级的试件按 5 组（即 15 个）成型。试件制作数量详见表 10-2。

试件制作数量 **表 10-2**

强度等级	直拔试件	龄期（d）							
		3	7	14	28	60	90	180	360
C10	5 块	1(3 块)	1(3 块)	1(3 块)	2(6 块)	1(3 块)	1(3 块)	1(3 块)	1(3 块)
C20	5 块	1(3 块)	1(3 块)	1(3 块)	2(6 块)	1(3 块)	1(3 块)	1(3 块)	1(3 块)
C30	5 块	1(3 块)	1(3 块)	1(3 块)	2(6 块)	1(3 块)	1(3 块)	1(3 块)	1(3 块)
C40	5 块	1(3 块)	1(3 块)	1(3 块)	2(6 块)	1(3 块)	1(3 块)	1(3 块)	1(3 块)
C50	5 块	1(3 块)	1(3 块)	1(3 块)	2(6 块)	1(3 块)	1(3 块)	1(3 块)	1(3 块)
C60	5 块	1(3 块)	1(3 块)	1(3 块)	2(6 块)	1(3 块)	1(3 块)	1(3 块)	1(3 块)
C70	5 块	1(3 块)	1(3 块)	1(3 块)	2(6 块)	1(3 块)	1(3 块)	1(3 块)	1(3 块)
C80	5 块	1(3 块)	1(3 块)	1(3 块)	2(6 块)	1(3 块)	1(3 块)	1(3 块)	1(3 块)
C90	5 块	1(3 块)	1(3 块)	1(3 块)	2(6 块)	1(3 块)	1(3 块)	1(3 块)	1(3 块)
C100	5 块	1(3 块)	1(3 块)	1(3 块)	2(6 块)	1(3 块)	1(3 块)	1(3 块)	1(3 块)
合计	50	10(30)	10(30)	10(30)	20(60)	10(30)	10(30)	10(30)	10(30)
总合计	90 组＋50 个钻制（270 个抗压试件＋50 个钻制直拔试件＝320 块）								

注：此表试件数量未包括影响因素试件数量。

1）同一强度等级试件 9 组混凝土试件（27＋3 个抗折试件＝30 个试件）应一次成型完成其中一组试件需送标准养护室标养 28d 再进行抗压试验（故 28d 龄期试件为 2 组），其余 8 组全为自然养护；试验研究所用的 215 组（即 625 个）试件，可分 1～3 次完成。对同一强度等级试件，原则上要求一次性成型完毕。考虑到试件抗压可能出现超差导致试验结果无效的情况，每个强度等级备用 2 组试件送标准养护室标养。待 28 d 进行抗压试验无超差情况出现后，余下的 1 组可作为长龄期试件备用，其他全为自然养护。

2）抗折试件与抗压试件应同条件自然养护，同条件自然养护应放置在不受风吹雨淋日晒地方按品字型堆放或在专用试件架上堆放见图 10-1。尤其是 5 个用于“钻制直拔试验的试件”应格外注意保护好。同条件自然养护需要搭设专用篷子和试件架，以满足规范要求。将试件放置在专用篷子里的铁架上，以满足试件堆放不受日晒雨淋的影响。堆放的每个试件应错位分层，并确保试件之间都留有相应的空隙，完全可满足试件养护到位的需求。

图 10-1　试件按品字型堆放在不直接受日晒雨淋地方

3）试件规格全部为 150mm×150mm×150mm 立方体试件，并应将试件按规定进行编号，如制作 C20 试件，2010 年 8 月 15 日成型，编号应为“C20 2010. 8. 15”。

4）试件到达某一龄期时，取出 3 个试件进行抗压试验，同时将“3 个抗折试件”各选取一个侧面钻制一个抗折试件进行抗折测试，记录 3 个抗折数据和对应的 1 组立方体试件抗压强度值。为与今后实测情况相同，避免不同龄期、不同强度等级混凝土钻制抗折试件切割应力不同的影响，3d 和 7d 必须是龄期到达后钻取，不允许提前钻制抗折试件。14d 龄期钻制可允许 1d 误差，28d 龄期钻制可在龄期到达 1～2d 内钻取。避免提前或延后钻制抗折试件，以增大试验结果误差。

5）钻制抗折试件与抗压试件应同条件自然养护，建议试件按品字型堆放在不直接受日晒雨淋地方。尤其是 3 个钻制抗折试件的混凝土试件应格外注意保护好。

6）有的地区（或行业部门）有特殊的情况，仍按表 11-3 要求选取制作部分试件，以作为该地区的影响因素。

7）对于高强混凝土试件的试验龄期应根据试验时的季节和温度变化规律适当缩短，以获得高强混凝土的早龄期强度数据。

8）要求至少 10 个强度等级 300 个混凝土试件都成型试验，以获取完整数据。

9）表 11-3 中提供的试件数量为最少数量，考虑到试件损坏等因素建议每一强度等级增加3组试件，其中1组用于28d标准养护，作为出现数据无效时备用。

(3) 仪器设备技术要求

1) 抗折试件专用钻机

①主要结构构成

抗折试件专用钻机主要结构构成见图10-2，包括：电机、变速箱、钻头、支撑螺丝、工作台底座、立柱、升降齿条、进给手柄、试件框、旋转立柱座及滑架等。

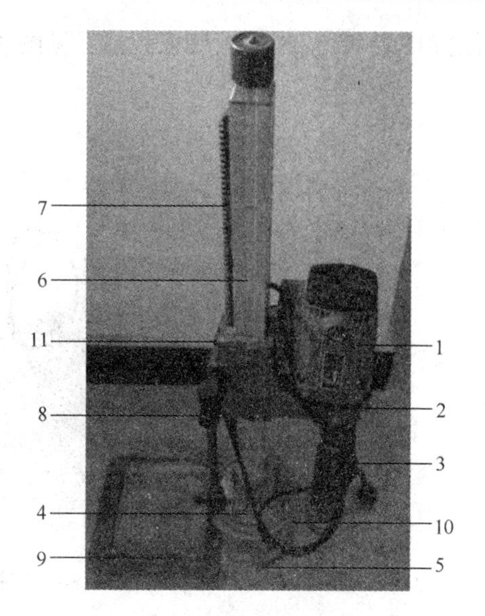

图10-2 抗折试件专用钻机

1—电机；2—变速箱；3—钻头；4—支撑螺丝；5—工作台底座；6—立柱；7—升降齿条；8—进给手柄；9—试件框；10—旋转立柱座；11—滑架

钻头规格和市面常用规格不同，用于抗折法的钻机钻头如图10-3所示，直径为39mm、44mm和49mm三种规格的空心薄壁钻头。

②主要技术性能

抗折试件专用钻机主要技术性能：

a. 最大钻芯直径：$\phi 49$；

b. 最大钻孔深度：300mm；

c. 主轴转速：1500r/min；

d. 电动机功率：1500W，电压：220V；

e. 重量：12kg。

2) WM-KZ型混凝土抗折仪

WM-KZ型混凝土抗折仪见图10-4。主要技术性能：

①检测强度范围：10～100MPa；

②最大拔出力：不应小于10kN；

③荷载表的精度应大于10N (0.01kN)，实际精度已达1N (0.001kN)。

图10-3 抗折试件钻头

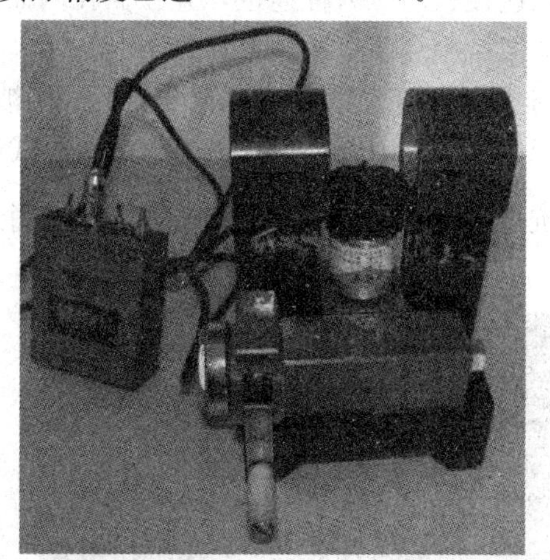

图10-4 混凝土抗折仪

3) WM-KZ型混凝土抗折仪测力系统校验装置

WM-KZ型混凝土抗折仪测力系统校验装置由PL-AJ型直拔仪、传感器和具有峰值保持功能 HZ-3A 型应变仪组成，见图 10-5。也可以采用其他方法进行测力系统校验。

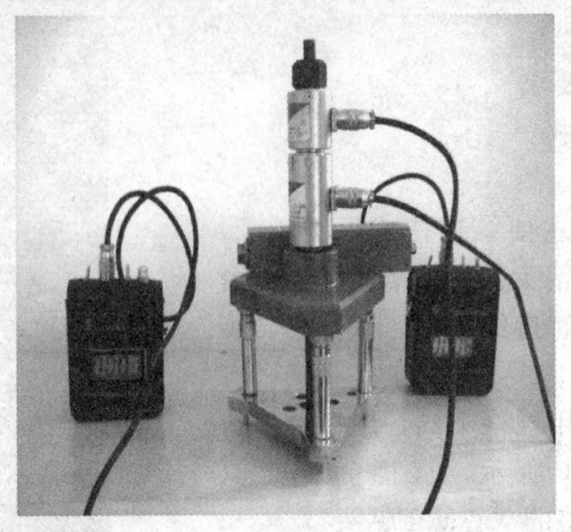

图 10-5 “抗折法”测力系统校验装置

10.2.4 抗折法技术研究方法及成果

(1) 抗折法技术研究方法

本技术方法是通过混凝土破坏时的抗折荷载及破坏断面的面积来计算抗折强度，由抗折强度和相应的边长为150mm立方体试件的抗压强度建立相关关系，从而推定混凝土的抗压强度。本方法通过对测试构件施加抗折力，减少测试过程中的影响因素，提高了测试精度，且测试过程简单易行。可广泛应用于建筑、铁路、交通、水运、港工等行业的混凝土结构实体强度的检测。该方法具体步骤如下：

步骤一，在被测混凝土结构或构件上随机钻取3个抗折试件；

步骤二，将第1个抗折试件放入抗折装置的试件导管内，将抗折试件的中央区域通过带插孔连接板与拉力杆连接，并在插孔内插抗折件，启动手摇油泵通过拉力杆给抗折试件的中央区域施加向上的拉力（图 10-6）；

步骤三，逐渐增大拉力直至抗折试件被折断（图 10-7），并读取荷载表上折断瞬间的抗折峰值 F（图 10-8），随后，测量抗折试件断口处相互垂直向直径，计算抗折面积 S，通过抗折强度计算公式 $f_{kz}=\frac{F}{S}$ 确定第1个抗折试件的抗折强度；

图 10-6 启动抗折仪进行抗折试验

图 10-7 抗折试件被折断

步骤四，重复上述步骤二和三，直至另外 2 个试件被折断确定出另外两个抗折试件的抗折强度，这样 3 个抗折试件试验全部完成，被折断的 3 个抗折试件如图 10-9 所示；

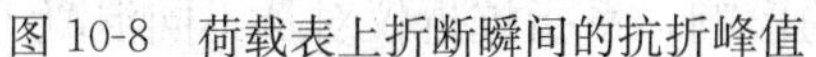

图 10-8　荷载表上折断瞬间的抗折峰值

图 10-9　3 个抗折试件被折断

步骤五，事先建立好的测强公式 $f^{c}_{kz,i}=ae^{bf_{kz,i}}$，取上述确定出的 3 个抗折试件的抗折强度的平均值 $f_{kz,i}$ 作为本组抗折试件的抗折强度代表值，与对应的 150mm 立方体试件抗压强度建立相关关系，从而确定回归方程回归系数 a，b 的具体数值；

其中：$f^{c}_{kz,i}$ 即为第 i 个混凝土构件抗压强度换算值（MPa）；

$f_{kz,i}$ 即为第 i 个混凝土构件抗折强度（MPa）；

a 和 b 即为回归方程回归系数。

（2）抗折法技术研究初步成果

2012 年 6 月《抗折法检测混凝土抗压强度技术》已列为国家住房和城乡建设部 2012 年科学技术项目计划——研究开发项目（新型建材与材料合理利用技术）。2012 年 9 月组建成立了《抗折法检测混凝土抗压强度技术》课题组，由全国十余家单位共同参与试验研究，目前已完成 C10～ C100 共 10 个强度等级不同龄期不同骨料的研究成果。

采用事先拟定的方案进行抗折法检测，对抗折法实验数据进行分析统计。从采用直线、幂函数、指数、对数、多项式等函数形式分别计算得出的 R^2 开方得到其相关系数的计算结果来看，抗折强度值与试件抗压强度值相关性最好的是指数函数形式 $f^{c}_{kz,i}=ae^{bf_{kz,i}}$。因此，我们申报专利时就初步选取了这种函数形式 $f^{c}_{kz,i}=ae^{bf_{kz,i}}$。后经采用自行开发的专用装置进行检测，大大提高了检测精度，其相关系数高达 0.9899，试验结果非常理想。

从抗折法初步试验研究目前的数据来看，强度跨度从 C10～C100，跨度范围大，相关系数、相对误差和平均误差都非常理想。抗折法相对于钻芯法和回弹法检测混凝土强度，具有试验误差小，人为因素影响小，对实体结构强度破坏较小，可作为工业与民用建筑、铁路公路桥梁、水运港工等行业使用，包含建设工程施工的试验、验收、检验、检测、推定混凝土强度使用，检测精度优于现有的无损测强方法，是一种先进、高效的检测技术，与目前的其他混凝土强度检测方法有实质性的改进，具有较好的推广使用价值。

（3）“抗折法”测强影响因素试验研究

“抗折法”检测混凝土强度技术，是以抗折试件的抗折强度，与同批（同配合比、同强度等级、同条件养护、同龄期）混凝土 150mm×150mm×150mm 立方体试件抗压强度建立相关关系，课题组以此作为制定测强曲线主线，“抗折法”测强所有影响因素试验都是与制作主线试件技术要求一致，在另增作的试件上进行。

1）抗折试件不同直径的影响

主线试验要求按本地区常用原材料、常用混凝土强度等级、泵送混凝土制作 150mm×150mm×150mm 立方体试件，抗折试件按统一的深度（$L=150$mm），直径分别为 ϕ39mm、ϕ44mm、ϕ49mm 进行试验。所检测的强度是超过钢筋保护层深度的混凝土结构层强度（对于铁路和水运行业混凝土构件，钢筋保护层厚度一般都大于 25mm，钻制的抗折试件深度均超出了钢筋保护层厚度。试验表明，粗骨料粒径为 5.0～30.0mm 泵送混凝土，试验 39、49mm 抗折试件抗折强度与 44mm 比较，试验结果表明，三种不同直径的影响并不明显，几乎可以忽略。如图 10-10 所示。

2）不同混凝土浇筑方向（上、下、水平）的影响

不同混凝土浇筑方向（上、下、水平）的影响，系指抗折仪对从不同混凝土浇筑方向所取抗折试件进行试验。众所周知，不同混凝土浇筑方向混凝土的强度是有所差异的。在 150mm 立方体试件上也从不同的截面进行取样试验，两种方式试验结果表明：对不同混凝土浇筑方向的抗折试件进行抗折试验，其结果其结果见图 10-11 所示无显著影响。分析认为可能与抗折位置已超出钢筋保护层混凝土强度已相对趋稳有关。

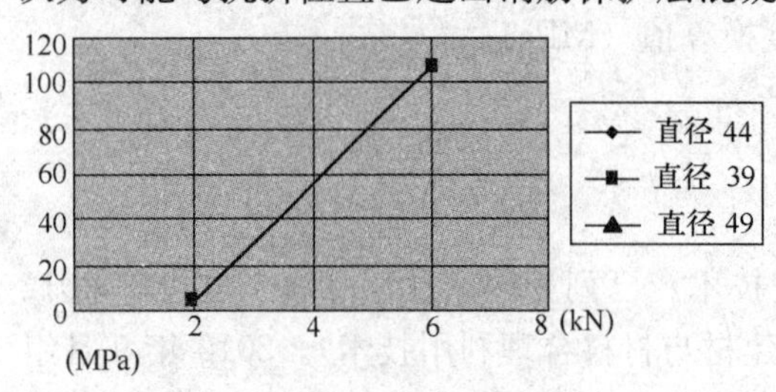

图 10-10　抗折试件不同直径影响（3 条线基本重合）

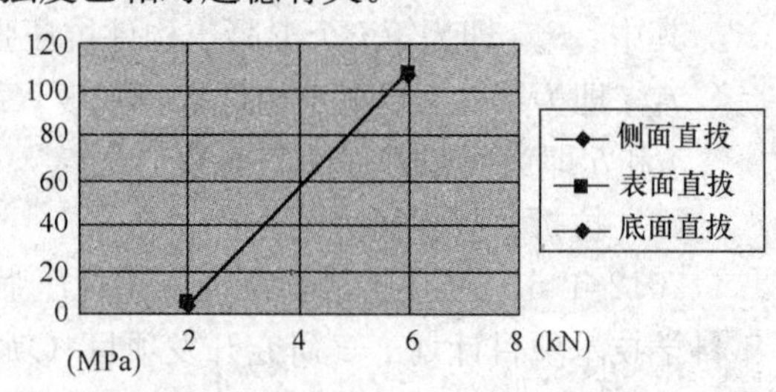

图 10-11　不同混凝土浇筑方向（上、下、水平）的影响（3 条线基本重合）

3）在试件成型面（表面、底面和侧面）的影响

此影响因素试验目的，以研究抗折法测强在混凝土构件浇筑的侧面、表面和底面（预制构件）抗折强度有无影响，试验时仍采用标准抗折试件进行试验，在 150mm×150mm×150mm 混凝土立方体上试验，其结果同上述 2）不同混凝土浇筑方向（上、下、水平）的影响。

4）抗折试件不同深度的影响

本课题制定的测强曲线，采用的抗折试件尺寸为 ϕ44mm×150mm。为了解深度对直拔试件强度有无影响，课题组在钻制的抗折试件尺寸为 ϕ44mm×150mm 抗折试件进行折断后，再对断裂的两截分别进行抗折试验，试验结果与一些混凝土芯样资料介绍的，深入混凝土结构体越深强度越高结论基本相符。但差异并不显著，主要是折断点已进入混凝土钢筋保护层所致。

5）不同粗骨料品种（卵石、碎石，泵送、非泵送）的影响

课题组试验计划中列有卵、碎石和泵送、非泵送的影响试验内容，制作试件时发现，

差异并不显著。

6）试件修补试验

从混凝土构件上钻制 ϕ44mm×150mm 直拔试件，为证明直拔法测强对结构损伤小的特点，课题组利用混凝土立方体试件，在成型侧面，钻取过的 1～4 个抗折试件，采用同等级细石混凝土进行修补后抗压试验，与同条件试件进行比较，修补试件抗压试验见图 10-12，试验结果见图 10-13。

图 10-12　修补试件抗压试验

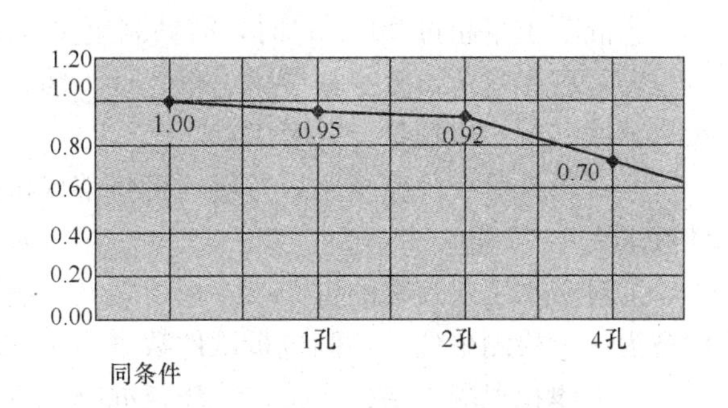

图 10-13　试件修补试验

从图 10-12 表明，在 150mm×150mm×150mm 立方体混凝土试件上钻制 2 孔，抗压强度降低为 8%左右，在实体结构检测时，钻制抗折试件间距都大于 150mm，可以认为采用“抗折法”测强对结构损伤小不影响结构受力性能。

（4）“抗折法”检测混凝土强度技术适用范围

“抗折法”检测混凝土强度技术适应于符合下列条件的普通混凝土：

1）混凝土用水泥应符合现行国家标准《通用硅酸盐水泥》GB 175—2007/XG1—2009 的要求；

2）混凝土用砂、石骨料应符合现行国家标准《建筑用砂》GB/T 14684—2011、《建筑用卵石、碎石》GB/T 14685—2011 和现行行业标准《普通混凝土用砂、石质量及检验方法标准》JGJ 52—2006 的要求；

3）可掺或不掺矿物掺合料、外加剂、粉煤灰、泵送剂；

4）混凝土搅拌方式不限；

5）养护方式不限；

6）龄期不限，以能钻制抗折试件为前提；

7）混凝土强度等级 C10～C100。

（5）“抗折法”检测、推定混凝土强度

《抗折法检测混凝土抗压强度检测技术》最大特点，是采用 ϕ44mm 抗折试件的抗折强度与 150mm×150mm×150mm 标准试件抗压强度建立相关关系，推定结构或构件混凝土强度，由于抗折试件不进行任何加工处理，可以大大提高功效，同时减少或避免由于加工处理带来的测试误差，研究结果证明抗折法检测混凝土强度技术具有高效、快速、准确、对结构损伤小，适用钢筋密集部位测试，可检测任意龄期（以能钻制抗折试件为前提）混凝土强度，是目前混凝土强度无损检测方法中精度最高、误差最小的检测方法。

1)“抗折法”拟定的抽样规定

按照《混凝土强度检验评定标准》GB/T 50107—2010规定，“抗折法”检测抽样数量应符合下列规定：

①根据结构或构件混凝土体积量，单个构件或未超过100m^3的需钻制1组抗折试件(一组抗折试件为3个ϕ44mm抗折试件)；

②结构或构件混凝土体积量，超过100m^3未超过1000m^3的需钻制至少2组抗折试件；

③混凝土量超过1000m^3时，需钻制至少3组抗折试件；

④对房屋建筑，每一楼层梁、板、柱、墙，且同一配合比的混凝土，钻取抗折试件数量，须按混凝土体积量一并考虑；

⑤对于铁路、公路桥梁、桥墩，可将整榀桥梁（墩）视为一个检测单元，钻制抗折试件数量为1～2组；

⑥对于水工建筑物的桩、梁、板、墩台、沉箱、胸墙等构件，每个单位工程的每类构件视为一个检测单位，钻制抗折试件数量为1～2组。

⑦大体积混凝土结构应按连续浇筑混凝土量取样。可按混凝土体积量，钻制抗折试件数量为1～2组。

⑧按批抽样检测混凝土构件，对房屋建筑，每一楼层、同一强度等级、龄期基本相同的同类混凝土构件，当混凝土总量超过100m^3小于1000m^3时，应至少抽取2个测组抗折试件进行检测；当混凝土总量超过1000m^3（含1000m^3）时，应至少抽取3个测组抗折试件进行检测。

如现场难以统计混凝土方量，也可以按照混凝土构件类别进行处理。

①对于普通单个混凝土构件，应至少抽取1个测组（一个测组为3个抗折试件）抗折试件进行检测。对大型单个混凝土构件，如铁路、公路桥梁及其他大型构件，应至少抽取2个测组抗折试件进行检测；

②按批进行检测的混凝土构件，取样位置应考虑薄弱部位与随机抽样相结合。整幢建筑物按批抽样推定，钻制抗折试件数量应大于或等于5组。

③当采用构件数进行取样检测时，抽检数量应按照现行国家标准《建筑结构检测技术标准》GB/T 50344—2004有关规定执行。

2)“抗折法”检测结构混凝土强度方法及推定

①单个构件混凝土抗压强度检测推定

单个构件混凝土抗压强度检测推定，结构混凝土抗压强度换算值可将抗折力的平均值代入$f^{c}_{kz,i}=ae^{bfkz,i}$计算得出。结构混凝土抗折试件抗压强度换算值即为该构件混凝土抗压强度推定值，见式(10-2)。

$$f^{c}_{kz,i}=ae^{bf_{kz,i}} \tag{10-1}$$

$$f_{cu,e}=f^{c}_{kz,i} \tag{10-2}$$

式中　$f_{kz,i}$——第i个构件抗折力平均值，所指抗折力平均值即3个抗折力的算数平均值(kN)；

$f^{c}_{kz,i}$——第i个构件抗折试件混凝土抗压强度换算值(MPa)；

$f_{cu,e}$ ——结构或构件混凝土抗压强度推定值（MPa），精确至0.1MPa；

a、b ——回归系数。

②按批构件抗压强度检测推定，结构或构件的测组混凝土抗压强度值应根据各测组的混凝土抗压强度换算值按式（10-1）计算。抗压强度检测推定按式（10-3）和式（10-4）进行计算：

$$f_{cu,e} = m_{f_{cu}^{c}} - k s_{f_{cu}^{c}} \quad 式(10\text{-}3)$$

$$s_{f_{cu}^{c}} = \sqrt{\frac{\sum_{i=1}^{n} (f_{cu,i}^{c})^2 - n(m_{f_{cu}^{c}})^2}{n-1}} \quad 式(10\text{-}4)$$

式中　$f_{cu,e}$ ——结构或构件混凝土抗压强度推定值（MPa），精确至0.1MPa；

$m_{f_{cu}^{c}}$ ——结构或构件测组混凝土抗压强度换算值的平均值（MPa）；

k ——推定系数，宜取1.645。当需要进行推定抗压强度区间计算时，可按国家现行有关标准的规定取值；

$f_{cu,i}^{c}$ ——结构或构件测组混凝土抗压强度换算值（MPa），精确至0.1MPa；

$s_{f_{cu}^{c}}$ ——结构或构件测组混凝土抗压强度换算值的标准差，精确至0.01MPa。

对按批量检测的结构或构件，当结构或构件测组混凝土抗压强度换算值的标准差出现下列情况之一时，该批结构或构件应全部按单个结构或构件进行抗压强度推定：

a. 一批结构或构件测组混凝土抗压强度换算值的平均值 $m_{f_{cu}^{c}}$ 小于25.0MPa时，且标准差 $s_{f_{cu}^{c}} > 4.50$MPa；

b. 一批结构或构件测组混凝土抗压强度换算值的平均值 $m_{f_{cu}^{c}}$ 不小于25.0MPa且小于60.0MPa时，且 $s_{f_{cu}^{c}} > 5.50$MPa；

c. 一批结构或构件测组混凝土抗压强度换算值的平均值 $m_{f_{cu}^{c}}$ 不小于60.0MPa时，且 $s_{f_{cu}^{c}} > 6.50$MPa。

10.3　直拔法技术

10.3.1　直拔法技术研究背景

直拔法（也有称作拉脱法、拉拔法）检测技术由全国建筑、铁路、公路、水运、仪器仪表等行业十余家单位共同研究开发完成。已于2011年8月24日经过专家验收鉴定。专家认为，该项目研究的“直拔法”为混凝土结构实体强度检测提供了新的检测方法，具有创新性、实用性和科学性。该“直拔法”测强技术和装置已获得中华人民共和国国家知识产权局授权“发明专利”证书。其研究成果达到国际领先水平。直拔法检测混凝土抗压强度技术和其他检测方法的主要区别，见表10-1。《直拔法》与“钻芯法”比较见表10-3。

《直拔法》与“钻芯法”比较　　表10-3

检测方法	“直拔法”	“钻芯法”
混凝土强度适用范围	C10～C100混凝土强度推定	≤80MPa
试件直径	＜ϕ50mm	≥ϕ70mm～100mm

续表

检测方法	"直拔法"	"钻芯法"
试件长度	<50mm	$L \geqslant 100$mm（ϕ100mm 试件）
试件切割	不需要，粘结直拔头 2～3h 后直拔试件，记录数据完成试验。如采用机械直拔头及时记录数据完成试验	试件两端面切平
试件两端面处理	不需要	采用硫黄胶泥（或砂浆、磨平）
测量试件外观尺寸	直拔试件断裂处两垂直向直径尺寸	两垂直向直径、高度、平行度和垂直度
试验机抗压试验	不需要	按规定加荷速度压坏试件
计算试件强度值	计算直拔试件直拔强度，即可推定混凝土强度值	根据直径、高度和抗压荷载值计算试件强度强度值
结构或构件损坏面	小	大

由表 10-3 表明，直拔法检测混凝土抗压强度技术具有高效、快速、准确、对结构损伤小，适用钢筋密集部位测试，检测 C10～C100 强度等级，不同龄期及早龄期混凝土强度等，由于直拔试件不需加工处理，是目前混凝土强度检测精度较高、误差较小的一种检测技术，适用工业与民用建筑、铁路公路桥梁、水运港工等行业使用，包含建设工程施工的试验、验收、检验、检测、推定混凝土强度使用，检测精度优于现有的无损测强方法，是一种先进、高效的检测技术，与目前的其他混凝土强度检测方法有实质性的改进。

新疆维吾尔自治区工程建设标准《直拔法检测混凝土抗压强度技术规程》XJJ 052—2012 已于 2012 年 9 月 18 日发布，10 月 1 日起实施，填补了目前我国的直拔法（亦即：拉脱法、拉拔法）规程在检测技术领域的空白，为早龄期混凝土和钢筋密集型混凝土强度的检测提供了切实可行的方法，开创了我国无损检测新技术的先河。以下结合新疆维吾尔自治区工程建设标准《直拔法检测混凝土抗压强度技术规程》XJJ 052—2012 对课题的研究过程与成果进行介绍。

10.3.2　全国"直拔法检测混凝土抗压强度技术"课题单位及人员组成

课题组负责单位及人员名单：

中国建筑科学研究院　朱跃武　邱　平　张荣成　王海民　周宇翔

中建二局第三建筑工程有限公司　李　军

参加课题组单位及人员名单：

新疆巴州建设工程质量检测中心　王文明

廊坊市阳光建设工程质量检测有限公司　韩春雷　王大勇

山西省建筑科学研究院　王宇新　赵　强

建宇混凝土科学技术研究院　王安岭

北京斯创尔建筑测试技术开发有限公司　崔　琳

遵化市东陵盛业设备仪器厂　王宝才

台州建设工程机械厂　王云贵

辽宁省建设科学研究院　葛树奎

中交天津港湾工程研究院有限公司　张　鹏

中铁二十四局集团浙江工程检测有限公司　施新荣
山东省公路桥梁检测中心　李　军
广西建筑科学研究设计院　李杰成

10.3.3 “直拔法”检测技术原理及特点

(1)“直拔法”检测技术原理

课题首次在混凝土实体上钻制 ϕ44×44mm 直拔试件，试件不需任何加工，直拔试件用专用直拔头与拔出设备连接，将直拔试件在原位拔断，取得直拔试件拔断时的拉力，通过直拔试件的直拔强度与混凝土抗压强度建立相关关系来推定混凝土抗压强度值，见图 10-14。

(2)“直拔法”检测技术特点

1）直拔试件的外形尺寸为 ϕ44×44mm，对结构损伤较小，可以检测钢筋配置密集的混凝土结构，直拔试件深度已超过钢筋保护层（对于铁路和水运行业混凝土构件，钢筋保护层厚度一般都大于 25mm，钻制直拔试件时，深度应适当增大），是检测的结构层混凝土强度。

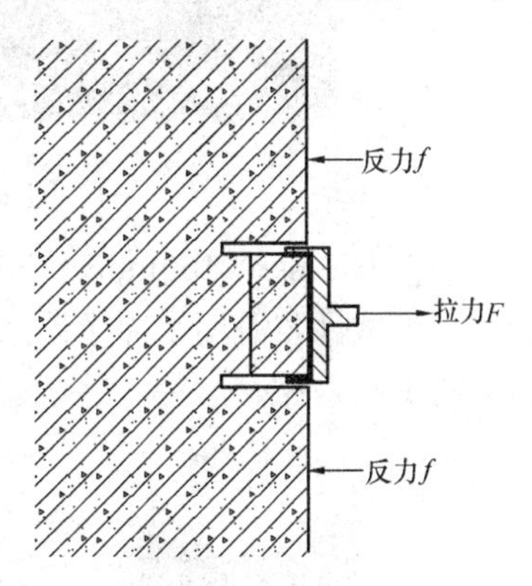

图 10-14　“直拔法”检测技术原理

2）直拔试件不需加工处理，避免试件加工处理导致的测试误差，提高效率 2～3 倍。

3）可以检测 C10～C100 强度等级，龄期为 3～180d 龄期混凝土强度，为预应力混凝土放张（或张拉）提供可靠依据。

4）“直拔法”测强技术，是以直拔试件直拔强度与混凝土 150mm×150mm×150mm 立方体试件抗压强度的相关关系来检测推定混凝土强度，可以取代施工现场同条件试件。

5）“直拔法”测强，适用建工、铁路、公路及桥梁、水运等建设工程，可供建设工程施工的试验、验收、检验、检测、推定混凝土强度使用。

(3) 仪器设备技术要求

1）钻机

同抗折法专用钻机相同，详见前述内容。

2）直拔试件钻头

同抗折法有关内容。

图 10-15　混凝土拔出器

3）PL-AJ 型混凝土拔出器

PL-AJ 型混凝土拔出器见图 10-15。其主要技术性能：①检测强度范围：10～100MPa；②最大拔出力：不小于 10kN；③荷载表的精度应大于 10N (0.01kN)。

4）“直拔法”测力系统校验装置

“直拔法”测力系统校验装置同抗折法测力系统校验装置，详见前述内容。

5）实验过程

①边长为 150mm 的立方体试件制作同抗折法试

件制作，详见前述内容和表 10-3 所示，在此不再赘述。

②在立方体试件上钻制的直拔试件直径尺寸为 44mm，试样高径比为 1∶1（44mm 深）。直拔试件孔壁距离试件边缘（水平和竖向）均为 25mm，见图 10-16。

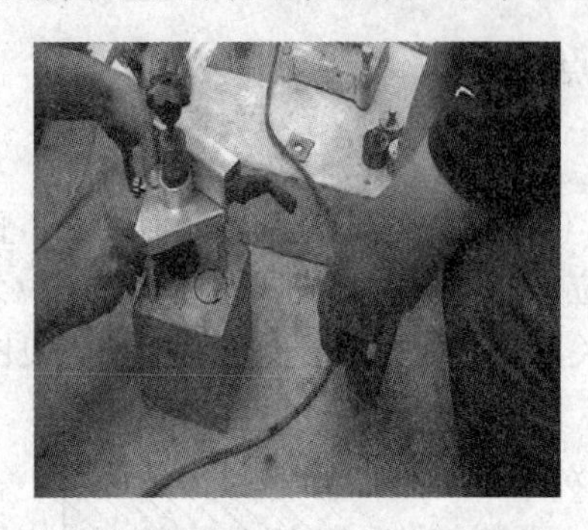

图 10-16　钻制直拔试件位置定位划线

③将 150mm×150mm×150mm 立方体试件放置在已定位的钻机底座模板上固定，钻成的直拔试件，需用水冲净浮浆，用加热吹风机吹干，垫衬纸圈后才能粘结直拔试件连接头见图 10-17 所示。

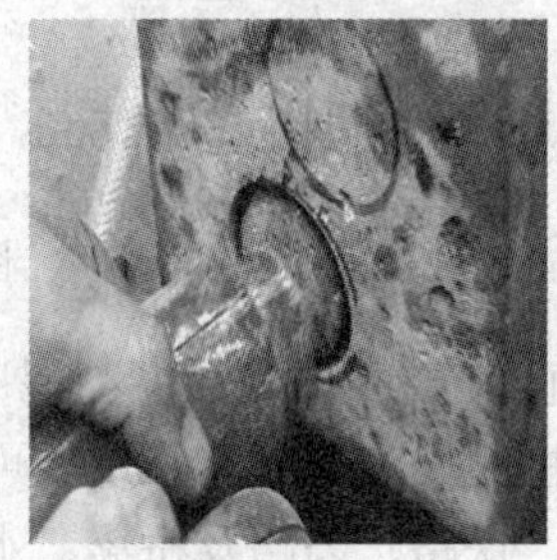

图 10-17　用水冲净内部残渣、吹干内壁水分、垫衬纸圈

④直拔试件深度控制是采用钻头外边可以上下调整的定位箍，需注意由于钻头磨损，采用钢板尺测量定位箍到钻头端部之间的距离，见图 10-18。

⑤粘胶硬化后，安装拔出器慢摇手柄，直至拔断直拔试件，见图 10-19。立方体试件

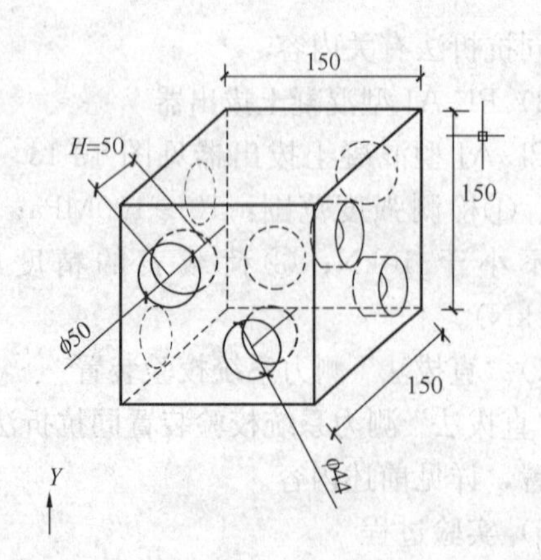

图 10-18　直拔试件钻取位置、钻取深度

中直拔试件破坏外观，见图 10-20。后面经直拔法课题组集体攻关，完成机械直拔头并获得实用新型专利（专利号：201120270748.5）。机械直拔头实体外形和机械直拔头组装图分别见图 10-21 和图 10-22。机械自锁式直拔头，借鉴预应力锚具和钻头卡头的原理进行设计，由外锥体、内锥体、拉杆、平衡弹簧、止推轴承，预加力螺母，外锥体反力弹簧、拉拔仪组成一个受力、传力体系。从而免除了直拔试验粘胶硬化等过程，只需直拔试件成型后，直接安装上机械自锁式直拔头进行拉拔。具有可靠、经济、高效、无污染等特点。操作更为快捷，试验更为环保。

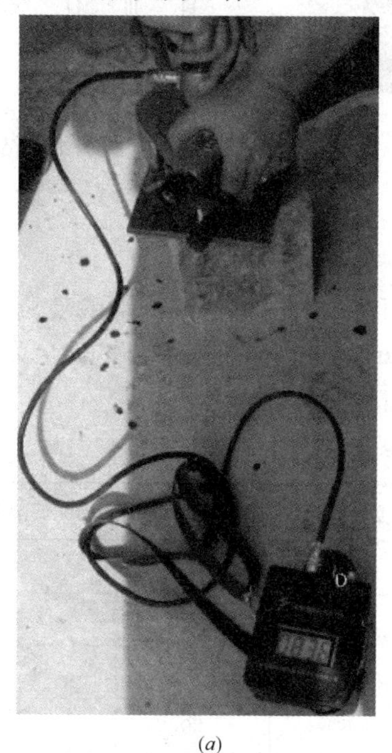

(*a*)

(*b*)

图 10-19　直拔试件

(*a*) 直拔 C80 试件；(*b*) 直拔 C30 试件

图 10-20　直拔试件破坏外观

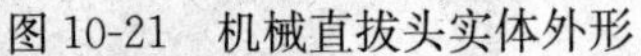

图 10-21　机械直拔头实体外形

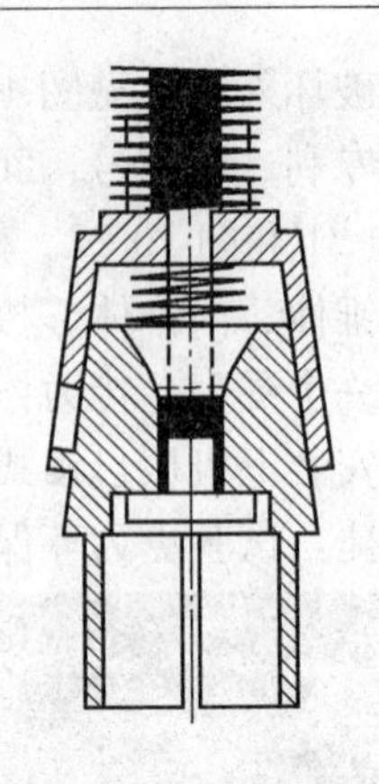

图 10-22　机械直拔头组装结构图

（4）“直拔法”测强曲线制定

1）数据来源

“直拔法”课题组中有 10 个单位，根据本地区常用原材料，常用混凝土强度等级，制作不同强度等级混凝土 150mm×150mm×150mm 立方体试件，所有试件全为自然养护，试验数据来源统计，见表 10-4。

试验数据统计　　**表 10-4**

序	编号	混凝土强度等级范围	强度等级组数	提供计算组数	已完成龄期（d）试验
1	XJ 新疆	C10～C100	10	46	180
2	SX 山西	C20～C90	8	45	177
3	LF 廊坊	C20～C60	5	40	180
4	BJ 北京	C20～C60	5	20	180
5	SD 山东	C20～C50	4	23	180
6	SZ 深圳	C15、C20、C25，C30～C60	7	42	180
7	LN 辽宁	C20～C100	9	36	180
8	TJ 天津	C30～C40	2	12	180
9	GX 广西	C20～C90	8	60	163
10	HZ 杭州	C25、C30、C35、C40～C60	6	36	180

2）测强曲线的建立方法和过程

根据全国提供的试验数据进行数据处理分析。先按统一的方法计算直拔试件断口面积、直拔试件直拔强度和每组五个直拔试件取值（①取五个的大平均；②各剔除一个较大和较小值，余下三个值的平均值；③五个数值中取中值；④取较大三个数值中平均值；⑤五个数值中取最大值；⑥取五个数值中一个较大和较小值的平均值，共六种取值）。直拔试件直拔强度以六种取值作为自变量，与对应的立方体试件抗压强度作为因变量，分别采用四种拟合曲线形式（直线方程、幂函数方程、指数方程和抛物线方程）进行回归分析，见图 10-23。

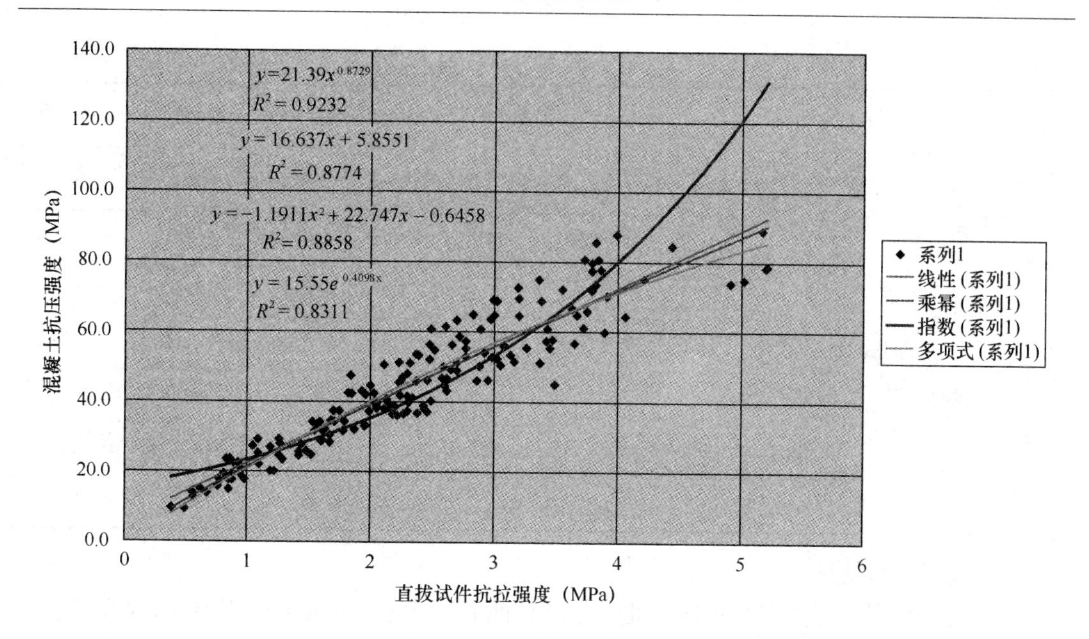

图 10-23　四种拟合曲线比较

我们以新疆地区为例，六种取值方法、四种拟合曲线，计算结果见表 10-5。

计算结果汇总表（3～180d）　　　**表 10-5**

序号	数据名		大平均	去大小	取中值	去两小	最大值	大小平均
	数量		46	46	46	46	46	46
1	$Y=a+bx$（直线方程）	a	5.2031	5.8268	6.4326	3.3143	1.8528	4.9222
		b	16.6146	16.3842	16.3060	15.8712	14.7406	16.6739
		相关系数（r）	0.9470	0.9480	0.9326	0.9563	0.9548	0.9370
		相对误差（%）	18.8	19.8	22.2	16.7	15.7	19.7
		平均误差（%）	14.0	14.7	16.5	12.4	12.4	14.5
2	$Y=ax^b$（幂函数方程）	a	19.0284	19.4191	19.3905	16.7753	14.7281	18.6666
		b	0.9805	0.9617	0.9702	1.0136	1.0292	0.9946
		相关系数（r）	0.9688	0.9639	0.9543	0.9722	0.9721	0.9685
		相对误差（%）	17.1	18.9	21.6	15.8	15.4	17.5
		平均误差（%）	12.8	13.6	14.8	11.6	12.4	12.8
3	$Y=ae^{bx}$（指数方程）	a	13.4121	13.7052	13.9100	12.7147	12.0819	13.1912
		b	0.4282	0.4201	0.4184	0.4107	0.3858	0.4334
		相关系数（r）	0.8920	0.8884	0.8745	0.9046	0.9133	0.8902
		相对误差（%）	28.2	28.7	30.9	25.8	24.8	29.7
		平均误差（%）	22.8	23.1	24.5	20.3	20.2	23.0

续表

序号	数据名		大平均	去大小	取中值	去两小	最大值	大小平均
	数量		46	46	46	46	46	46
4	$Y=a+bx+cx^2$（抛物线方程）	a	−6.8208	−5.7809	−6.9715	−7.1862	−6.9318	−7.4836
		b	28.1339	27.5472	28.9899	25.1370	21.8832	28.4977
		c	−0.0730	−2.0003	−2.2549	−1.5553	−1.1116	−2.1344
		相关系数（r）	0.9610	0.9616	0.9510	0.9665	0.9611	0.9512
		相对误差（%）	17.1	18.4	21.3	16.7	18.2	17.9
		平均误差（%）	12.3	13.1	15.0	12.2	13.2	12.9

3）数据分析处理

“直拔法”课题组分布在我国东北、华北、西北、华东、华南地区共计 13 个单位。汇总的试验数据中，从 C10～C100 共有 10 个强度等级，龄期为 3～180d 七个龄期数据，共计 360 组数据（1800 个直拔试件直拔强度、360 组混凝土立方体试件抗压强度）。

每组五个直拔试件强度组成以下取值：

①大平均——取五个数据的平均值；

②去大小——各剔除个较大和较小值，余下三个值的平均值；

③取中值——五个数值中取中值；

④去两小——取较大三个数值的平均值；

⑤最大值——五个数值中取最大值；

⑥大小平均——取五个数值中一个较大和较小值的平均值。

以上述六种取值作为自变量，与对应的立方体试件抗压强度作为因变量，分别采用直线方程、幂函数方程、指数方程和抛物线方程等四种拟合曲线形式进行回归分析，分析结果如图 10-24 所示 。

从表 10-5 看出，有的取值相关系数、相对标准差（%）、平均误差（%）幂函数方程要优于其他取值。从图 10-15 表明六种取值相差不大，经多种数据分析比较，“直拔法”测强曲线取值，以五个数值中各剔除一个较大和较小值，取余下三个值的平均值，与混凝

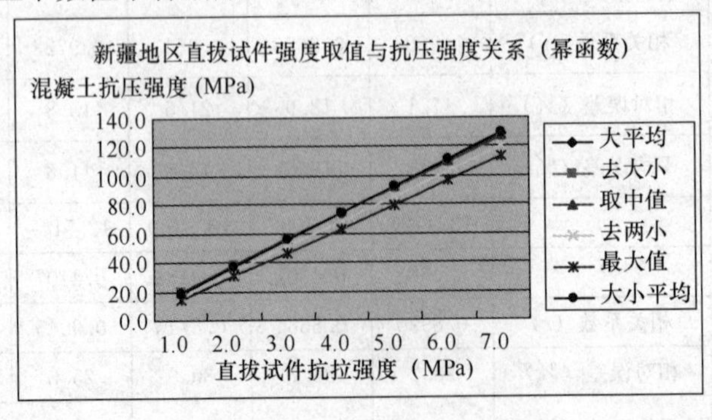

图 10-24　直拔试件抗拉强度取值与混凝土抗压强度关系

土 150mm×150mm×150mm 立方体试件抗压强度建立相关关系，全国和地区测强曲线，均以幂函数拟合曲线形式。

4)"直拔法"测强曲线

课题组将全国各地提供的，按常用混凝土配合比制作试件试验数据，分别进行回归分析，计算出地区幂函数形式（$f^{c}_{zb,i}=af^{b}_{zb,i}$）测强曲线，见表 10-6 和图 10-25。

国内十个地区（行业）测强曲线　　表 10-6

地区（行业）	回归方程系数		相关系数 (*r*)	相对标准差 (%)	平均相对误差 (%)	备注
	a	*b*				
XJ 新疆	21.0940	0.9402	0.9821	11.7	9.7	龄期 180d
SX 山西	17.5160	1.0882	0.9287	11.9	10.1	龄期 177d
LF 廊坊	22.1620	0.8720	0.9208	9.4	8.0	龄期 180d
BJ 北京	20.1190	0.9584	0.9208	10.0	7.8	同上
LN 辽宁	24.9280	0.9084	0.9603	10.5	8.1	同上
SD 山东公路	14.7900	1.0153	0.9673	9.5	7.5	同上
TJ 天津港湾	20.1010	0.8305	0.9798	6.4	5.1	同上
SZ 深圳	28.0360	0.7864	0.9388	11.6	9.5	同上
GX 广西	15.1250	1.2098	0.9500	11.7	10.1	龄期 163d
HZ 杭州中铁	20.5950	0.9607	0.9714	11.4	9.5	龄期 180d

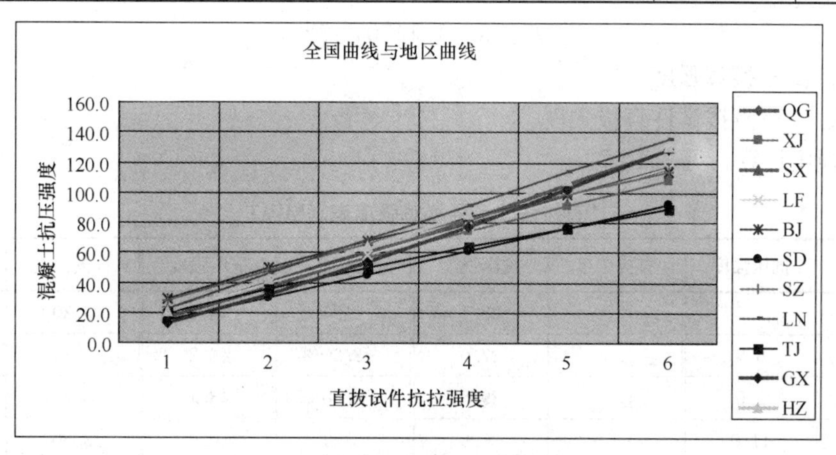

图 10-25　全国曲线与地区曲线

从表 10-6 表明："直拔法"测强相关性和测试误差都优于现行的无损检测技术。试验表明，从图 10-21 看出，由于地方原材料和行业部门不同，变化趋势都很正常，地方曲线间都是相互平行穿叉较少，证明直拔法测强技术是符合材料性能变化规律的。

任何一种检测技术，包括直拔法测强技术，虽然具有检测精度高的特点，由于地域辽阔混凝土原材料较为分散，因此，任何一条测强曲线不可能全国都适用，解决的办法，一是采用全国统一测强曲线用地区材料制作试件进行验证，是否符合误差要求。二是制定地区测强曲线或专用测强曲线，并优先使用这类曲线。

课题组制定的"直拔法"全国测强曲线，是根据各地区提供的试验数据计算的，各地区测强曲线都分别算出地区曲线并反馈给地区供工程验证使用。全国测强曲线散点图见图 10-26。

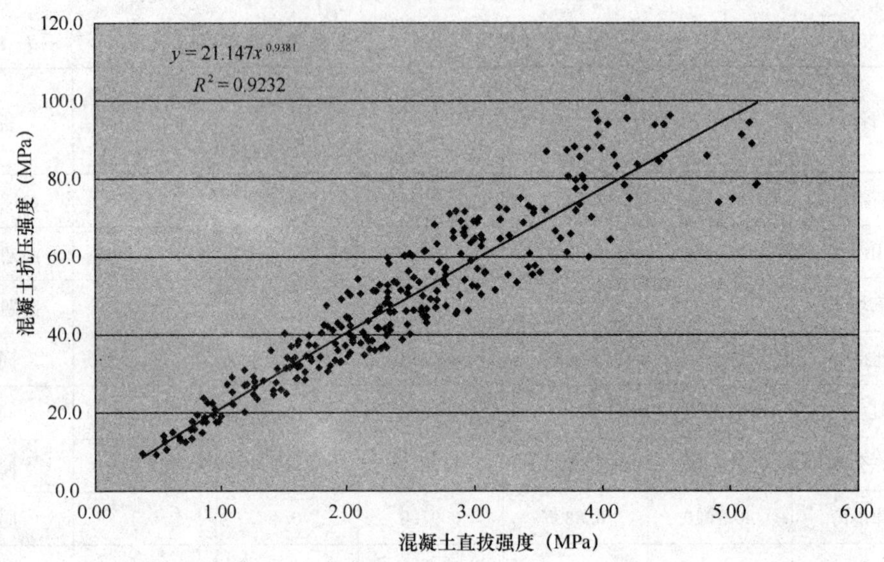

图 10-26 全国测强曲线散点图

"直拔法"课题组推荐使用的全国统一测强公式见式（10-5），相关系数（r）：0.9608，相对标准差（e_r）13.7 %，平均相对误差（δ）：11.7 %。

$$f^{c}_{cu,i} = 21.1470 f^{0.9381}_{zb,i} \tag{10-5}$$

式中 $f^{c}_{cu,i}$ ——换算强度；

$f_{zb,i}$ ——直拔试件直拔强度。

换算强度计算，见表 10-7。

"直拔法"测强换算强度表（MPa） 表 10-7

直拔强度	抗压强度	直拔强度	抗压强度	直拔强度	抗压强度	直拔强度	抗压强度
0.20	4.7	1.20	25.1	2.20	44.3	3.20	63.0
0.30	6.8	1.30	27.0	2.30	46.2	3.30	64.8
0.40	9.0	1.40	29.0	2.40	48.1	3.40	66.7
0.50	11.0	1.50	30.9	2.50	50.0	3.50	68.5
0.60	13.1	1.60	32.9	2.60	51.8	3.60	70.3
0.70	15.1	1.70	34.8	2.70	53.7	3.70	72.2
0.80	17.2	1.80	36.7	2.80	55.6	3.80	74.0
0.90	19.2	1.90	38.6	2.90	57.4	3.90	75.8
1.00	21.1	2.00	40.5	3.00	59.3	4.00	77.6
1.10	23.1	2.10	42.4	3.10	61.1	4.10	79.5

续表

直拔强度	抗压强度	直拔强度	抗压强度	直拔强度	抗压强度	直拔强度	抗压强度
4.20	81.3	4.70	90.3	5.20	99.3	5.70	108.2
4.30	83.1	4.80	92.1	5.30	101.1	5.80	110.0
4.40	84.9	4.90	93.9	5.40	102.9	5.90	111.8
4.50	86.7	5.00	95.7	5.50	104.7	6.00	113.6
4.60	88.5	5.10	97.5	5.60	106.4		

"直拔法"全国测强曲线，适应于符合下列条件的普通混凝土：

①混凝土用水泥应符合现行国家标准《通用硅酸盐水泥》GB 175、《矿渣硅酸盐水泥、火山灰质硅酸盐水泥及粉煤灰硅酸盐水泥》GB 1344 和《复合硅酸盐水泥》GB 12958 的要求；

②混凝土用砂、石骨料应符合国家标准《建筑用砂》GB/T 14684、《建筑用卵石、碎石》GB/T 14685 和现行行业标准《普通混凝土用、石质量标准及检验方法》JGJ 52 的要求；

③可掺或不掺矿物掺合料、外加剂、粉煤灰、泵送剂；

④机械搅拌的泵送混凝土；

⑤自然养护；

⑥龄期 3～180d（360d）；

⑦混凝土强度等级 10～100MPa。

5）早龄期强度检测

检测早龄期混凝土强度，是现有的无损测强方法无法满足的难点，试验研究表明直拔法检测早龄期强度有它突出的特点。课题组选用 C20～C80 强度等级，1～4d 龄期进行分析，测强曲线如式(10-6)所示，相关系数(r)为：0.9863，相对标准差 9.5%，平均相对误差 8.1%。

$$f^{c}_{cu,i} = 0.1548 + 17.623 \times f_{zb,i} \tag{10-6}$$

式中 $f^{c}_{cu,i}$ ——换算强度；

$f_{zb,i}$ ——直拔试件直拔强度。

6）胶粘和机械直拔头比对

课题组在试验过程中，设计和试制了自锁式机械直拔头，它有以下特点：不需要粘结剂、不受环境温度的影响、对人和环境没有污染、不受芯样干湿的影响、不受钻头磨损和直拔试件直径变化的影响、经久耐用、安装操作简单方便，每个直拔试件的安装、直拔时间约为 2～5min，大大缩短了操作时间。

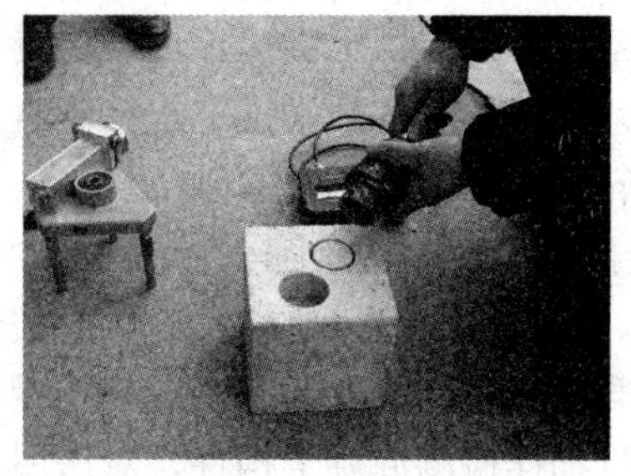

图 10-27 胶粘直拔头和自锁机械直拔头

课题组对胶粘和自锁机械直拔头进行比对，直拔头见图 10-27 所示，试验结果表明，两种直拔头数据重合一致见图 10-28，直拔头可互换使用。

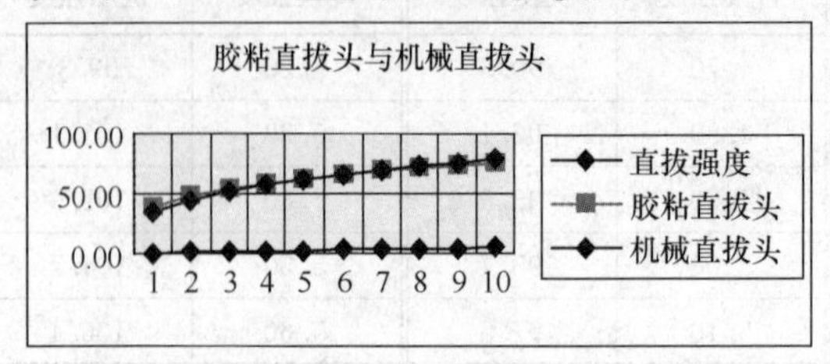

图 10-28　胶粘和机械直拔头数据重合一致

10.3.4　"直拔法"检测、推定混凝土强度

《直拔法检测混凝土抗压强度检测技术》最大特点，是采用 ϕ44mm×44mm 直拔试件直拔强度与 150mm×150mm×150mm 标准试件抗压强度建立相关关系，推定结构或构件混凝土强度，由于直拔试件不进行任何加工处理，这就可以提高功效，同时大大减少或避免由于加工处理带来的测试误差，研究结果证明直拔法检测混凝土强度技术具有高效、快速、准确、对结构损伤小，适用钢筋密集部位测试，检测 3～180d 任意龄期混凝土强度，是混凝土强度检测精度较高、误差较小的检测方法。

（1）抽样规定

1）课题组拟定的抽样规定

按照《混凝土强度检验评定标准》GB/T 50107—2010 规定，"直拔法"测强检测抽样数量应符合下列规定：

①根据结构或构件混凝土体积量，单个构件或未超过 100m³ 的需钻制 1 组直拔试件（一组直拔试件为 5 个 ϕ44mm×44mm 直拔试件，以下同）；

②结构或构件混凝土体积量，未超过 100～500m³ 的需钻制 3 组直拔试件；

③混凝土量超过 1000m³ 时，需钻制 5 组直拔试件；

④对房屋建筑，每一楼层梁、板、柱、墙，且同一配合比的混凝土，钻取直拔试件数量，须按混凝土体积量一并考虑；

⑤对于铁路、公路桥梁、桥墩，可将整榀桥梁（墩）视为一个检测单元，钻制直拔试件数量为 3～5 组；

⑥对于水工建筑物的桩、梁、板、墩台、沉箱、胸墙等构件，每个单位工程的每类构件视为一个检测单位，钻制直拔试件数量为 3～5 组。

⑦对于大体积混凝土结构，可按混凝土体积量，钻制直拔试件数量为 3～5 组。

⑧整幢建筑物按批抽样推定，钻制直拔试件数量应大于或等于 10 组。

2）新疆直拔法规程的抽样规定

①对于普通单个混凝土构件，应至少抽取 1 个测组直拔试件进行检测。对大型单个混凝土构件，如铁路、公路桥梁及其他大型构件，应至少抽取 2 个测组直拔试件进行检测；大体积混凝土结构应按连续浇筑混凝土量取样。

②按批抽样检测混凝土构件，对房屋建筑，每一楼层、同一强度等级、龄期基本相同的同类混凝土构件，当混凝土总量小于 1000m³ 时，应至少抽取 3 个测组直拔试件进行检

测；当混凝土总量超过 1000m³（含 1000m³）时，应至少抽取 5 个测组直拔试件进行检测。当采用构件数进行取样检测时，抽检数量应按照现行国家标准《建筑结构检测技术标准》GB/T 50344—2004 有关规定执行。

③ 按批进行检测的混凝土构件，取样位置应考虑薄弱部位与随机抽样相结合。

(2)“直拔法”检测结构混凝土强度方法及推定

1）课题组拟定的检测结构混凝土强度方法及推定

①单个（批）构件检测取一组直拔试件（一组为 5 个直径与深度均为 44mm 直拔试件）检测推定。

据了解，目前施工现场框架（或框剪）结构，将梁、板、柱、剪力墙（或电梯井）混凝土设计采用同一强度等级，对此类同强度等级、同龄期、同一浇筑工艺结构可称单批构件，根据混凝土体积量的多少，确定检测钻制几组直拔试件。

②按批抽样检测混凝土构件，对同一配合比、龄期基本相同的同类混凝土构件，混凝土量<1000m³ 者，取 3 组直拔试件；混凝土量≥1000m³ 者，取 5 组以上直拔试件。

③对大型混凝土构件（如铁路、公路桥梁、水工沉箱、墩台、胸墙及其他大型构件），宜钻制大于 3 组直拔试件；大体积混凝土结构应按连续浇筑混凝土量取样。

④按批抽样检测的混凝土构件，取样位置应考虑薄弱部位与随机抽样相结合。

⑤单个构件强度检测推定，采用直拔试件强度换算成混凝土抗压强度值，即为该构件混凝土强度推定值，按式（10-7）和式（10-8）计算推定。

$$f_{zb,i}^{c} = a f_{zb,i}^{b} \tag{10-7}$$

$$f_{cu,e} = f_{zb}^{c} \tag{10-8}$$

式中 $f_{zb,i}$ ——第 i 个直拔试件直拔强度（MPa）；

$f_{zb,i}^{c}$ ——第 i 个直拔试件混凝土换算强度（MPa）；

$f_{cu,e}$ ——构件混凝土推定强度（MPa），精确至 0.1MPa；

a,b ——为测强曲线系数。

⑥钻制直拔试件数量为 3～5 组的混凝土构件强度推定，将每组直拔试件强度换算成混凝土抗压强度值，按式（10-9）～式（10-11）规定计算：

$$m_{f_{zb}} = \frac{1}{n}\sum_{i=1}^{n} f_{zb,i}^{c} \tag{10-9}$$

$$m_{f_{zb}} \geqslant \lambda_1 \cdot f_{cu,k} \tag{10-10}$$

$$f_{zb,min} \geqslant \lambda_2 \cdot f_{cu,k} \tag{10-11}$$

式中 $f_{zb,i}^{c}$ ——第 i 个直拔试件强度换算第 i 个混凝土抗压强度值（MPa）；

$m_{f_{zb}}$ ——抗压强度平均值（MPa）；

$f_{zb,min}$ ——抗压强度最小值（MPa）；

$f_{cu,k}$ ——混凝土立方体抗压标准等级值，计量单位以 MPa 计（以此类推）；

λ_1,λ_2 ——合格评定系数，按表 10-8 取用。

混凝土强度的非统计法合格评定系数　　表10-8

混凝土强度等级	<C60	≥C60
λ_3	1.15	1.10
λ_4	0.95	

当检测结果满足式（10-12）和式（10-13）规定时，则该批构件混凝土强度满足设计要求；当不满足上述规定时，该批构件混凝土强度不满足设计要求，推定强度 $f_{cu,e}$ 列出平均值和最小值。

⑦按批构件强度检测推定，随机钻制10组直拔试件，将每组直拔试件强度换算成混凝土抗压强度值，按式（10-12）和式（10-13）计算：

$$f_{cu,e}=m_{f_{zb}}-1.645\cdot s_{f_{zb}} \tag{10-12}$$

$$s_{f_{zb}}=\sqrt{\frac{\sum_{i=1}^{n}(f_{zb,i})^2-n\cdot m_{f_{zb}}^2}{n-1}} \tag{10-13}$$

式中　$f_{cu,e}$——结构混凝土抗压强度推定值；

$s_{f_{zb}}$——结构或构件混凝土抗压强度换算值的标准差。

对按批量检测的构件，当一批构件的混凝土抗压强度标准差出现下列情况之一时，该批构件应全部按单个构件进行强度推定：

a. 一批构件的混凝土抗压强度平均值 $m_{f_{zb}}<25.0$MPa，标准差 $s_{f_{zb}}>4.50$MPa；

b. 一批构件的混凝土抗压强度平均值 $m_{f_{zb}}=25.0\sim50.0$MPa，标准差 $s_{f_{zb}}>5.50$MPa；

c. 一批构件的混凝土抗压强度平均值 $m_{f_{zb}}>50.0$MPa，标准差 $s_{f_{zb}}>6.50$MPa。

2）新疆直拔法的检测结构混凝土强度方法及推定

① 单个构件混凝土抗压强度检测推定，结构混凝土抗压强度换算值可由本规程附录A查表或按式（10-14）进行计算。结构混凝土直拔试件抗压强度换算值即为该构件混凝土抗压强度推定值，见式（10-15）。

$$f_{cu,i}^{c}=af_{zbd,i}^{b} \tag{10-14}$$

$$f_{cu,e}^{c}=f_{cu,i}^{c} \tag{10-15}$$

式中　$f_{zbd,i}$——第 i 测组直拔力代表值，所指直拔力代表值即5个直拔力去大小后的平均值（kN）；

$f_{cu,i}^{c}$——第 i 组直拔试件混凝土抗压强度换算值（MPa）；

$f_{cu,e}$——结构或构件混凝土抗压强度推定值（MPa），精确至0.1MPa；

a、b——回归系数。当采用本规程检测时，a、b 取值分别为21.049和0.9402。

②按批构件抗压强度检测推定，结构或构件的测组混凝土抗压强度值应根据各测组的混凝土抗压强度换算值按式（10-14）计算。抗压强度检测推定按式（10-16）和式（10-17）进行计算：

$$f_{cu,e}=m_{f_{cu}^{c}}-ks_{f_{cu}^{c}} \tag{10-16}$$

$$s_{f_{cu}^{c}}=\sqrt{\frac{\sum_{i=1}^{n}(f_{cu,i}^{c})^2-n(m_{f_{cu}^{c}})^2}{n-1}} \tag{10-17}$$

式中 $f_{cu,e}$ ——结构或构件混凝土抗压强度推定值（MPa），精确至 0.1MPa；

$m_{f^c_{cu}}$ ——结构或构件测组混凝土抗压强度换算值的平均值（MPa）；

k ——推定系数，宜取 1.645。当需要进行推定抗压强度区间计算时，可按国家现行有关标准的规定取值；

$f^c_{cu,i}$ ——结构或构件测组混凝土抗压强度换算值（MPa），精确至 0.1MPa；

$s_{f^c_{cu}}$ ——结构或构件测组混凝土抗压强度换算值的标准差，精确至 0.01MPa。

对按批量检测的结构或构件，当结构或构件测组混凝土抗压强度换算值的标准差出现下列情况之一时，该批结构或构件应全部按单个结构或构件进行抗压强度推定：

a. 一批结构或构件测组混凝土抗压强度换算值的平均值 $m_{f^c_{cu}}$ <25.0MPa 时，且标准差 $s_{f^c_{cu}}$ > 4.50MPa；

b. 一批结构或构件测组混凝土抗压强度换算值的平均值 $m_{f^c_{cu}}$ 不小于 25.0MPa 且小于 60.0MPa 时，且 $s_{f^c_{cu}}$ > 5.50MPa；

c. 一批结构或构件测组混凝土抗压强度换算值的平均值 $m_{f^c_{cu}}$ 不小于 60.0MPa 时，且 $s_{f^c_{cu}}$ > 6.50MPa。

10.3.5 工程验证

（1）“直拔法”数据处理

1）每组钻制的 5 个直拔试件胶粘直拔头（或采用机械直拔头），用拉拔仪直接拔断试件，记录试件拔断力，精确至小数点后两位，单位为 kN、测量断口两垂直向直径尺寸；

2）计算 5 个直拔试件直拔应力（$f_{zb,i}$），应各剔除一个较大值和较小值，取余下三个数的平均值作为直拔试件取值。精确至小数点后两位，单位为 MPa；

3）将直拔试件直拔应力代入拟合曲线（$f^c_{zb,i} = af^b_{zb,i}$），计算换算强度，精确至小数点后一位，单位为 MPa；

4）检测单个构件，换算强度即为构件推定强度（$f_{cu,e} = f^c_{zb}$）。

（2）检测实例

1）6 组 C30 混凝土立方体试件（或混凝土构件），在 2 组 28d 和 1 组 7d 龄期试件上各钻制 5 个直拔试件，换算强度为：36 2，35.2，16.7MPa，立方体试件抗压强度为 37.3，37.4，17.8，直拔法推定的强度误差为－2.9%，－5.9%和－6.2%，见表 10-9。

混凝土立方体试件验证 表 10-9

编号	强度等级	龄期（d）	试件强度（MPa）	换算强度（MPa）	误差（%）
1	C30	28	37.3	36.2	－2.9
2		28	37.4	35.2	－5.9
3		7	17.8	16.7	－6.2

2）受检结构混凝土量小于 1000m³，用直拔法随机抽样检测 3 组数据，立方体试件强度为 65.5，41.6，44.6MPa，直拔试件换算强度为：58.7，46.8，41.0MPa，直拔法推定的强度误差为－10.4%，12.5%和－8.1%，见表 10-10。

混 凝 土 构 件　　　　**表 10-10**

编号	强度等级	龄期（d）	试件强度（MPa）	换算强度（MPa）	误差（%）
1	C40	28	65.5	58.7	−10.4
2		28	41.6	46.8	12.5
3		28	44.6	41.0	−8.1
平均值				48.8	10.3

根据《混凝土强度检验评定标准》GB/T 50107—2010 规定，C40 混凝土立方体抗压强度标准值 $f_{cu,k}=40.0$MPa。按非统计方法推定柱混凝土强度：

$$m_{f_{cu}} \geqslant \lambda_3 \cdot f_{cu,k} \qquad 48.8 \geqslant 1.15 \times 40.0 = 46.0\text{MPa}$$

$$f_{cu,min} \geqslant \lambda_4 \cdot f_{cu,k} \qquad 41.0 \geqslant 0.95 \times 40.0 = 38.0\text{MPa}$$

计算结果表明：满足上述规定，所测构件混凝土强度达到设计要求。

3）检测 3 根 C60 混凝土梁强度，混凝土试件强度为：76.9，64.9，68.9MPa，直拔试件换算强度为：59.9MPa，72.2MPa，72.4MPa，见表 10-11。

混凝土梁强度　　　　**表 10-11**

编　号	强度等级	试件强度（MPa）	换算强度（MPa）	误差（%）
A-1	C60	76.9	59.9	−22.1
B-5		64.9	72.2	11.2
C-7		68.9	72.4	5.1
平均值			68.2	

$$m_{f_{cu}} \geqslant \lambda_3 \cdot f_{cu,k} \qquad 68.2 \geqslant 1.10 \times 60 = 66.0\text{MPa}$$

$$f_{cu,min} \geqslant \lambda_4 \cdot f_{cu,k} \qquad 59.9 \geqslant 0.95 \times 60.0 = 57.0\text{MPa}$$

计算表明：满足上述规定，所测构件混凝土强度达到设计要求。

4）鉴定检测一幢混凝土框架结构建筑物，需对各类构件进行检测评估，可按同类构件、同混凝土强度构件，估算构件混凝土量，再确定直拔试件抽检组数。如混凝土量 $<1000\text{m}^3$ 用直拔法随机抽样检测 3～5 组数据，混凝土量 $\geqslant 1000\text{m}^3$ 用直拔法随机抽样检测 5～10 组数据，按非统计方法推定混凝土强度，测试数据见表 10-12。

“直拔法”检测混凝土抗压强度测试记录表　　　　**表 10-12**

构件名称：梁　　混凝土强度等级：C30　　　　共　页　第　页

序	构件编号	直拔试件直拔强度（MPa）					取值	换算强度	备注
		1	2	3	4	5			
1	A-1-2	0.85	1.07	0.84	0.85	1.33	0.93	19.9	
2	A-3-4	1.90	2.45	2.46	1.85	1.72	2.07	42.4	
3	A-5-6	2.08	1.39	1.92	2.48	2.19	2.06	42.2	
4	C-1-2	0.94	0.47	0.71	0.63	1.15	0.76	16.5	
5	C-3-4	1.80	1.61	1.97	1.70	1.39	1.70	35.2	

续表

序	构件编号	直拔试件直拔强度（MPa）					取值	换算强度	备注
		1	2	3	4	5			
6	C-5-6	1.87	2.02	1.97	1.69	2.45	1.95	43.4	
7	E-1-2	1.91	2.18	2.17	2.78	2.02	2.12	40.1	
8	E-3-4	0.50	1.90	2.16	2.21	2.34	2.09	42.8	
9	E-5-6	1.01	0.47	1.86	0.95	2.88	1.27	26.7	
10	E-7-8	0.97	1.28	1.40	0.81	1.60	1.21	25.5	
平均值 $m_{f^c_{cu,i}}$（MPa）		33.5		标准差 $s_{f^c_{cu,i}}$（MPa）			10.38		
推定强度 $f_{cu,e}=m_{f^c_{cu}}-1.645s_{f^c_{cu,i}}$（MPa）									

按照批构件强度检测推定，当批构件的混凝土抗压强度平均值 $m_{f_{zb}}=25.0\sim50.0$MPa，标准差 $s_{f_{zb}}>5.50$MPa，不能按批推定混凝土强度，应按单个构件进行强度推定：

计算结果表明：$m_{f_{zb}}=33.5$MPa，标准差 $s_{f_{zb}}=10.38>5.50$MPa，不能按批推定混凝土强度。

10.3.6 实际工程检测验证

(1) 检测实例

课题组相关单位结合本地区实际工程进行了检测验证。

1) 中铁二十四局集团浙江工程检测有限公司对预应力桥梁进行检测。见图 10-29～图 10-32。

图 10-29 钻制直拔试件

图 10-30 安装机械直拔头

图 10-31 拔完一组直拔试件

图 10-32 拔孔及时修补

2）新疆课题组在剪力墙、现浇板上进行了检测验证，见图 10-33～图 10-40。

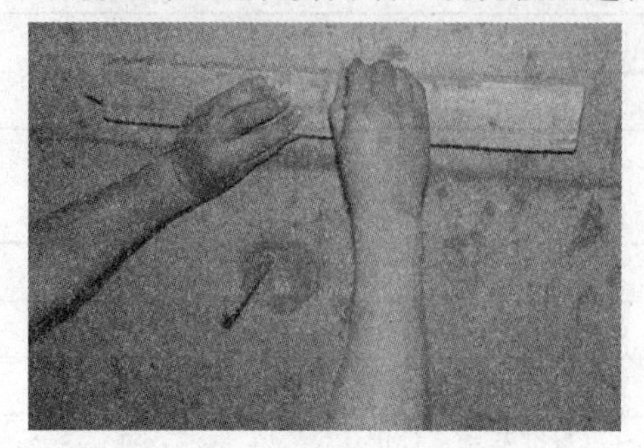

图 10-33　在剪力墙上扫描定位划线 1

图 10-34　在剪力墙上扫描定位划线 2

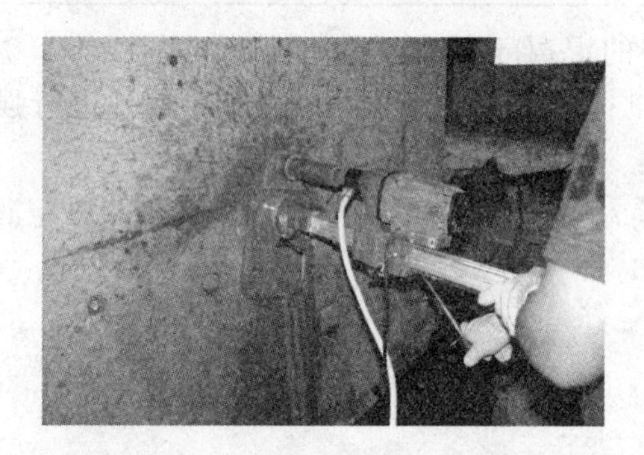

图 10-35　在剪力墙上钻取直拔试件

图 10-36　剪力墙上胶粘的 5 个直拔试件

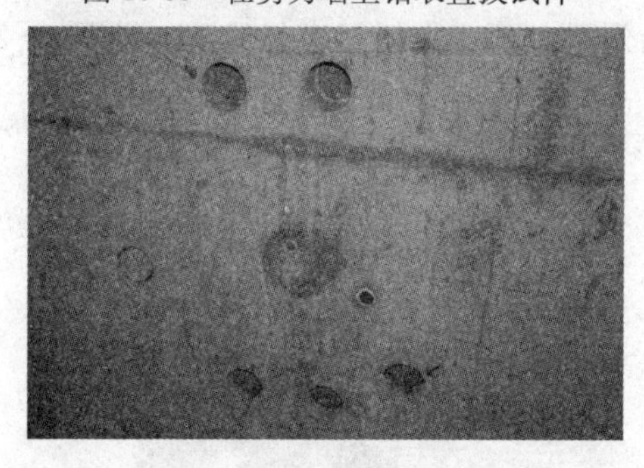

图 10-37　剪力墙上胶粘的 5 个直拔试件试验完后

图 10-38　剪力墙上拔出的 5 个直拔试件

图 10-39　现浇板表面进行钢筋扫描定位

图 10-40　现浇板表面钻制并胶粘好的直拔试件

(2) 验证报告、用户意见（摘引部分验证报告）

《直拔法检测混凝土抗压强度技术》验证报告

共　页第　页

工程名称	库尔勒南航房产开发有限公司高层综合楼
建设（施工）单位	库尔勒南航房产开发有限公司
检测单位	巴州建设工程质量检测中心
检测日期	2011.4.22～2011.4.29
工程概况	该工程地处库尔勒市迎宾路与石化大道交汇处，为库尔勒南航房产开发有限公司高层综合楼。建筑层数为地上29层，地下1层，建筑总高为86.[illegible]米，结构体系为钢筋砼剪力墙结构，[illegible]
检测依据	《直拔法检测混凝土抗压强度技术》操作要点
检测结论	本次对C30顶板结构测试推定强度为30.3MPa，试件强度为30.8MPa，误差为-1.6%。对C35顶板结构测试推定强度为32.4MPa，试件强度为32.8MPa，误差为-1.1%。对C40砼结构测试推定强度为34.7MPa，试件强度为35.6MPa，误差为-1.9%，检查结果表明，直拔法测强测试精度高误差小特点。
用户意见	直拔法检测砼方便、快捷，对结构损伤小，且能较早推定砼强度，可以较好地指导施工。 2011年　月　日

批准：　　审核：　　主检：
报告日期：

《直拔法检测混凝土抗压强度技术》验证报告

共　页第　页

工程名称	巴州凌域明风家具有限公司厂房
建设（施工）单位	巴州凌域明风家具有限公司
检测单位	巴州建设工程质量检测中心
检测日期	2011.7.26
工程概况	该工程总建筑面积为3178.87m²，总高度12.45m，框架结构，抗震设防烈度七度，结构使用年限为50年，采用独立基础，基础设计等级为丙级，均采用C40砼，其余各层现浇板、框架梁、框架柱及楼梯均采用C30。
检测依据	《直拔法检测混凝土抗压强度技术》操作要点
检测结论	本次对结构测试推定强度为23.7MPa，试件为强度为37.5MPa，误差为-36.8%，检查结果表明，试件强度高于结构强度，出现此情况原因多数是浇筑时含水率控制不佳，另外后面结构因为养护不到位也会大大降低混凝土的强度。单独对同条件测试结果是：试件直拔强度为[illegible]MPa，试件强度为[illegible]MPa，误差为[illegible]，再次证明了直拔法测强测试精度高误差小特点。
用户意见	直拔法检测砼强度，对构件损伤小，方便，快捷，并能[illegible]砼强度，可以较好地指导施工。 2011年　月　日

批准：　　审核：　　主检：
报告日期：
2011/ /

《直拔法检测混凝土抗压强度技术》验证报告

共1页第1页

工程名称	廊坊市阳光高第小区2号楼
建设（施工）单位	廊坊市凯创房产置业有限公司
检测单位	廊坊市阳光建设工程质量检测有限公司
检测日期	2011年06月07日
工程概况	廊坊市阳光高第小区2号楼工程建筑总面积14504m²，地下一层，地上十六层局部十八层，剪力墙结构。基础采用筏板式基础，8度抗震设防。该工程地下室剪力墙混凝土设计强度为C30。
检测依据	《直拔法检测混凝土抗压强度技术》
检测结论	在该工程地下室剪力墙浇筑时现场成型12块立方体试件，其中标养试件1组（3块），同条件试件1组（3块），另5个立方体试件为直拔法检测用试件。 2011年06月07日，廊坊市阳光建设工程质量检测有限公司对标养立方体试件与同条件立方体试件进行混凝土抗压强度试验。结果表明：标养与同条件立方体试件混凝土抗压强度符合设计强度C30要求。对同条件立方体试件进行直拔法检测，所得混凝土换算强度符合设计强度C30要求。 同时在该工程地下室随机抽取4个剪力墙构件采用直拔法检测，所抽检的剪力墙构件均满足设计强度C30要求。
用户意见	该方法检测速度快，对结构损伤小，检测结果接近同条件试件强度，有非常大的推广价值。 （盖章） 2011年06月10日

《直拔法检测混凝土抗压强度技术》杭州地区课题组：

你们采用的直拔法检测混凝土抗压强度技术操作简便，数据直观，经验证与混凝土同条件试块抗压强度值非常接近。相对于钻芯法和回弹法检测混凝土抗压强度，具有试验误差小、人为因素影响小，对实体结构强度破坏微乎其微，可以作为我们梁场预制T梁初终张拉时判定混凝土早期强度的有效方法。具有较好的推广使用价值。

中铁二十四局[illegible]

2011年[illegible]月19日

中铁二十四局集团德清上柏制梁场用户认为：采用的直拔法检测混凝土抗压强度技术操作简便，数据直观，经验证与混凝土同条件试块抗压强度值非常接近。相对于钻芯法和回弹法检测混凝土强度，具有试验误差小，人为因素影响小，对实体结构强度破坏微乎其微，可以作为我们梁场预制 T 梁初终张拉时判定混凝土早期强度的有效方法，具有较好的推广使用价值。

10.3.7 总结

直拔法检测混凝土抗压强度技术，是在结构实体上钻取直拔试件，试件不需加工制作，与钻芯法比工效可提高 2-3 倍，直拔法可以检测早龄期混凝土强度，钢筋配置密集的构件，其检测精度高于现有无损检测方法。“直拔法”与目前常用的混凝土强度检测方法有实质性的改进，因此，直拔法检测混凝土强度技术开发和推广应用，对我国混凝土强度检测技术的进步，具有十分重要的意义。

10.4 抗剪法技术

10.4.1 抗剪法技术研究背景、内容及成果简介

抗剪法检测混凝土抗压强度技术研究，从试验研究的背景、内容、方法、过程及成果进行了详细介绍。初步试验强度跨度从 C10～C100，强度跨度范围大，相关系数、相对误差和平均误差都非常理想。与目前的其他混凝土强度检测方法有实质性的改进，对结构破坏较小，人为因素影响小，检测精度优于现有的无损测强方法，具有较好的推广使用价值。

（1）抗剪法技术研究背景

《抗剪法检测混凝土抗压强度技术》（以下简称《抗剪法》），系采用抗剪试件抗剪强度与边长为 150mm 的立方体标准试件抗压强度建立相关关系，推定结构或构件混凝土的抗压强度。《抗剪法检测混凝土抗压强度技术》已列为国家住房和城乡建设部 2012 年科学技术项目计划——研究开发项目（新型建材与材料合理利用技术）。《抗剪法检测混凝土抗压强度的方法及装置》已申报国家发明专利。2011 年初提出课题设想后，于 7 月份开始试验设备的研制。在同年 8 月完成初步实验研究成果后，邀请山西建筑科学研究院、辽宁建筑科学研究院、广西建筑科学研究院、中国建筑科学研究院等单位共同参加。笔者负责把初步试验的方法和原理进行统一传达，要求各参与单位提前做好课题准备。随后笔者开始着手起草申报专利文稿。9 月 22 日被国家专利局受理，10 月下达初步审查合格通知书。2012 年 4 月 25 日公布，目前实质审查已经生效。

（2）抗剪法技术研究内容

抗剪法技术研究内容包括：混凝土不同龄期尤其是早龄期、长龄期试件的试验研究；抗剪试件直径大小影响等重要影响因素的比对试验；卵石和碎石等不同骨料配制的混凝土试件的比对试验；不同长度抗剪试件抗剪力影响因素的研究分析；最小抗剪试件长度的确定；不同取值方法和测强曲线函数形式的最佳组合分析研究以及工程现场的验证试验。

（3）抗剪法技术原理及研究成果

混凝土抗剪试验原位试验示意图见图 10-41。

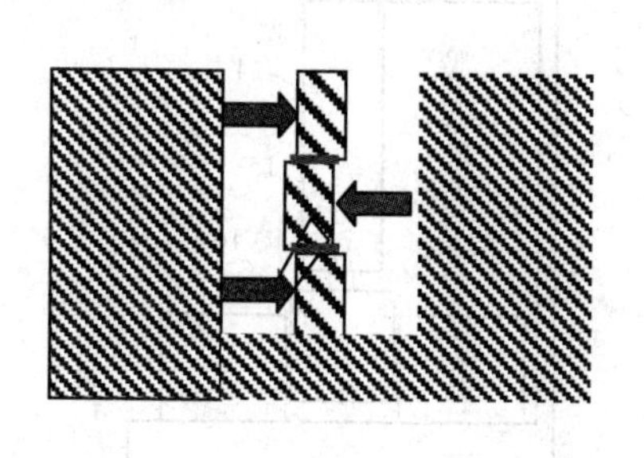

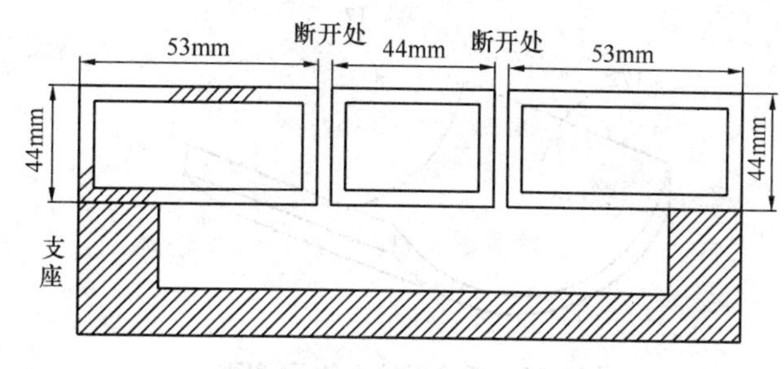

图 10-41 混凝土抗剪试验原位试验示意图

建立相关关系：$f_{压}=f(F_{抗剪})$

抗剪试验原理示意图如图 10-42。

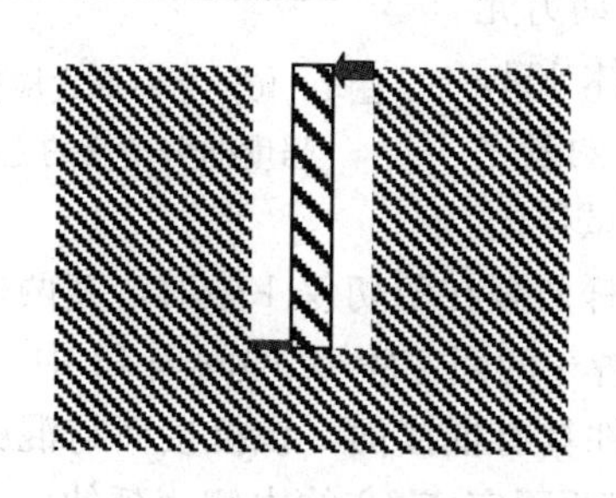

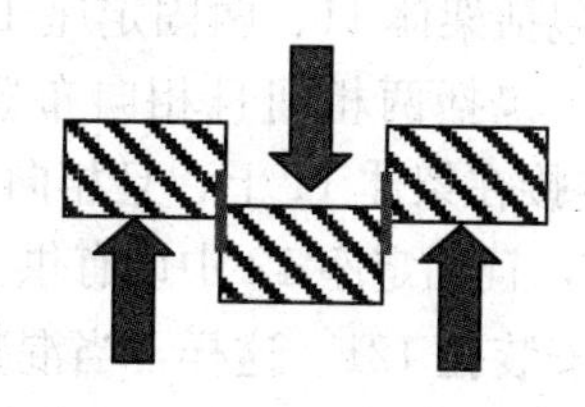

图 10-42 抗剪试验原理示意图

小芯样折断后穿进抗剪仪内进行抗剪（单剪成两段，或双剪成三段）

由于《抗剪法》不需对抗剪试件进行任何加工处理，可大大减少或避免测试误差，使《抗剪法》测强技术具有相关性好、代表性强等突出特点。《抗剪法》与其他检测方法的区别，见下文所述。《抗剪法》测试所用抗剪装置如图 10-41 所示。截至目前，采用抗剪法检测混凝土抗压强度的剪切仪（图 10-43）也已经研制完成，并申报了专利。现对抗剪法初步试验研究成果做一简单介绍。

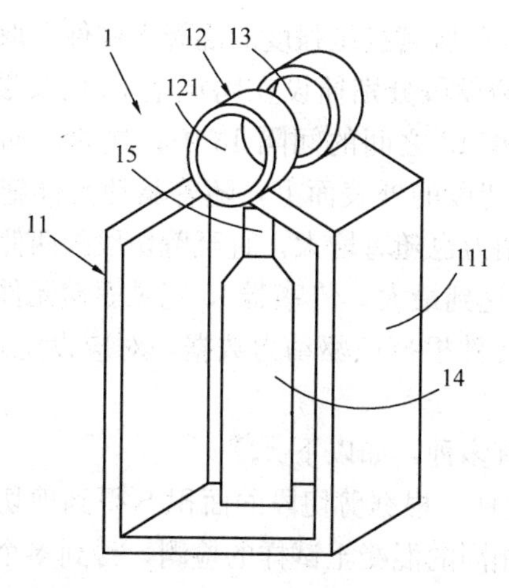

图 10-43 检测混凝土抗压强度的剪切仪的立体示意图

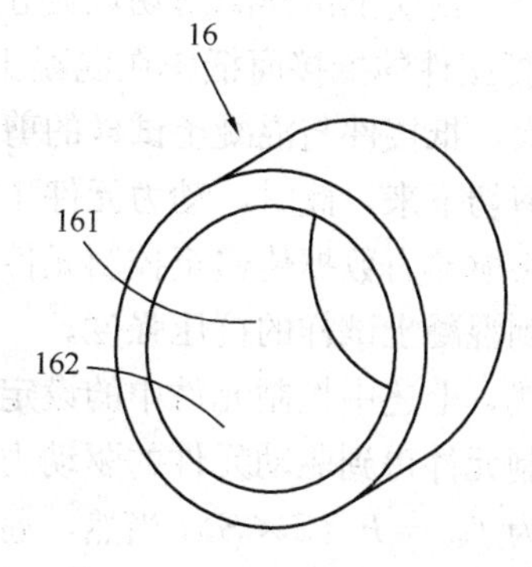

图 10-44 抵接环的立体示意图

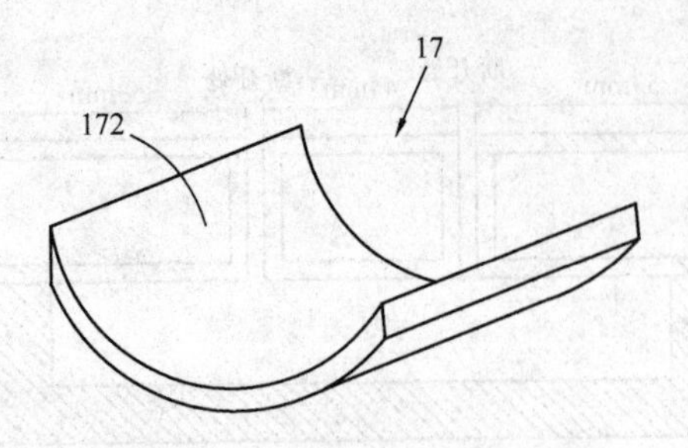

图 10-45　抵接板的立体示意图

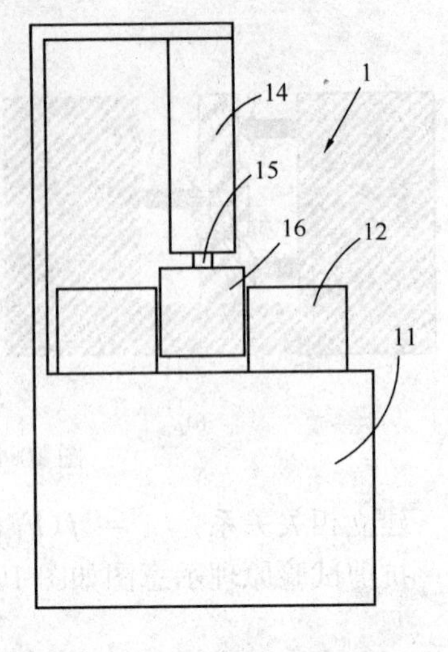

图 10-46　另一形式检测混凝土抗压强度的剪切仪的主视示意图

上述剪切仪用于对混凝土试样进行剪切，以得到混凝土的抗压强度，混凝土试验包括两插设段以及位于两插设段之间的剪切段。

剪切仪 1 包括架体 11、两固定座 12 以及动力元件 14。架体 11 包括两相间且相向布置的板体 111。两固定座 12 连接在架体 11 上，且相向设置，两者之间具有间隔 13，且固定座 12 中设有供混凝土试样的插设段插设的安装孔 121。这样，当混凝土试样放置在剪切仪 1 中时，其两插设段分别插设在固定座 12 的安装孔 121 中，其剪切段则置于两固定座 12 的间隔 13 中。

在两固定座 12 之间设有抵接件，该抵接件具有抵接面，该抵接面与混凝土试样的剪切段的外表面配合，且该抵接面的两侧分别朝两固定座 12 的内侧边延伸，这样，也就是说，抵接面的长度略小于间隔 13 的长度，其两侧分别与固定座 12 的内侧边之间具有间隙，该间隙的大小可以根据实际需要，设定在一定的数值范围内。

上述的抵接件由动力元件 14 驱动，抵压在混凝土试样的剪切段的外表面上，直至混凝土试样的剪切段的两侧被剪切断。

动力元件 14 电性连接有传感器 15 和控制元件，该传感器 15 用于检测动力元件 14 的驱动力，控制元件则接受传感器 15 检测到的驱动力，进而经过数据处理，直接得到混凝土试样的抗压强度。

上述剪切仪 1 的操作过程如下：首先，在需要检测抗压强度的混凝土构件上取得符合外形要求的混凝土试样，将混凝土试样两端的插设段分别插设在固定座 12 的安装孔 121 中，此时，混凝土试样的剪切段则位于两固定座 12 之间的间隔 13 中；接着，动力元件 14 驱动抵接件的抵接面抵压在混凝土试样的剪切段的外表面上，随着驱动元件施加驱动力的增大，抵接件与混凝土试样的剪切段的作用力也随着增大，直至剪切段的两侧从插设段上被剪切下来，此时，动力元件 14 的驱动力达到最大，传感器 15 记录驱动元件的驱动力，并将驱动力数据传递至控制元件中，控制元件根据该驱动力数据，对应设定的公式，计算得到混凝土试样的抗压强度。

当然，上述中控制元件中的设定公式可以有多种，如以下：

控制元件得到驱动元件的驱动力峰值 F，这样，根据剪切段的面积 S 得到剪切段的剪切强度为 $f_{kj}=F/(2\times S)$，当然，通过对多个相同的混凝土试样的检测，得到多个混凝土试样的剪切强度的平均值 f_{kji}，进而根据剪切强度与抗压强度的转换公式，得到混凝土的抗压强度为：$f_{kji}^{c}=a+b\times f_{kji}+c\times f_{kji}^{2}$。

其中，f^{c}_{kji} 为混凝土的抗压强度换算值（MPa）；f_{kji} 为多个混凝土的平均剪切强度（MPa）；a、b、c 为回归方程的回归系数。

在上述的剪切仪 1 中，由于抵接件的抵接面与剪切段的外表面配合，且其两侧延伸至两固定座 12 的内侧边，这样，抵接件在与混凝土试样抵接的过程中，其并非只是单独与混凝土的剪切段的某个位置抵接，这样，当剪切段被剪切断时，其是两侧分别直接从插设段上被直剪切下来的，因此，其应力较简单，也完全符合剪切的作用效果，从而得到的剪切强度完全可以反映混凝土剪切的效果，进而得到的混凝土的抗压强度也较为准确。

当然，本剪切仪也可以不设置控制元件，由传感器 15 直接记录动力元件 14 的驱动力，进而经过人工计算得到混凝土的抗压强度，或者经由其他元件，计算得到混凝土的抗压强度。

上述的固定座 12 可以固定连接在架体 11 上，当然，也可以活动连接在架体 11 上，为了便于混凝土试样的安装，本实施例中，固定座 12 活动连接在架体 11 上，其与架体 11 之间设置移动结构，在该移动结构的作用下，可以使得两固定座 12 相向移动，即相离移动或相向移动，这样，使得两固定座 12 之间的间隔 13 可以缩小或增大，即便于混凝土试样的安装，也使得剪切仪 1 适用于多种不同长度要求的混凝土试样。

具体地，上述的移动结构包括设置在架体 11 上的轨槽以及设置在固定座 12 下端的导轨，且轨槽和导轨的延伸方向，沿两固定座 12 的连线方向；或者，轨槽也可以设置在固定座 12 的下端，而相向应地，导轨则设置在架体 11 上。

当然，本剪切仪的移动结构也可以是其他的设置结构。

架体 11 包括两相间且相向布置的板体 111，固定座 12 连接在板体 111 的上端，从而使得两固定座 12 相间布置，且相向设置。

架体 11 也可以是一体成型的结构，其中设有腔体，且架体 11 的上端面设有连通腔体的开口，两固定座 12 分别设置在架体 11 的上端面上，且分布在开口的两相向侧，这样，使得两固定座 12 相向设置，且两固定座 12 之间的间隔 13 与开口对齐。

当然，还有其他多种结构设置，并不仅限制于此处介绍的两种结构。

本实施例中，传感器 15 为压力传感器 15，其设置在动力元件 14 与抵接件之间，这样，动力元件 14 的驱动力直接通过传感器 15 传递至抵接件上，便于传感器 15 检测驱动元件的驱动力。

或者，传感器 15 也可以通过数据线电性连接在动力元件 14，并不仅限制于上述的设置方式，传感器 15 的设置方式，随着传感器 15 类型的变化，其设置情况则相向应变化。

抵接件为抵接板 17，其外表面 172 设置有与剪切段外表面配合的所述抵接面。

或者，抵接件也可以为抵接环 16，该抵接环 16 中设有通孔 161，通孔 161 的内壁 162 形成所述抵接面，该通孔 161 的形状与剪切段的外表面配合。

当然，根据剪切段外表面的形状变化，抵接面的形状也变化，在本实施例中，剪切段的外表面为圆柱面，从而，抵接板 17 的抵接面则呈弧面状，通孔的内壁则为圆柱面。

为了便于将混凝土试样安装在两固定座 12 中，固定座 12 的安装孔 121 贯穿固定座 12 的两侧，形成贯穿孔；当然，作为其他的实施例，安装孔 121 也可以是开口设于固定座 12 内侧的盲孔，具体设置可视实际情况而定。

为了便于抵接件对剪切段的剪切，抵接面的两侧端分别设有凸起结构，该凸起结构抵接在混凝土试样的剪切段的外表面上。

具体地，动力元件14可以是千斤顶、气缸等。

如图10-46所示剪切仪，为另一结构形式的剪切仪，其动力元件14设置在架体11的上方，根据实际情况需要，剪切仪的结构布置还可以有其他多种形式。

抗剪法检测混凝土抗压强度和其他检测方法的主要区别　　表10-13

检测方法	特　点	原　理
抗剪法	对被测混凝土结构构件无太大损伤，而且是测试的混凝土内部的强度，测试时影响因素少，抗剪应力单纯	依据混凝土立方体（边长为150mm）试件抗压强度与抗剪试件强度建立的相应关系，推定混凝土的抗压强度
后装拔出法	需在被测面形成一定的损伤，测试过程影响因素多，混凝土内应力复杂	利用混凝土内的后装锚具被拔出时的应力和事先建立的相关关系来推定混凝土的抗压强度
剪压法	对被测混凝土结构构件有一定损伤，而且是测试的混凝土表面的强度，测试时影响因素多，剪压力复杂	依据剪压仪对混凝土构件直角边施加垂直于承压面的压力，使构件直角边产生局部剪压破坏，并根据剪压力来推定混凝土强度的检测方法
钻芯法	对被测混凝土结构构件有较大损伤，加工测试影响因素多	在结构或构件上钻取混凝土试件，加工成标准芯样在压力试验机上通过抗压试验获得混凝土强度
回弹法	对被测混凝土结构构件没有损伤	依据混凝土表面的硬度和强度的关系推定混凝土抗压
超声-回弹综合法	对被测混凝土结构构件没有损伤	依据混凝土表面的硬度和混凝土内超声波波速综合推定混凝土抗压强度
后锚固法	对被测混凝土结构构件有一定损伤，测试时影响因素多，后锚固应力复杂	依据混凝土表层30mm的范围内后锚固法破坏体的拔出力推定构件混凝土抗压强度

备注：综上所述，抗剪法检测混凝土抗压强度的检测装置及检测方法，与目前的其他混土抗压强度检测方法有实质性的不同。

10.4.2　抗剪法试件制作及技术要求

（1）抗剪法试件制作数量和材料规定

抗剪法试件制作及技术要求，原则上按以下规定进行。试件选用本地区常用原材料和常用配合比配制，在本地区较大商品混凝土站成型制作；如果按卵石和碎石分别配制，试件数量在下表基础上增加一倍。“抗剪法”试件具体数量，见表10-14。

“抗剪法”试件数量　　表10-14

强度等级	抗剪试件	龄　期（d）							
		7	14	28	60	90	180	360	720
C10	3个	1组（3个）	1组（3个）	2组（6个）	1组（3个）	1组（3个）	1组（3个）	1组（3个）	1组（3个）
C20	3个	1组（3个）	1组（3个）	2组（6个）	1组（3个）	1组（3个）	1组（3个）	1组（3个）	1组（3个）

续表

强度等级	抗剪试件	龄期（d）							
		7	14	28	60	90	180	360	720
C30	3个	1组（3个）	1组（3个）	2组（6个）	1组（3个）	1组（3个）	1组（3个）	1组（3个）	1组（3个）
C40	3个	1组（3个）	1组（3个）	2组（6个）	1组（3个）	1组（3个）	1组（3个）	1组（3个）	1组（3个）
C50	3个	1组（3个）	1组（3个）	2组（6个）	1组（3个）	1组（3个）	1组（3个）	1组（3个）	1组（3个）
C60	3个	1组（3个）	1组（3个）	2组（6个）	1组（3个）	1组（3个）	1组（3个）	1组（3个）	1组（3个）
C70	3个	1组（3个）	1组（3个）	2组（6个）	1组（3个）	1组（3个）	1组（3个）	1组（3个）	1组（3个）
C80	3个	1组（3个）	1组（3个）	2组（6个）	1组（3个）	1组（3个）	1组（3个）	1组（3个）	1组（3个）
C90	3个	1组（3个）	1组（3个）	2组（6个）	1组（3个）	1组（3个）	1组（3个）	1组（3个）	1组（3个）
C100	3个	1（3个）	1组（3个）	2组（6个）	1组（3个）	1组（3个）	1组（3个）	1组（3个）	1组（3个）
合计	3个	10（30）	10（30）	20（60）	10（30）	10（30）	10（30）	10（30）	10（30）
总合计	90组（270+30个抗剪试件=300块）								

注：7d以下短龄期试件根据需要另行制作。

结合课题需要和其他实际情况的考虑，我们的试件选用库尔勒地区和乌鲁木齐地区常用原材料和新疆西部建设股份有限公司常用配合比配制，C10～C60由该混凝土搅拌站在库尔勒成型制作，C70～C100由新疆西部建设股份有限公司在乌鲁木齐成型制作，制作成型两天后拉回库尔勒。实际上，考虑不同长度抗剪试件的影响因素分析的需要及其他各种可能因素的影响，我们将每个强度等级的试件按20组（即60个）成型。另外选择3个较为常用的强度等级（C20、C40、C60）采用卵石制作作为骨料影响因素的分析，每个强度等级的试件按5组（即15个）成型。因此，实际成型试件总计215组（即625个）。比原计划增加一倍多。

（2）抗剪法试件制作技术要求

1）同一强度等级试件9组混凝土试件（27+3个抗剪试件=30个试件）应一次成型完成其中一组试件须送标准养护室标养28天再进行抗压试验（故28d龄期试件为2组），其余8组全为自然养护；试验研究所用的215组（即625个）试件，可分1～3次完成。对同一强度等级试件，原则上要求一次性成型完毕。考虑到试件抗压可能出现超差导致试验结果无效的情况，每个强度等级备用2组试件送标准养护室标养。待28 d进行抗压试验无超差情况出现后，余下的1组可作为长龄期试件备用，其他全为自然养护。

2）抗剪试件与抗压试件应同条件自然养护，同条件自然养护应放置在不受风吹雨淋日晒地方按品字型堆放或在专用试件架上堆放。同条件自然养护需要搭设专用篷子和试件架，以满足规范要求。将试件放置在专用篷子里的铁架上，以满足试件堆放不受日晒雨淋的影响。堆放的每个试件应错位分层，并确保试件之间都留有相应的空隙，完全可满足试件养护到位的需求。

3）试件规格全部为150mm×150mm×150mm立方体试件；

4）试件按规定进行编号，如制作C20试件，2010年8月15日成型，编号应为“C20 2010.8.15”；

5）试件到达某一龄期时，取出3个试件进行抗压试验，同时将“3个抗剪试件”各选取一个侧面钻制一个抗剪试件进行抗剪测试，记录 3 个抗剪数据和对应的 1 组立方体试件抗压强度值。为与今后实测情况相同，避免不同龄期、不同强度等级混凝土钻制抗剪试件切割应力不同的影响，3d 和 7d 必须是龄期到达后钻制，不允许提前钻制抗剪试件。14d 龄期钻制可允许 1d 误差，28d 龄期钻制可在龄期到达 1～2d 内钻取。避免提前或延后钻制抗剪试件，以增大试验结果误差。

6）钻制抗剪试件与抗压试件应同条件自然养护，建议试件按品字型堆放在不直接受日晒雨淋地方。尤其是 3 个钻制抗剪试件的混凝土试件应格外注意保护好；

7）有的地区（或行业部门）有特殊的情况，仍按表 3 要求选取制作部分试件，以作为该地区的影响因素。

8）对于高强混凝土试件的试验龄期应根据试验时的季节和温度变化规律适当缩短，以获得高强混凝土的早龄期强度数据。

9）要求至少 10 个强度等级 300 个混凝土试件都做成型试验，以获取完整数据。

10）表 3 中提供的试件数量为最少数量，考虑到试件损坏等因素建议每一强度等级增加 3 组试件，其中 1 组用于 28 d 标准养护，以防止出现数据无效时备用。

10.4.3　测试数据记录

试验数据宜按表 10-15 统一格式记录，便于统计处理。

抗剪法检测混凝土抗压强度试验记录表　　　　**表 10-15**

试验日期：				单位：强度用 MPa；抗剪力、荷载用 kN；尺寸用 mm					第　页		共　页	
编号	设计强度等级	成型日期	龄期	抗剪试件					立方体试件破坏荷载			
				抗剪试件	抗剪力	直径 1	直径 2	面积	1	2	3	平均强度
				1号								
				2号					抗剪强度	取值	抗压强度	取值
				3号					1号			
				备注					2号			
									3号			
				1号								
				2号					抗剪强度	取值	抗压强度	取值
				3号					1号			
				备注					2号			
									3号			
				1号								
				2号					抗剪强度	取值	抗压强度	取值
				3号					1号			
				备注					2号			
									3号			

审核：　　　　试验：　　　　记录：　　　　计算：

上表填写说明：

1）为便于数据处理分析，请按上表格式填写试验数据；

2）“编号”请注上地区拼音字母，如新疆填写“XJ”；

3）抗压试件1、2、3为对应立方体试件编号，备注说明栏还可供试验抗剪试件特征（标准试件、影响因素试件…）记录；

4）抗剪试件抗剪强度取值，可按大平均、去大小、取中值、去两小、最大值、最小值、大小平均等7种方式进行取值；

5）抗剪试件抗剪强度取值规定：大平均指5个值的平均值，去大小指在5个值中剔除较大和较小值1个值，取余下3个值平均，取中值指取5个值的中间值，去两小指在5个值中剔除较小2个值，取余下3个值平均，最大值指取5个值的最大值，最小值指取5个值的最大值，大小平均指在5个值中取最大和最小值的平均值；

6）混凝土立方体试件抗压强度取值，按现行施工验收规范规定执行。

10.4.4 抗剪法技术初步研究过程

（1）仪器研制与调试

全部仪器研制与调试于7月6日到位，经过试运行，确保万无一失后于8月5日开始初步研究工作。

（2）选取相应试件强度等级进行初步研究

对原直拔法备用试验试件选取了C10、C50、C100这3种强度等级，完成了抗剪法检测砼强度技术课题的初步研究，并进行了试验数据分析。

10.4.5 抗剪法技术初步研究成果介绍

抗剪法实验数据统计结果汇总见表10-16，对抗剪法实验数据进行分析统计，其结果如图10-46所示。从图10-46所示分析结果来看，其相关系数高达0.9699，试验结果非常理想。

抗剪法实验数据统计结果汇总　　表10-16

混凝土强度设计等级	抗折试件								立方体试件抗压强度（MPa）			
	抗折试件	抗折力（kN）	直径1	直径2	平均直径	面积	强度	取值	1	2	3	平均强度
C10	1号	11.54	43.61	43.64	43.6	1494.72	3.86	4.3	343.2	335.2	371.5	15.6
	2号	10.18	43.76	43.67	43.7	1500.90	3.39					
	3号	16.74	43.65	43.95	43.8	1506.74	5.56					
C50	1号	21.84	43.70	43.73	43.7	1499.87	7.28	7.1	1370.7	1178.0	1338.8	57.6
	2号	19.94	43.73	43.62	43.7	1499.87	6.65					
C100	1号	48.61	43.73	43.77	43.7	1499.87	16.20	17.5	2085.2	2156.0	2287.9	96.7
	2号	51.76	43.68	43.76	43.7	1499.87	17.25					
	3号	57.08	43.77	43.76	43.8	1506.74	18.94					
备注	抗折试件为直径44mm×长度150mm，抗折部位为直径44mm×长度44mm；抗压试件为边长150mm的立方体试件。单位：强度用MPa；荷载用kN；尺寸用mm											

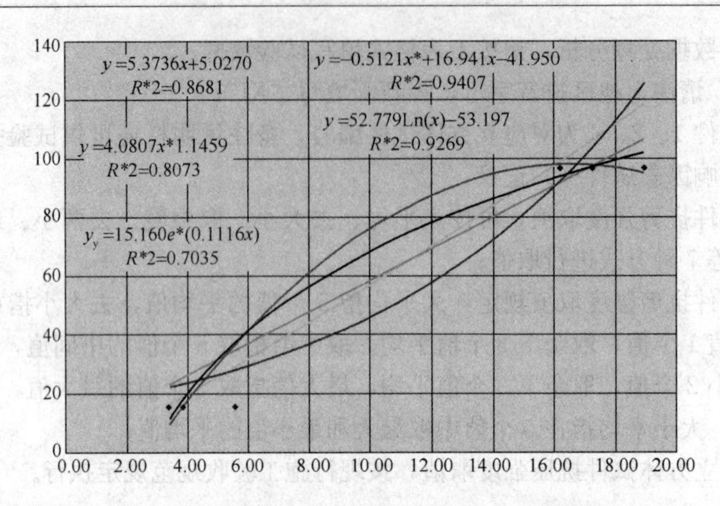

图 10-47　抗剪法初步实验数据分析统计结果图示

从图 10-47 所示，采用直线、幂函数、指数、对数、多项式等函数形式分别计算得出的 R^2 开方得到其相关系数分别为：0.9317、0.9018、0.8351、0.9628、0.9699。从上述计算结果来看，多项式抗折强度值与试件抗压强度值相关性最好。因此我们申报专利时就初步选取了这种函数形式。

10.4.6　总结

从抗剪法初步试验研究目前的数据来看，强度跨度从 C10～C100，强度跨度范围大，相关系数、相对误差和平均误差都非常理想。抗剪法相对于钻芯法和回弹法检测混凝土强度，具有试验误差小，人为因素影响小，对实体结构强度破坏较小，可作为工业与民用建筑、铁路公路桥梁、水运港工等行业使用，包含建设工程施工的试验、验收、检验、检测、推定混凝土强度使用，检测精度优于现有的无损测强方法，是一种先进、高效的检测技术，与目前的其他混凝土强度检测方法有实质性的改进，具有较好的推广使用价值。

附　　录

附录1　中华人民共和国行业标准《高强混凝土强度检测技术规程》JGJ/T 294—2013

中华人民共和国行业标准

高强混凝土强度检测技术规程

Technical specification for strength testing of high strength concrete

JGJ/T 294—2013

批准部门：中华人民共和国住房和城乡建设部
施行日期：2013年12月1日

前　言

根据原建设部《关于印发〈二〇〇二～二〇〇三年度工程建设城建、建工行业标准制订、修订计划〉的通知》（建标［2003］104号）的要求，规程编制组经广泛调查研究，认真总结实践经验，参考有关标准，并在广泛征求意见的基础上，制定本规程。

本规程主要技术内容是：1. 总则；2. 术语和符号；3. 检测仪器；4. 检测技术；5. 混凝土强度的推定；6. 检测报告。

本规程由住房和城乡建设部负责管理，由中国建筑科学研究院负责具体技术内容的解释。执行过程中如有意见和建议，请寄送中国建筑科学研究院（地址：北京市北三环东路30号，邮政编码：100013）。

本规程主编单位：中国建筑科学研究院

本规程参编单位：甘肃省建筑科学研究院
山西省建筑科学研究院
中山市建设工程质量检测中心
重庆市建筑科学研究院
贵州中建建筑科学研究院
河北省建筑科学研究院
深圳市建设工程质量检测中心
山东省建筑科学研究院
广西建筑科学研究设计院
沈阳市建设工程质量检测中心
陕西省建筑科学研究院

本规程参加单位：乐陵市回弹仪厂

本规程主要起草人员：张荣成　冯力强　邱　平　魏利国　朱艾路　林文修　张　晓　强万明　陈少波　崔士起　李杰成　陈伯田　王宇新　王先芬　颜丙山　黎　刚　谢小玲　边智慧　赵士永　郑　伟　陈灿华　赵　强　赵　波　王金山　孔旭文　王金环　蒋莉莉　肖　嫦　张翼鹏　贾玉新　晏大玮　孟康荣　文恒武　魏超琪

本规程主要审查人员：艾永祥　张元勃　李启棣　国天逵　胡耀林　路来军　周聚光　郝挺宇　王文明　黄政宇　王若冰　金　华

目 次

1 总 则

1.0.1 为检测工程结构中的高强混凝土抗压强度，保证检测结果的可靠性，制定本规程。

1.0.2 本规程适用于工程结构中强度等级为C50～C100的混凝土抗压强度检测。本规程不适用于下列情况的混凝土抗压强度检测：

1 遭受严重冻伤、化学侵蚀、火灾而导致表里质量不一致的混凝土和表面不平整的混凝土；

2 潮湿的和特种工艺成型的混凝土；

3 厚度小于150mm的混凝土构件；

4 所处环境温度低于0℃或高于40℃的混凝土。

1.0.3 当对结构中的混凝土有强度检测要求时，可按本规程进行检测，其强度推定结果可作为混凝土结构处理的依据。

1.0.4 当具有钻芯试件或同条件的标准试件作校核时，可按本规程对900d以上龄期混凝土抗压强度进行检测和推定。

1.0.5 当采用回弹法检测高强混凝土强度时，可采用标称动能为4.5J或5.5J的回弹仪。采用标称动能为4.5J的回弹仪时，应按本规程附录A执行，采用标称动能为5.5J的回弹仪时，应按本规程附录B执行。

1.0.6 采用本规程的方法检测及推定混凝土强度时，除应符合本规程外，尚应符合国家现行有关标准的规定。

2 术语和符号

2.1 术 语

2.1.1 测区 testing zone

按检测方法要求布置的具有一个或若干个测点的区域。

2.1.2 测点 testing point

在测区内，取得检测数据的检测点。

2.1.3 测区混凝土抗压强度换算值 conversion value of concrete compressive strength of testing zone

根据测区混凝土中的声速代表值和回弹代表值，通过测强曲线换算所得的该测区现龄期混凝土的抗压强度值。

2.1.4 混凝土抗压强度推定值 estimation value of strength for concrete

测区混凝土抗压强度换算值总体分布中保证率不低于95%的结构或构件现龄期混凝土强度值。

2.1.5 超声回弹综合法 ultrasonic-rebound combined method

通过测定混凝土的超声波声速值和回弹值检测混凝土抗压强度的方法。

2.1.6　回弹法　rebound method

根据回弹值推定混凝土强度的方法。

2.1.7　超声波速度　velocity of ultrasonic wave

在混凝土中，超声脉冲波单位时间内的传播距离。

2.1.8　波幅　amplitude of wave

超声脉冲波通过混凝土被换能器接收后，由超声波检测仪显示的首波信号的幅度。

2.2 符　　号

e_r——相对标准差；

$f^c_{cu,i}$——结构或构件第 i 个测区的混凝土抗压强度换算值；

$f_{cu,e}$——结构混凝土抗压强度推定值；

$f^c_{cu,min}$——结构或构件最小的测区混凝土抗压强度换算值；

$f_{cor,i}$——第 i 个混凝土芯样试件的抗压强度；

$f_{cu,i}$——第 i 个同条件混凝土标准试件的抗压强度；

$f^c_{cu,i0}$——第 i 个测区修正前的混凝土强度换算值；

$f^c_{cu,i1}$——第 i 个测区修正后的混凝土强度换算值；

l_i——第 i 个测点的超声测距；

$m_{f^c_{cu}}$——结构或构件测区混凝土抗压强度换算值的平均值；

n——测区数、测点数、立方体试件数、芯样试件数；

R_i——第 i 个测点的有效回弹值；

R——测区回弹代表值；

$s_{f^c_{cu}}$——结构或构件测区混凝土抗压强度换算值的标准差；

T_k——空气的摄氏温度；

t_i——第 i 个测点的声时读数；

t_0——声时初读数；

v——测区混凝土中声速代表值；

v_k——空气中声速计算值；

v^o——空气中声速实测值；

v_i——第 i 个测点的混凝土中声速值；

Δ_{tot}——测区混凝土强度修正量。

3 检 测 仪 器

3.1 回 弹 仪

3.1.1　回弹仪应具有产品合格证和检定合格证。

3.1.2　回弹仪的弹击锤脱钩时，指针滑块示值刻线应对应于仪壳的上刻线处，且示值误差不应超过±0.4mm。

3.1.3　回弹仪率定应符合下列规定：

1 钢砧应稳固地平放在坚实的地坪上；

2 回弹仪应向下弹击；

3 弹击杆应旋转 3 次，每次应旋转 90°，且每旋转 1 次弹击杆，应弹击 3 次；

4 应取连续 3 次稳定回弹值的平均值作为率定值。

3.1.4 当遇有下列情况之一时，回弹仪应送法定计量检定机构进行检定：

1 新回弹仪启用之前；

2 超过检定有效期；

3 更换零件和检修后；

4 尾盖螺钉松动或调整后；

5 遭受严重撞击或其他损害。

3.1.5 当遇有下列情况之一时，应在钢砧上进行率定，且率定值不合格时不得使用：

1 每个检测项目执行之前和之后；

2 测试过程中回弹值异常时。

3.1.6 回弹仪每次使用完毕后，应进行维护。

3.1.7 回弹仪有下列情况之一时，应将回弹仪拆开维护：

1 弹击超过 2000 次；

2 率定值不合格。

3.1.8 回弹仪拆开维护应按下列步骤进行：

1 将弹击锤脱钩，取出机芯；

2 擦拭中心导杆和弹击杆的端面、弹击锤的内孔和冲击面等；

3 组装仪器后做率定。

3.1.9 回弹仪拆开维护应符合下列规定：

1 经过清洗的零部件，除中心导杆需涂上微量的钟表油外，其他零部件均不得涂油；

2 应保持弹击拉簧前端钩入拉簧座的原孔位；

3 不得转动尾盖上已定位紧固的调零螺栓；

4 不得自制或更换零部件。

3.2 混凝土超声波检测仪器

3.2.1 混凝土超声波检测仪应具有产品合格证和校准证书。

3.2.2 混凝土超声波检测仪可采用模拟式和数字式。

3.2.3 超声波检测仪应符合现行行业标准《混凝土超声波检测仪》JG/T 5004 的规定，且计量检定结果应在有效期内。

3.2.4 应符合下列规定：

1 应具有波形清晰、显示稳定的示波装置；

2 声时最小分度值应为 0.1μs；

3 应具有最小分度值为 1dB 的信号幅度调整系统；

4 接收放大器频响范围应为 10kHz～500kHz，总增益不应小于 80dB，信噪比为 3∶1 时的接收灵敏度不应大于 50μV；

5 超声波检测仪的电源电压偏差在额定电压的±10%的范围内时，应能正常工作；

6 连续正常工作时间不应少于4h。

3.2.5 模拟式超声波检测仪除应符合本规程第3.2.4条的规定外，尚应符合下列规定：

1 应具有手动游标和自动整形两种声时测读功能；

2 数字显示应稳定，声时调节应在20μs～30μs范围内，连续静置1h数字变化不应超过±0.2μs。

3.2.6 数字式超声波检测仪除应符合本规程第3.2.4条的规定外，尚应符合下列规定：

1 应具有采集、储存数字信号并进行数据处理的功能；

2 应具有手动游标测读和自动测读两种方式，当自动测读时，在同一测试条件下，在1h内每5min测读一次声时值的差异不应超过±0.2μs；

3 自动测读时，在显示器的接收波形上，应有光标指示声时的测读位置。

3.2.7 超声波检测仪器使用时的环境温度应为0℃～40℃。

3.2.8 换能器应符合下列规定：

1 换能器的工作频率应在50kHz～100kHz范围内；

2 换能器的实测主频与标称频率相差不应超过±10%。

3.2.9 超声波检测仪在工作前，应进行校准，并应符合下列规定：

1 应按下式计算空气中声速计算值（v_k）：

$$v_k = 331.4\sqrt{1+0.00367T_k} \tag{3.2.9}$$

式中：v_k——温度为T_k时空气中的声速计算值（m/s）；

T_k——测试时空气的温度（℃）。

2 超声波检测仪的声时计量检验，应按“时-距”法测量空气中声速实测值（v^o），且v^o相对v_k误差不应超过±0.5%。

3 应根据测试需要配置合适的换能器和高频电缆线，并应测定声时初读数（t_0），检测过程中更换换能器或高频电缆线时，应重新测定t_0。

3.2.10 超声波检测仪应至少每年保养一次。

4 检测技术

4.1 一般规定

4.1.1 使用回弹仪、混凝土超声波检测仪进行工程检测的人员，应通过专业培训，并持证上岗。

4.1.2 检测前宜收集下列有关资料：

1 工程名称及建设、设计、施工、建设、监理单位名称；

2 结构或构件的部位、名称及混凝土设计强度等级；

3 水泥品种、强度等级、砂石品种、粒径、外加剂品种、掺合料类别及等级、混凝土配合比等；

4 混凝土浇筑日期、施工工艺、养护情况及施工记录；

5 结构及现状；

6　检测原因。

4.1.3　当按批抽样检测时，同时符合下列条件的构件可作为同批构件：

1　混凝土设计强度等级、配合比和成型工艺相同；

2　混凝土原材料、养护条件及龄期基本相同；

3　构件种类相同；

4　在施工阶段所处状态相同。

4.1.4　对同批构件按批抽样检测时，构件应随机抽样，抽样数量不宜少于同批构件的30%，且不宜少于10件。当检验批中构件数量大于50时，构件抽样数量可按现行国家标准《建筑结构检测技术标准》GB/T 50344进行调整，但抽取的构件总数不宜少于10件，并应按现行国家标准《建筑结构检测技术标准》GB/T 50344进行检测批混凝土的强度推定。

4.1.5　测区布置应符合下列规定：

1　检测时应在构件上均匀布置测区，每个构件上的测区数不应少于10个；

2　对某一方向尺寸不大于4.5m且另一方向尺寸不大于0.3m的构件，其测区数量可减少，但不应少于5个。

4.1.6　构件的测区应符合下列规定：

1　测区应布置在构件混凝土浇筑方向的侧面，并宜布置在构件的两个对称的可测面上，当不能布置在对称的可测面上时，也可布置在同一可测面上；在构件的重要部位及薄弱部位应布置测区，并应避开预埋件；

2　相邻两测区的间距不宜大于2m；测区离构件边缘的距离不宜小于100mm；

3　测区尺寸宜为200mm×200mm；

4　测试面应清洁、平整、干燥，不应有接缝、饰面层、浮浆和油垢；表面不平处可用砂轮适度打磨，并擦净残留粉尘。

4.1.7　结构或构件上的测区应注明编号，并应在检测时记录测区位置和外观质量情况。

4.2　回弹测试及回弹值计算

4.2.1　在构件上回弹测试时，回弹仪的纵轴线应始终与混凝土成型侧面保持垂直，并应缓慢施压、准确读数、快速复位。

4.2.2　结构或构件上的每一测区应回弹16个测点，或在待测超声波测区的两个相对测试面各回弹8个测点，每一测点的回弹值应精确至1。

4.2.3　测点在测区范围内宜均匀分布，不得分布在气孔或外露石子上。同一测点应只弹击一次，相邻两测点的间距不宜小于30mm；测点距外露钢筋、铁件的距离不宜小于100mm。

4.2.4　计算测区回弹值时，在每一测区内的16个回弹值中，应先剔除3个最大值和3个最小值，然后将余下的10个回弹值按下式计算，其结果作为该测区回弹值的代表值：

$$R = \frac{1}{10}\sum_{i=1}^{10} R_i \tag{4.2.4}$$

式中：R——测区回弹代表值，精确至0.1；

R_i——第i个测点的有效回弹值。

4.3　超声测试及声速值计算

4.3.1　采用超声回弹综合法检测时，应在回弹测试完毕的测区内进行超声测试。每一测区应布置3个测点。超声测试宜优先采用对测，当被测构件不具备对测条件时，可采用角测和单面平测。

4.3.2　超声测试时，换能器辐射面应采用耦合剂使其与混凝土测试面良好耦合。

4.3.3　声时测量应精确至0.1μs，超声测距测量应精确至1mm，且测量误差应在超声测距的±1%之内。声速计算应精确至0.01km/s。

4.3.4　当在混凝土浇筑方向的两个侧面进行对测时，测区混凝土中声速代表值应为该测区中3个测点的平均声速值，并应按下式计算：

$$v=\frac{1}{3}\sum_{i=1}^{3}\frac{l_i}{t_i-t_0} \tag{4.3.4}$$

式中：v——测区混凝土中声速代表值（km/s）；

l_i——第i个测点的超声测距（mm）；

t_i——第i个测点的声时读数（μs）；

t_0——声时初读数（μs）。

5　混凝土强度的推定

5.0.1　本规程给出的强度换算公式适用于配制强度等级为C50～C100的混凝土，且混凝土应符合下列规定：

1　水泥应符合现行国家标准《通用硅酸盐水泥》GB 175的规定；

2　砂、石应符合行业标准《普通混凝土用砂、石质量标准及检验方法》JGJ 52的规定；

3　应自然养护；

4　龄期不宜超过900d。

5.0.2　结构或构件中第i个测区的混凝土抗压强度换算值应按本规程第3章的规定，计算出所用检测方法对应的测区测试参数代表值，并应优先采用专用测强曲线或地区测强曲线换算取得。专用测强曲线和地区测强曲线应按本规程附录C的规定制定。

5.0.3　当无专用测强曲线和地区测强曲线时，可按本规程附录D的规定，通过验证后，采用本规程第5.0.4条或第5.0.5条给出的全国高强混凝土测强曲线公式，计算结构或构件中第i个测区混凝土抗压强度换算值。

5.0.4　当采用回弹法检测时，结构或构件第i个测区混凝土强度换算值，可按本规程附录A或附录B查表得出。

5.0.5　当采用超声回弹综合法检测时，结构或构件第i个测区混凝土强度换算值，可按下式计算，也可按本规程附录E查表得出：

$$f_{cu,i}^{c}=0.117081v^{0.539038}\cdot R^{1.33947} \tag{5.0.5}$$

式中：$f_{cu,i}^{c}$——结构或构件第i个测区的混凝土抗压强度换算值（MPa）；

R——4.5J回弹仪测区回弹代表值，精确至0.1。

5.0.6 结构或构件的测区混凝土换算强度平均值可根据各测区的混凝土强度换算值计算。当测区数为10个及以上时，应计算强度标准差。平均值和标准差应按下列公式计算：

$$m_{f_{cu}^c}=\frac{1}{n}\sum_{i=1}^{n}f_{cu,i}^{c} \tag{5.0.6-1}$$

$$S_{f_{cu}^c}=\sqrt{\frac{\sum_{i=1}^{n}(f_{cu,i}^{c})^2-n(m_{f_{cu}^c})^2}{n-1}} \tag{5.0.6-2}$$

式中：$m_{f_{cu}^c}$——结构或构件测区混凝土抗压强度换算值的平均值（MPa），精确至0.1MPa；

$S_{f_{cu}^c}$——结构或构件测区混凝土抗压强度换算值的标准差（MPa），精确至0.01MPa；

n——测区数。对单个检测的构件，取一个构件的测区数；对批量检测的构件，取被抽检构件测区数之总和。

5.0.7 当检测条件与测强曲线的适用条件有较大差异或曲线没有经过验证时，应采用同条件标准试件或直接从结构构件测区内钻取混凝土芯样进行推定强度修正，且试件数量或混凝土芯样不应少于6个。计算时，测区混凝土强度修正量及测区混凝土强度换算值的修正应符合下列规定：

1 修正量应按下列公式计算：

$$\Delta_{tot}=\frac{1}{n}\sum_{i=1}^{n}f_{cor,i}-\frac{1}{n}\sum_{i=1}^{n}f_{cu,i}^{c} \tag{5.0.7-1}$$

$$\Delta_{tot}=\frac{1}{n}\sum_{i=1}^{n}f_{cu,i}-\frac{1}{n}\sum_{i=1}^{n}f_{cu,i}^{c} \tag{5.0.7-2}$$

式中：Δ_{tot}——测区混凝土强度修正量（MPa），精确到0.1MPa；

$f_{cor,i}$——第i个混凝土芯样试件的抗压强度；

$f_{cu,i}$——第i个同条件混凝土标准试件的抗压强度；

$f_{cu,i}^{c}$——对应于第i个芯样部位或同条件混凝土标准试件的混凝土强度换算值；

n——混凝土芯样或标准试件数量。

2 测区混凝土强度换算值的修正应按下式计算：

$$f_{cu,i1}^{c}=f_{cu,i0}^{c}+\Delta_{tot} \tag{5.0.7-3}$$

式中：$f_{cu,i0}^{c}$——第i个测区修正前的混凝土强度换算值（MPa），精确到0.1MPa；

$f_{cu,i1}^{c}$——第i个测区修正后的混凝土强度换算值（MPa），精确到0.1MPa。

5.0.8 结构或构件的混凝土强度推定值（$f_{cu,e}$）应按下列公式确定：

1 当该结构或构件测区数少于10个时，应按下式计算：

$$f_{cu,e}=f_{cu,min}^{c} \tag{5.0.8-1}$$

式中：$f_{cu,min}^{c}$——结构或构件最小的测区混凝土抗压强度换算值（MPa），精确至0.1MPa。

2 当该结构或构件测区数不少于10个或按批量检测时，应按下式计算：

$$f_{cu,e}=m_{f_{cu}^c}-1.645S_{f_{cu}^c} \tag{5.0.8-2}$$

5.0.9 对按批量检测的结构或构件，当该批构件混凝土强度标准差出现下列情况之一时，该批构件应全部按单个构件检测：

1　该批构件的混凝土抗压强度换算值的平均值（$m_{f_{cu}^{c}}$）不大于 50.0MPa，且标准差（$s_{f_{cu}^{c}}$）大于 5.50MPa；

2　该批构件的混凝土抗压强度换算值的平均值（$m_{f_{cu}^{c}}$）大于 50.0MPa，且标准差（$s_{f_{cu}^{c}}$）大于 6.50MPa。

6　检测报告

6.0.1　检测报告应信息完整、齐全，并宜包括下列内容：

1　工程名称；

2　工程地址；

3　委托单位；

4　设计单位；

5　监理单位

6　施工单位；

7　检测部位；

8　混凝土浇筑日期；

9　检测原因；

10　检测依据；

11　检测时间；

12　检测仪器；

13　检测结果；

14　报告批准人、审核人和主检人签字；

15　出具报告日期；

16　检测单位公章。

6.0.2　检测报告宜采用本规程附录 F 的格式，并可增加所检测构件平面分布图。

附录 A　采用标称动能 4.5J 回弹仪推定混凝土强度

A.0.1　标称动能为 4.5J 的回弹仪应符合下列规定：

1　水平弹击时，在弹击锤脱钩的瞬间，回弹仪的标称动能应为 4.5J；

2　在配套的洛氏硬度为 HRC60±2 钢砧上，回弹仪的率定值应为 88±2。

A.0.2　采用标称动能为 4.5J 回弹仪时，结构或构件的第 i 个测区混凝土强度换算值可按表 A.0.2 直接查得。

采用标称动能为 4.5J 回弹仪时测区混凝土强度换算值　　**表 A.0.2**

R	$f^c_{cu,i}$	R	$f^c_{cu,i}$	R	$f^c_{cu,i}$	R	$f^c_{cu,i}$
28.0	—	42.0	37.6	56.0	58.9	70.0	83.4
29.0	20.6	43.0	39.0	57.0	60.6	71.0	85.2
30.0	21.8	44.0	40.5	58.0	62.2	72.0	87.1
31.0	23.0	45.0	41.9	59.0	63.9	73.0	89.0
32.0	24.3	46.0	43.4	60.0	65.6	74.0	90.9
33.0	25.5	47.0	44.9	61.0	67.3	75.0	92.9
34.0	26.8	48.0	46.4	62.0	69.0	76.0	94.8
35.0	28.1	49.0	47.9	63.0	70.8	77.0	96.8
36.0	29.4	50.0	49.4	64.0	72.5	78.0	98.7
37.0	30.7	51.0	51.0	65.0	74.3	79.0	100.7
38.0	32.1	52.0	52.5	66.0	76.1	80.0	102.7
39.0	33.4	53.0	54.1	67.0	77.9	81.0	104.8
40.0	34.8	54.0	55.7	68.0	79.7	82.0	106.8
41.0	36.2	55.0	57.3	69.0	81.5	83.0	108.8

注：1　表内未列数值可用内插法求得，精度至 0.1MPa；

2　表中 R 为测区回弹代表值，$f^c_{cu,i}$ 为测区混凝土强度换算值；

3　表中数值是根据曲线公式 $f^c_{cu,i}=-7.83+0.75R+0.0079R^2$ 计算得出。

附录 B　采用标称动能 5.5J 回弹仪推定混凝土强度

B.0.1　标称动能为 5.5J 的回弹仪应符合下列规定：

1　水平弹击时，在弹击锤脱钩的瞬间，回弹仪的标称动能应为 5.5J；

2　在配套的洛氏硬度为 HRC60±2 钢砧上，回弹仪的率定值应为 83±1。

B.0.2　采用标称动能为 5.5J 回弹仪时，结构或构件的第 i 个测区混凝土强度换算值可按表 B.0.2 直接查得。

采用标称动能为 5.5J 回弹仪时的测区混凝土强度换算值　　表 B.0.2

R	$f_{cu,i}^{c}$	R	$f_{cu,i}^{c}$	R	$f_{cu,i}^{c}$	R	$f_{cu,i}^{c}$
35.6	60.2	39.6	66.1	43.6	72.0	47.6	77.9
35.8	60.5	39.8	66.4	43.8	72.3	47.8	78.2
36.0	60.8	40.0	66.7	44.0	72.6	48.0	78.5
36.2	61.1	40.2	67.0	44.2	72.9	48.2	78.8
36.4	61.4	40.4	67.3	44.4	73.2	48.4	79.1
36.6	61.7	40.6	67.6	44.6	73.5	48.6	79.3
36.8	62.0	40.8	67.9	44.8	73.8	48.8	79.6
37.0	62.3	41.0	68.2	45.0	74.1	49.0	79.9
37.2	62.6	41.2	68.5	45.2	74.4	—	—
37.4	62.9	41.4	68.8	45.4	74.7	—	—
37.6	63.2	41.6	69.1	45.6	75.0	—	—
37.8	63.5	41.8	69.4	45.8	75.3	—	—
38.0	63.8	42.0	69.7	46.0	75.6	—	—
38.2	64.1	42.2	70.0	46.2	75.9	—	—
38.4	64.4	42.4	70.3	46.4	76.1	—	—
38.6	64.7	42.6	70.6	46.6	76.4	—	—
38.8	64.9	42.8	70.9	46.8	76.7	—	—
39.0	65.2	43.0	71.2	47.0	77.0	—	—
39.2	65.5	43.2	71.5	47.2	77.3	—	—
39.4	65.8	43.4	71.8	47.4	77.6	—	—

注：1　表内未列数值可用内插法求得，精度至 0.1MPa；

2　表中 R 为测区回弹代表值，$f_{cu,i}^{c}$ 为测区混凝土强度换算值；

3　表中数值根据曲线公式 $f_{cu,i}^{c}=2.51246R^{0.889}$ 计算。

附录 C　建立专用或地区高强混凝土测强曲线的技术要求

C.0.1　混凝土应采用本地区常用水泥、粗骨料、细骨料，并应按常用配合比制作强度等级为 C50～C100、边长 150mm 的混凝土立方体标准试件。

C.0.2　试件应符合下列规定：

1　试模应符合现行行业标准《混凝土试模》JG 237 的规定；

2　每个强度等级的混凝土试件数宜为 39 块，并应采用同一盘混凝土均匀装模振捣成型；

3 试件拆模后应按“品”字形堆放在不受日晒雨淋处自然养护；

4 试件的测试龄期宜分为7d、14d、28d、60d、90d、180d、365d等；

5 对同一强度等级的混凝土，应在每个测试龄期测试3个试件。

C.0.3 试件的测试应按下列步骤进行：

1 试件编号：将被测试件四个浇筑侧面上的尘土、污物等擦拭干净，以同一强度等级混凝土的3个试件作为一组，依次编号；

2 选择测试面，标注测点：在试件测试面上标示超声测点，并取试块浇筑方向的侧面为测试面，在两个相对测试面上分别标出相对应的3个测点（图C.0.3）；

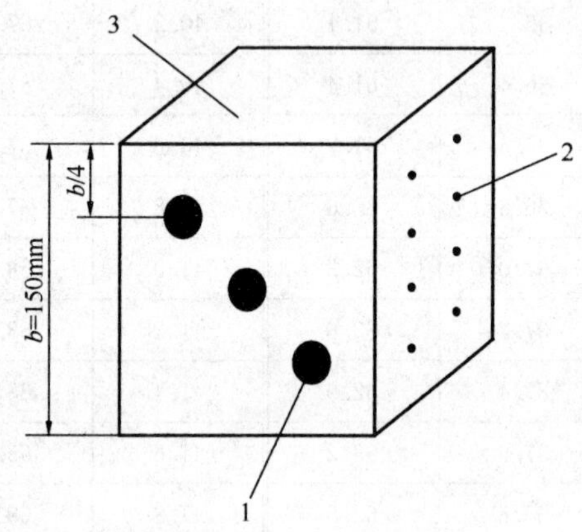

图C.0.3　声时测量测点布置示意

1—超声测点；2—回弹测点；3—混凝土浇筑面

3 测量试件的超声测距：采用钢卷尺或钢板尺，在两个超声测试面的两侧边缘处对应超声波测点高度逐点测量两测试面的垂直距离（l_1、l_2、l_3），取两边缘对应垂直距离的平均值作为测点的超声测距值；

4 测量试件的声时值：在试件两个测试面的对应测点位置涂抹耦合剂，将一对发射和接收换能器耦合在对应测点上，并始终保持两个换能器的轴线在同一直线上，逐点测读声时（t_1、t_2、t_3）。

5 计算声速值：分别计算3个测点的声速值（v_i），并取3个测点声速的平均值作为该试件的混凝土中声速代表值（v）。

6 测量回弹值：先将试件超声测试面的耦合剂擦拭干净，再置于压力机上下承压板之间，使另外一对侧面朝向便于回弹测试的方向，然后加压至60kN～100kN，并保持此压力；分别在试件两个相对侧面上按本规程第4.2.2条规定的水平测试方法各测8点回弹值，精确至1；剔除3个最大值和3个最小值，取余下10个有效回弹值的平均值作为该试件的回弹代表值R，计算精确至0.1；

7 抗压强度试验：回弹值测试完毕后，卸荷将回弹测试面放置在压力机承压板正中，按现行国家标准《普通混凝土力学性能试验方法》GB/T 50081的规定速度连续均匀加荷至破坏；计算抗压强度实测值f_{cu}，精确至0.1MPa。

C.0.4 测强曲线应按下列步骤进行计算：

1 数据整理：将各试件测试所得的声速值（v）、回弹值（R）和试件抗压强度实测值（f_{cu}）汇总；

2 回归分析：得出回弹法或超声回弹综合法测强曲线公式；

3 误差计算：测强曲线的相对标准差（e_r）应按下式计算：

$$e_r=\sqrt{\frac{\sum_{i=1}^{n}\left(\frac{f_{cu,i}^{c}}{f_{cu,i}}-1\right)^2}{n}}\times 100\% \tag{C.0.4}$$

式中：e_r——相对标准差；

$f_{cu,i}$——第 i 个立方体标准试件的抗压强度实测值（MPa）；

$f_{cu,i}^c$——第 i 个立方体标准试件按相应检测方法的测强曲线公式计算的抗压强度换算值（MPa）。

C.0.5　所建立的专用或地区测强曲线的抗压强度相对标准差（e_r）应符合下列规定：

1　超声回弹综合法专用测强曲线的相对标准差（e_r）不应大于12%；

2　超声回弹综合法地区测强曲线的相对标准差（e_r）不应大于14%；

3　回弹法专用测强曲线的相对标准差（e_r）不应大于14%；

4　回弹法地区测强曲线的相对标准差（e_r）不应大于17%。

C.0.6　建立专用或地区高强混凝土测强曲线时，可根据测强曲线公式给出测区混凝土抗压强度换算表。

C.0.7　测区混凝土抗压强度换算时，不得在建立测强曲线时的标准立方体试件强度范围之外使用。

附录D　测强曲线的验证方法

D.0.1　在采用本规程测强曲线前，应进行验证。

D.0.2　回弹仪应符合本规程第3.1节的规定，超声波检测仪应符合本规程第3.2节的规定。

D.0.3　测强曲线可按下列步骤进行验证：

1　根据本地区具体情况，选用高强混凝土的原材料和配合比，制作强度等级C50～C100，边长为150mm混凝土强立方体标准试件各5组，每组6块，并自然养护；

2　按7d、14d、28d、60d和90d，进行欲验证测强曲线对应方法的测试和试件抗压试验；

3　根据每个试件测得的参数，计算出对应方法的换算强度；

4　根据实测试件抗压强度和换算强度，按下式计算相对标准差（e_r）：

$$e_r=\sqrt{\frac{\sum_{i=1}^{n}\left(\frac{f_{cu,i}^c}{f_{cu,i}}-1\right)^2}{n}}\times 100\% \qquad (D.0.3)$$

式中：e_r——相对标准差；

$f_{cu,i}$——第 i 个立方体标准试件的抗压强度实测值（MPa）；

$f_{cu,i}^c$——第 i 个立方体标准试件按相应的检测方法测强曲线公式计算的抗压强度换算值（MPa）。

5　当 e_r 小于等于15%时，可使用本规程测强曲线；当 e_r 大于15%，应采用钻取混凝土芯样或同条件标准试件对检测结果进行修正或另建立测强曲线；

6　测强曲线的验证也可采用高强混凝土结构同条件标准试件或采用钻取混凝土芯样的方法，按本条第1～5款的要求进行，试件数量不得少于30个。

附录 E　超声回弹综合法测区混凝土强度换算表

超声回弹综合法测区混凝土强度换算表　　　　表 E

R \ v \ f^{c}_{cu}	3.18	3.20	3.22	3.24	3.26	3.28	3.30	3.32	3.34	3.36	3.38	3.40	3.42
28.0	—	—	—	—	—	—	—	—	—	—	—	—	—
29.0	—	—	20.0	20.1	20.1	20.2	20.3	20.3	20.4	20.5	20.5	20.6	20.7
30.0	20.8	20.9	20.9	21.0	21.1	21.2	21.2	21.3	21.4	21.4	21.5	21.6	21.6
31.0	21.7	21.8	21.9	22.0	22.0	22.1	22.2	22.2	22.3	22.4	22.5	22.5	22.6
32.0	22.7	22.8	22.8	22.9	23.0	23.1	23.1	23.2	23.3	23.4	23.4	23.5	23.6
33.0	23.6	23.7	23.8	23.9	24.0	24.0	24.1	24.2	24.3	24.3	24.4	24.5	24.6
34.0	24.6	24.7	24.8	24.8	24.9	25.0	25.1	25.2	25.3	25.3	25.4	25.5	25.6
35.0	25.6	25.7	25.7	25.8	25.9	26.0	26.1	26.2	26.3	26.3	26.4	26.5	26.6
36.0	26.6	26.6	26.7	26.8	26.9	27.0	27.1	27.2	27.3	27.4	27.4	27.5	27.6
37.0	27.5	27.6	27.7	27.8	27.9	28.0	28.1	28.2	28.3	28.4	28.5	28.6	28.6
38.0	28.5	28.6	28.7	28.8	28.9	29.0	29.1	29.2	29.3	29.4	29.5	29.6	29.7
39.0	29.6	29.7	29.8	29.9	30.0	30.1	30.1	30.2	30.3	30.4	30.5	30.6	30.7
40.0	30.6	30.7	30.8	30.9	31.0	31.1	31.2	31.3	31.4	31.5	31.6	31.7	31.8
41.0	31.6	31.7	31.8	31.9	32.0	32.1	32.2	32.3	32.4	32.6	32.7	32.8	32.9
42.0	32.6	32.7	32.9	33.0	33.1	33.2	33.3	33.4	33.5	33.6	33.7	33.8	33.9
43.0	33.7	33.8	33.9	34.0	34.1	34.2	34.4	34.5	34.6	34.7	34.8	34.9	35.0
44.0	34.7	34.8	35.0	35.1	35.2	35.3	35.4	35.5	35.7	35.8	35.9	36.0	36.1
45.0	35.8	35.9	36.0	36.2	36.3	36.4	36.5	36.6	36.8	36.9	37.0	37.1	37.2

续表 E

R \ v / f_{cu}^{c}	3.18	3.20	3.22	3.24	3.26	3.28	3.30	3.32	3.34	3.36	3.38	3.40	3.42
46.0	36.9	37.0	37.1	37.2	37.4	37.5	37.6	37.7	37.8	38.0	38.1	38.2	38.3
47.0	37.9	38.1	38.2	38.3	38.4	38.6	38.7	38.8	39.0	39.1	39.2	39.3	39.5
48.0	39.0	39.2	39.3	39.4	39.5	39.7	39.8	39.9	40.1	40.2	40.3	40.5	40.6
49.0	40.1	40.2	40.4	40.5	40.7	40.8	40.9	41.1	41.2	41.3	41.5	41.6	41.7
50.0	41.2	41.3	41.5	41.6	41.8	41.9	42.0	42.2	42.3	42.5	42.6	42.7	42.9
51.0	42.3	42.5	42.6	42.7	42.9	43.0	43.2	43.3	43.5	43.6	43.7	43.9	44.0
52.0	43.4	43.6	43.7	43.9	44.0	44.2	44.3	44.4	44.6	44.7	44.9	45.0	45.2
53.0	44.6	44.7	44.9	45.0	45.2	45.3	45.4	45.6	45.7	45.9	46.0	46.2	46.3
54.0	45.7	45.8	46.0	46.1	46.3	46.4	46.6	46.8	46.9	47.1	47.2	47.4	47.5
55.0	46.8	47.0	47.1	47.3	47.4	47.6	47.8	47.9	48.1	48.2	48.4	48.5	48.7
56.0	48.0	48.1	48.3	48.4	48.6	48.8	48.9	49.1	49.2	49.4	49.6	49.7	49.9
57.0	49.1	49.3	49.4	49.6	49.8	49.9	50.1	50.3	50.4	50.6	50.7	50.9	51.1
58.0	50.3	50.4	50.6	50.8	50.9	51.1	51.3	51.4	51.6	51.8	51.9	52.1	52.3
59.0	51.4	51.6	51.8	51.9	52.1	52.3	52.5	52.6	52.8	53.0	53.1	53.3	53.5
60.0	52.6	52.8	52.9	53.1	53.3	53.5	53.7	53.8	54.0	54.2	54.4	54.5	54.7
61.0	53.8	54.0	54.1	54.3	54.5	54.7	54.9	55.0	55.2	55.4	55.6	55.7	55.9
62.0	55.0	55.1	55.3	55.5	55.7	55.9	56.1	56.2	56.4	56.6	56.8	57.0	57.2
63.0	56.1	56.3	56.5	56.7	56.9	57.1	57.3	57.5	57.6	57.8	58.0	58.2	58.4
64.0	57.3	57.5	57.7	57.9	58.1	58.3	58.5	58.7	58.9	59.1	59.3	59.4	59.6
65.0	58.5	58.7	58.9	59.1	59.3	59.5	59.7	59.9	60.1	60.3	60.5	60.7	60.9
66.0	59.7	59.9	60.2	60.4	60.6	60.8	61.0	61.2	61.3	61.5	61.7	61.9	62.1
67.0	61.0	61.2	61.4	61.6	61.8	62.0	62.2	62.4	62.6	62.8	63.0	63.2	63.4

续表 E

v / R f_{cu}^{c}	3.18	3.20	3.22	3.24	3.26	3.28	3.30	3.32	3.34	3.36	3.38	3.40	3.42
68.0	62.2	62.4	62.6	62.8	63.0	63.2	63.4	63.6	63.8	64.1	64.3	64.5	64.7
69.0	63.4	63.6	63.8	64.1	64.3	64.5	64.7	64.9	65.1	65.3	65.5	65.7	65.9
70.0	64.6	64.9	65.1	65.3	65.5	65.7	65.9	66.2	66.4	66.6	66.8	67.0	67.2
71.0	65.9	66.1	66.3	66.5	66.8	67.0	67.2	67.4	67.6	67.9	68.1	68.3	68.5
72.0	67.1	67.4	67.6	67.8	68.0	68.3	68.5	68.7	68.9	69.1	69.4	69.6	69.8
73.0	68.4	68.6	68.8	69.1	69.3	69.5	69.8	70.0	70.2	70.4	70.7	70.9	71.1
74.0	69.6	69.9	70.1	70.3	70.6	70.8	71.0	71.3	71.5	71.7	72.0	72.2	72.4
75.0	70.9	71.1	71.4	71.6	71.8	72.1	72.3	72.6	72.8	73.0	73.3	73.5	73.7
76.0	72.2	72.4	72.6	72.9	73.1	73.4	73.6	73.9	74.1	74.3	74.6	74.8	75.0
77.0	73.4	73.7	73.9	74.2	74.4	74.7	74.9	75.2	75.4	75.6	75.9	76.1	76.4
78.0	74.7	75.0	75.2	75.5	75.7	76.0	76.2	76.5	76.7	77.0	77.2	77.5	77.7
79.0	76.0	76.3	76.5	76.8	77.0	77.3	77.5	77.8	78.0	78.3	78.5	78.8	79.0
80.0	77.3	77.5	77.8	78.1	78.3	78.6	78.8	79.1	79.4	79.6	79.9	80.1	80.4
81.0	78.6	78.8	79.1	79.4	79.6	79.9	80.2	80.4	80.7	80.9	81.2	81.5	81.7
82.0	79.9	80.2	80.4	80.7	81.0	81.2	81.5	81.8	82.0	82.3	82.6	82.8	83.1
83.0	81.2	81.5	81.7	82.0	82.3	82.6	82.8	83.1	83.4	83.6	83.9	84.2	84.4
84.0	82.5	82.8	83.1	83.3	83.6	83.9	84.2	84.4	84.7	85.0	85.3	85.5	85.8
85.0	83.8	84.1	84.4	84.7	84.9	85.2	85.5	85.8	86.1	86.3	86.6	86.9	87.2
86.0	85.1	85.4	85.7	86.0	86.3	86.6	86.9	87.1	87.4	87.7	88.0	88.3	88.5
87.0	86.5	86.8	87.1	87.3	87.6	87.9	88.2	88.5	88.8	89.1	89.4	89.6	89.9
88.0	87.8	88.1	88.4	88.7	89.0	89.3	89.6	89.9	90.2	90.4	90.7	91.0	91.3
89.0	89.1	89.4	89.7	90.0	90.3	90.6	90.9	91.2	91.5	91.8	92.1	92.4	92.7
90.0	90.5	90.8	91.1	91.4	91.7	92.0	92.3	92.6	92.9	93.2	93.5	93.8	94.1

续表E

R \ v / f_{cu}^{c}	3.44	3.46	3.48	3.50	3.52	3.54	3.56	3.58	3.60	3.62	3.64	3.66	3.68
28.0	—	—	—	20.0	20.0	20.1	20.2	20.2	20.3	20.3	20.4	20.5	20.5
29.0	20.7	20.8	20.9	20.9	21.0	21.1	21.1	21.2	21.3	21.3	21.4	21.4	21.5
30.0	21.7	21.8	21.8	21.9	22.0	22.0	22.1	22.2	22.2	22.3	22.4	22.4	22.5
31.0	22.7	22.7	22.8	22.9	23.0	23.0	23.1	23.2	23.2	23.3	23.4	23.4	23.5
32.0	23.7	23.7	23.8	23.9	24.0	24.0	24.1	24.2	24.2	24.3	24.4	24.5	24.5
33.0	24.7	24.7	24.8	24.9	25.0	25.0	25.1	25.2	25.3	25.3	25.4	25.5	25.6
34.0	25.7	25.7	25.8	25.9	26.0	26.1	26.1	26.2	26.3	26.4	26.5	26.5	26.6
35.0	26.7	26.8	26.8	26.9	27.0	27.1	27.2	27.3	27.3	27.4	27.5	27.6	27.7
36.0	27.7	27.8	27.9	28.0	28.0	28.1	28.2	28.3	28.4	28.5	28.6	28.6	28.7
37.0	28.7	28.8	28.9	29.0	29.1	29.2	29.3	29.4	29.4	29.5	29.6	29.7	29.8
38.0	29.8	29.9	30.0	30.1	30.2	30.2	30.3	30.4	30.5	30.6	30.7	30.8	30.9
39.0	30.8	30.9	31.0	31.1	31.2	31.3	31.4	31.5	31.6	31.7	31.8	31.9	32.0
40.0	31.9	32.0	32.1	32.2	32.3	32.4	32.5	32.6	32.7	32.8	32.9	33.0	33.1
41.0	33.0	33.1	33.2	33.3	33.4	33.5	33.6	33.7	33.8	33.9	34.0	34.1	34.2
42.0	34.0	34.2	34.3	34.4	34.5	34.6	34.7	34.8	34.9	35.0	35.1	35.2	35.3
43.0	35.1	35.2	35.4	35.5	35.6	35.7	35.8	35.9	36.0	36.1	36.2	36.3	36.4
44.0	36.2	36.3	36.5	36.6	36.7	36.8	36.9	37.0	37.1	37.2	37.4	37.5	37.6
45.0	37.3	37.5	37.6	37.7	37.8	37.9	38.0	38.2	38.3	38.4	38.5	38.6	38.7
46.0	38.5	38.6	38.7	38.8	38.9	39.1	39.2	39.3	39.4	39.5	39.6	39.8	39.9
47.0	39.6	39.7	39.8	39.9	40.1	40.2	40.3	40.4	40.6	40.7	40.8	40.9	41.0
48.0	40.7	40.8	41.0	41.1	41.2	41.3	41.5	41.6	41.7	41.8	42.0	42.1	42.2

续表 E

R \ v / f_{cu}^{c}	3.44	3.46	3.48	3.50	3.52	3.54	3.56	3.58	3.60	3.62	3.64	3.66	3.68
49.0	41.8	42.0	42.1	42.2	42.4	42.5	42.6	42.8	42.9	43.0	43.1	43.3	43.4
50.0	43.0	43.1	43.3	43.4	43.5	43.7	43.8	43.9	44.1	44.2	44.3	44.5	44.6
51.0	44.1	44.3	44.4	44.6	44.7	44.8	45.0	45.1	45.2	45.4	45.5	45.6	45.8
52.0	45.3	45.5	45.6	45.7	45.9	46.0	46.2	46.3	46.4	46.6	46.7	46.8	47.0
53.0	46.5	46.6	46.8	46.9	47.1	47.2	47.3	47.5	47.6	47.8	47.9	48.1	48.2
54.0	47.7	47.8	48.0	48.1	48.2	48.4	48.5	48.7	48.8	49.0	49.1	49.3	49.4
55.0	48.8	49.0	49.1	49.3	49.4	49.6	49.8	49.9	50.1	50.2	50.4	50.5	50.6
56.0	50.0	50.2	50.3	50.5	50.7	50.8	51.0	51.1	51.3	51.4	51.6	51.7	51.9
57.0	51.2	51.4	51.6	51.7	51.9	52.0	52.2	52.3	52.5	52.7	52.8	53.0	53.1
58.0	52.4	52.6	52.8	52.9	53.1	53.3	53.4	53.6	53.7	53.9	54.1	54.2	54.4
59.0	53.6	53.8	54.0	54.2	54.3	54.5	54.7	54.8	55.0	55.1	55.3	55.5	55.6
60.0	54.9	55.0	55.2	55.4	55.6	55.7	55.9	56.1	56.2	56.4	56.6	56.7	56.9
61.0	56.1	56.3	56.4	56.6	56.8	57.0	57.1	57.3	57.5	57.7	57.8	58.0	58.2
62.0	57.3	57.5	57.7	57.9	58.0	58.2	58.4	58.6	58.8	58.9	59.1	59.3	59.5
63.0	58.6	58.8	58.9	59.1	59.3	59.5	59.7	59.8	60.0	60.2	60.4	60.6	60.7
64.0	59.8	60.0	60.2	60.4	60.6	60.8	60.9	61.1	61.3	61.5	61.7	61.9	62.0
65.0	61.1	61.3	61.5	61.6	61.8	62.0	62.2	62.4	62.6	62.8	63.0	63.1	63.3
66.0	62.3	62.5	62.7	62.9	63.1	63.3	63.5	63.7	63.9	64.1	64.3	64.5	64.6
67.0	63.6	63.8	64.0	64.2	64.4	64.6	64.8	65.0	65.2	65.4	65.6	65.8	66.0
68.0	64.9	65.1	65.3	65.5	65.7	65.9	66.1	66.3	66.5	66.7	66.9	67.1	67.3
69.0	66.2	66.4	66.6	66.8	67.0	67.2	67.4	67.6	67.8	68.0	68.2	68.4	68.6

续表 E

R \ v / f_{cu}^{c}	3.44	3.46	3.48	3.50	3.52	3.54	3.56	3.58	3.60	3.62	3.64	3.66	3.68
70.0	67.4	67.7	67.9	68.1	68.3	68.5	68.7	68.9	69.1	69.3	69.5	69.7	69.9
71.0	68.7	68.9	69.2	69.4	69.6	69.8	70.0	70.2	70.4	70.6	70.9	71.1	71.3
72.0	70.0	70.2	70.5	70.7	70.9	71.1	71.3	71.6	71.8	72.0	72.2	72.4	72.6
73.0	71.3	71.6	71.8	72.0	72.2	72.4	72.7	72.9	73.1	73.3	73.5	73.8	74.0
74.0	72.6	72.9	73.1	73.3	73.6	73.8	74.0	74.2	74.4	74.7	74.9	75.1	75.3
75.0	74.0	74.2	74.4	74.7	74.9	75.1	75.3	75.6	75.8	76.0	76.2	76.5	76.7
76.0	75.3	75.5	75.8	76.0	76.2	76.5	76.7	76.9	77.2	77.4	77.6	77.8	78.1
77.0	76.6	76.9	77.1	77.3	77.6	77.8	78.0	78.3	78.5	78.7	79.0	79.2	79.4
78.0	77.9	78.2	78.4	78.7	78.9	79.2	79.4	79.6	79.9	80.1	80.4	80.6	80.8
79.0	79.3	79.5	79.8	80.0	80.3	80.5	80.8	81.0	81.3	81.5	81.7	82.0	82.2
80.0	80.6	80.9	81.1	81.4	81.6	81.9	82.1	82.4	82.6	82.9	83.1	83.4	83.6
81.0	82.0	82.2	82.5	82.8	83.0	83.3	83.5	83.8	84.0	84.3	84.5	84.8	85.0
82.0	83.3	83.6	83.9	84.1	84.4	84.6	84.9	85.2	85.4	85.7	85.9	86.2	86.4
83.0	84.7	85.0	85.2	85.5	85.8	86.0	86.3	86.5	86.8	87.1	87.3	87.6	87.8
84.0	86.1	86.3	86.6	86.9	87.1	87.4	87.7	87.9	88.2	88.5	88.7	89.0	89.3
85.0	87.4	87.7	88.0	88.3	88.5	88.8	89.1	89.3	89.6	89.9	90.1	90.4	90.7
86.0	88.8	89.1	89.4	89.7	89.9	90.2	90.5	90.8	91.0	91.3	91.6	91.8	92.1
87.0	90.2	90.5	90.8	91.1	91.3	91.6	91.9	92.2	92.4	92.7	93.0	93.3	93.5
88.0	91.6	91.9	92.2	92.5	92.7	93.0	93.3	93.6	93.9	94.2	94.4	94.7	95.0
89.0	93.0	93.3	93.6	93.9	94.2	94.4	94.7	95.0	95.3	95.6	95.9	96.2	96.4
90.0	94.4	94.7	95.0	95.3	95.6	95.9	96.2	96.4	96.7	97.0	97.3	97.6	97.9

续表 E

R \ v / f_{cu}^{c}	3.70	3.72	3.74	3.76	3.78	3.80	3.82	3.84	3.86	3.88	3.90	3.92	3.94
28.0	20.6	20.6	20.7	20.8	20.8	20.9	20.9	21.0	21.1	21.1	21.2	21.2	21.3
29.0	21.6	21.6	21.7	21.8	21.8	21.9	21.9	22.0	22.1	22.1	22.2	22.3	22.3
30.0	22.6	22.6	22.7	22.8	22.8	22.9	23.0	23.0	23.1	23.2	23.2	23.3	23.4
31.0	23.6	23.7	23.7	23.8	23.9	23.9	24.0	24.1	24.1	24.2	24.3	24.3	24.4
32.0	24.6	24.7	24.8	24.8	24.9	25.0	25.0	25.1	25.2	25.2	25.3	25.4	25.5
33.0	25.6	25.7	25.8	25.9	25.9	26.0	26.1	26.2	26.2	26.3	26.4	26.5	26.5
34.0	26.7	26.8	26.8	26.9	27.0	27.1	27.2	27.2	27.3	27.4	27.5	27.5	27.6
35.0	27.7	27.8	27.9	28.0	28.1	28.1	28.2	28.3	28.4	28.5	28.5	28.6	28.7
36.0	28.8	28.9	29.0	29.1	29.1	29.2	29.3	29.4	29.5	29.6	29.6	29.7	29.8
37.0	29.9	30.0	30.1	30.1	30.2	30.3	30.4	30.5	30.6	30.7	30.7	30.8	30.9
38.0	31.0	31.1	31.2	31.2	31.3	31.4	31.5	31.6	31.7	31.8	31.9	32.0	32.0
39.0	32.1	32.2	32.3	32.3	32.4	32.5	32.6	32.7	32.8	32.9	33.0	33.1	33.2
40.0	33.2	33.3	33.4	33.5	33.6	33.7	33.7	33.8	33.9	34.0	34.1	34.2	34.3
41.0	34.3	34.4	34.5	34.6	34.7	34.8	34.9	35.0	35.1	35.2	35.3	35.4	35.5
42.0	35.4	35.5	35.6	35.7	35.8	35.9	36.0	36.1	36.2	36.3	36.4	36.5	36.6
43.0	36.5	36.6	36.8	36.9	37.0	37.1	37.2	37.3	37.4	37.5	37.6	37.7	37.8
44.0	37.7	37.8	37.9	38.0	38.1	38.2	38.3	38.4	38.6	38.7	38.8	38.9	39.0
45.0	38.8	38.9	39.1	39.2	39.3	39.4	39.5	39.6	39.7	39.8	40.0	40.1	40.2
46.0	40.0	40.1	40.2	40.3	40.5	40.6	40.7	40.8	40.9	41.0	41.1	41.3	41.4
47.0	41.2	41.3	41.4	41.5	41.6	41.8	41.9	42.0	42.1	42.2	42.3	42.5	42.6
48.0	42.3	42.5	42.6	42.7	42.8	43.0	43.1	43.2	43.3	43.4	43.6	43.7	43.8

续表 E

R \ v \ f_{cu}^{c}	3.70	3.72	3.74	3.76	3.78	3.80	3.82	3.84	3.86	3.88	3.90	3.92	3.94
49.0	43.5	43.6	43.8	43.9	44.0	44.2	44.3	44.4	44.5	44.7	44.8	44.9	45.0
50.0	44.7	44.8	45.0	45.1	45.2	45.4	45.5	45.6	45.7	45.9	46.0	46.1	46.3
51.0	45.9	46.0	46.2	46.3	46.4	46.6	46.7	46.8	47.0	47.1	47.2	47.4	47.5
52.0	47.1	47.3	47.4	47.5	47.7	47.8	47.9	48.1	48.2	48.3	48.5	48.6	48.7
53.0	48.3	48.5	48.6	48.8	48.9	49.0	49.2	49.3	49.5	49.6	49.7	49.9	50.0
54.0	49.6	49.7	49.9	50.0	50.1	50.3	50.4	50.6	50.7	50.8	51.0	51.1	51.3
55.0	50.8	50.9	51.1	51.2	51.4	51.5	51.7	51.8	52.0	52.1	52.3	52.4	52.5
56.0	52.0	52.2	52.3	52.5	52.6	52.8	52.9	53.1	53.2	53.4	53.5	53.7	53.8
57.0	53.3	53.4	53.6	53.7	53.9	54.1	54.2	54.4	54.5	54.7	54.8	55.0	55.1
58.0	54.5	54.7	54.9	55.0	55.2	55.3	55.5	55.6	55.8	56.0	56.1	56.3	56.4
59.0	55.8	56.0	56.1	56.3	56.4	56.6	56.8	56.9	57.1	57.2	57.4	57.6	57.7
60.0	57.1	57.2	57.4	57.6	57.7	57.9	58.1	58.2	58.4	58.5	58.7	58.9	59.0
61.0	58.3	58.5	58.7	58.9	59.0	59.2	59.4	59.5	59.7	59.9	60.0	60.2	60.4
62.0	59.6	59.8	60.0	60.1	60.3	60.5	60.7	60.8	61.0	61.2	61.3	61.5	61.7
63.0	60.9	61.1	61.3	61.4	61.6	61.8	62.0	62.1	62.3	62.5	62.7	62.8	63.0
64.0	62.2	62.4	62.6	62.8	62.9	63.1	63.3	63.5	63.7	63.8	64.0	64.2	64.4
65.0	63.5	63.7	63.9	64.1	64.3	64.4	64.6	64.8	65.0	65.2	65.3	65.5	65.7
66.0	64.8	65.0	65.2	65.4	65.6	65.8	66.0	66.1	66.3	66.5	66.7	66.9	67.1
67.0	66.1	66.3	66.5	66.7	66.9	67.1	67.3	67.5	67.7	67.9	68.1	68.2	68.4
68.0	67.5	67.7	67.9	68.1	68.3	68.4	68.6	68.8	69.0	69.2	69.4	69.6	69.8
69.0	68.8	69.0	69.2	69.4	69.6	69.8	70.0	70.2	70.4	70.6	70.8	71.0	71.2

续表 E

R \ v \ f_{cu}^{c}	3.70	3.72	3.74	3.76	3.78	3.80	3.82	3.84	3.86	3.88	3.90	3.92	3.94
70.0	70.1	70.3	70.5	70.8	71.0	71.2	71.4	71.6	71.8	72.0	72.2	72.4	72.6
71.0	71.5	71.7	71.9	72.1	72.3	72.5	72.7	72.9	73.1	73.3	73.5	73.7	73.9
72.0	72.8	73.0	73.3	73.5	73.7	73.9	74.1	74.3	74.5	74.7	74.9	75.1	75.3
73.0	74.2	74.4	74.6	74.8	75.1	75.3	75.5	75.7	75.9	76.1	76.3	76.5	76.7
74.0	75.6	75.8	76.0	76.2	76.4	76.6	76.9	77.1	77.3	77.5	77.7	77.9	78.2
75.0	76.9	77.1	77.4	77.6	77.8	78.0	78.3	78.5	78.7	78.9	79.1	79.4	79.6
76.0	78.3	78.5	78.8	79.0	79.2	79.4	79.7	79.9	80.1	80.3	80.6	80.8	81.0
77.0	79.7	79.9	80.1	80.4	80.6	80.8	81.1	81.3	81.5	81.7	82.0	82.2	82.4
78.0	81.1	81.3	81.5	81.8	82.0	82.2	82.5	82.7	82.9	83.2	83.4	83.6	83.9
79.0	82.5	82.7	82.9	83.2	83.4	83.7	83.9	84.1	84.4	84.6	84.8	85.1	85.3
80.0	83.9	84.1	84.3	84.6	84.8	85.1	85.3	85.6	85.8	86.0	86.3	86.5	86.8
81.0	85.3	85.5	85.8	86.0	86.3	86.5	86.7	87.0	87.2	87.5	87.7	88.0	88.2
82.0	86.7	86.9	87.2	87.4	87.7	87.9	88.2	88.4	88.7	88.9	89.2	89.4	89.7
83.0	88.1	88.4	88.6	88.9	89.1	89.4	89.6	89.9	90.1	90.4	90.6	90.9	91.1
84.0	89.5	89.8	90.0	90.3	90.6	90.8	91.1	91.3	91.6	91.8	92.1	92.3	92.6
85.0	90.9	91.2	91.5	91.7	92.0	92.3	92.5	92.8	93.0	93.3	93.6	93.8	94.1
86.0	92.4	92.7	92.9	93.2	93.5	93.7	94.0	94.3	94.5	94.8	95.0	95.3	95.6
87.0	93.8	94.1	94.4	94.6	94.9	95.2	95.5	95.7	96.0	96.3	96.5	96.8	97.1
88.0	95.3	95.5	95.8	96.1	96.4	96.6	96.9	97.2	97.5	97.7	98.0	98.3	98.6
89.0	96.7	97.0	97.3	97.6	97.8	98.1	98.4	98.7	99.0	99.2	99.5	99.8	100.1
90.0	98.2	98.5	98.7	99.0	99.3	99.6	99.9	100.2	100.4	100.7	101.0	101.3	101.6

续表 E

R \ f_{cu}^{c} \ v	3.96	3.98	4.00	4.02	4.04	4.06	4.08	4.10	4.12	4.14	4.16	4.18	4.20
28.0	21.4	21.4	21.5	21.5	21.6	21.6	21.7	21.8	21.8	21.9	21.9	22.0	22.0
29.0	22.4	22.4	22.5	22.6	22.6	22.7	22.7	22.8	22.9	22.9	23.0	23.0	23.1
30.0	23.4	23.5	23.5	23.6	23.7	23.7	23.8	23.9	23.9	24.0	24.0	24.1	24.2
31.0	24.5	24.5	24.6	24.7	24.7	24.8	24.9	24.9	25.0	25.1	25.1	25.2	25.3
32.0	25.5	25.6	25.7	25.7	25.8	25.9	25.9	26.0	26.1	26.1	26.2	26.3	26.4
33.0	26.6	26.7	26.7	26.8	26.9	27.0	27.0	27.1	27.2	27.2	27.3	27.4	27.5
34.0	28.8	28.9	28.9	29.0	29.1	29.2	29.2	29.3	29.4	29.5	29.6	29.6	29.7
35.0	28.8	28.9	28.9	29.0	29.1	29.2	29.2	29.3	29.4	29.5	29.6	29.6	29.7
36.0	29.9	30.0	30.0	30.1	30.2	30.3	30.4	30.5	30.5	30.6	30.7	30.8	30.8
37.0	31.0	31.1	31.2	31.3	31.3	31.4	31.5	31.6	31.7	31.8	31.8	31.9	32.0
38.0	32.1	32.2	32.3	32.4	32.5	32.6	32.6	32.7	32.8	32.9	33.0	33.1	33.2
39.0	33.3	33.4	33.4	33.5	33.6	33.7	33.8	33.9	34.0	34.1	34.2	34.2	34.3
40.0	34.4	34.5	34.6	34.7	34.8	34.9	35.0	35.1	35.2	35.2	35.3	35.4	35.5
41.0	35.6	35.7	35.8	35.9	36.0	36.0	36.1	36.2	36.3	36.4	36.5	36.6	36.7
42.0	36.7	36.8	36.9	37.0	37.1	37.2	37.3	37.4	37.5	37.6	37.7	37.8	37.9
43.0	37.9	38.0	38.1	38.2	38.3	38.4	38.5	38.6	38.7	38.8	38.9	39.0	39.1
44.0	39.1	39.2	39.3	39.4	39.5	39.6	39.7	39.8	39.9	40.0	40.1	40.2	40.3
45.0	40.3	40.4	40.5	40.6	40.7	40.8	40.9	41.0	41.2	41.3	41.4	41.5	41.6
46.0	41.5	41.6	41.7	41.8	41.9	42.0	42.2	42.3	42.4	42.5	42.6	42.7	42.8
47.0	42.7	42.8	42.9	43.0	43.2	43.3	43.4	43.5	43.6	43.7	43.8	44.0	44.1
48.0	43.9	44.0	44.2	44.3	44.4	44.5	44.6	44.7	44.9	45.0	45.1	45.2	45.3

续表 E

R \ f^{c}_{cu} \ v	3.96	3.98	4.00	4.02	4.04	4.06	4.08	4.10	4.12	4.14	4.16	4.18	4.20
49.0	45.1	45.3	45.4	45.5	45.6	45.8	45.9	46.0	46.1	46.2	46.4	46.5	46.6
50.0	46.4	46.5	46.6	46.8	46.9	47.0	47.1	47.3	47.4	47.5	47.6	47.8	47.9
51.0	47.6	47.8	47.9	48.0	48.1	48.3	48.4	48.5	48.7	48.8	48.9	49.0	49.2
52.0	48.9	49.0	49.1	49.3	49.4	49.5	49.7	49.8	49.9	50.1	50.2	50.3	50.5
53.0	50.1	50.3	50.4	50.6	50.7	50.8	51.0	51.1	51.2	51.4	51.5	51.6	51.8
54.0	51.4	51.6	51.7	51.8	52.0	52.1	52.2	52.4	52.5	52.7	52.8	52.9	53.1
55.0	52.7	52.8	53.0	53.1	53.3	53.4	53.5	53.7	53.8	54.0	54.1	54.2	54.4
56.0	54.0	54.1	54.3	54.4	54.6	54.7	54.9	55.0	55.1	55.3	55.4	55.6	55.7
57.0	55.3	55.4	55.6	55.7	55.9	56.0	56.2	56.3	56.5	56.6	56.8	56.9	57.1
58.0	56.6	56.7	56.9	57.0	57.2	57.3	57.5	57.6	57.8	57.9	58.1	58.2	58.4
59.0	57.9	58.0	58.2	58.4	58.5	58.7	58.8	59.0	59.1	59.3	59.4	59.6	59.7
60.0	59.2	59.4	59.5	59.7	59.8	60.0	60.2	60.3	60.5	60.6	60.8	60.9	61.1
61.0	60.5	60.7	60.8	61.0	61.2	61.3	61.5	61.7	61.8	62.0	62.1	62.3	62.5
62.0	61.9	62.0	62.2	62.4	62.5	62.7	62.9	63.0	63.2	63.4	63.5	63.7	63.8
63.0	63.2	63.4	63.5	63.7	63.9	64.0	64.2	64.4	64.6	64.7	64.9	65.1	65.2
64.0	64.5	64.7	64.9	65.1	65.2	65.4	65.6	65.8	65.9	66.1	66.3	66.4	66.6
65.0	65.9	66.1	66.2	66.4	66.6	66.8	67.0	67.1	67.3	67.5	67.7	67.8	68.0
66.0	67.2	67.4	67.6	67.8	68.0	68.2	68.3	68.5	68.7	68.9	69.1	69.2	69.4
67.0	68.6	68.8	69.0	69.2	69.4	69.5	69.7	69.9	70.1	70.3	70.5	70.6	70.8
68.0	70.0	70.2	70.4	70.6	70.7	70.9	71.1	71.3	71.5	71.7	71.9	72.1	72.2
69.0	71.4	71.6	71.8	71.9	72.1	72.3	72.5	72.7	72.9	73.1	73.3	73.5	73.7

续表 E

R \ v \ f^{c}_{cu}	3.96	3.98	4.00	4.02	4.04	4.06	4.08	4.10	4.12	4.14	4.16	4.18	4.20
70.0	72.8	73.0	73.2	73.3	73.5	73.7	73.9	74.1	74.3	74.5	74.7	74.9	75.1
71.0	74.1	74.4	74.6	74.8	75.0	75.2	75.4	75.6	75.8	75.9	76.1	76.3	76.5
72.0	75.6	75.8	76.0	76.2	76.4	76.6	76.8	77.0	77.2	77.4	77.6	77.8	78.0
73.0	77.0	77.2	77.4	77.6	77.8	78.0	78.2	78.4	78.6	78.8	79.0	79.2	79.4
74.0	78.4	78.6	78.8	79.0	79.2	79.4	79.6	79.9	80.1	80.3	80.5	80.7	80.9
75.0	79.8	80.0	80.2	80.4	80.7	80.9	81.1	81.3	81.5	81.7	81.9	82.2	82.4
76.0	81.2	81.4	81.7	81.9	82.1	82.3	82.5	82.8	83.0	83.2	83.4	83.6	83.8
77.0	82.7	82.9	83.1	83.3	83.5	83.8	84.0	84.2	84.4	84.7	84.9	85.1	85.3
78.0	84.1	84.3	84.5	84.8	85.0	85.2	85.5	85.7	85.9	86.1	86.4	86.6	86.8
79.0	85.5	85.8	86.0	86.2	86.5	86.7	86.9	87.2	87.4	87.6	87.8	88.1	88.3
80.0	87.0	87.2	87.5	87.7	87.9	88.2	88.4	88.6	88.9	89.1	89.3	89.6	89.8
81.0	88.4	88.7	88.9	89.2	89.4	89.6	89.9	90.1	90.4	90.6	90.8	91.1	91.3
82.0	89.9	90.2	90.4	90.6	90.9	91.1	91.4	91.6	91.9	92.1	92.3	92.6	92.8
83.0	91.4	91.6	91.9	92.1	92.4	92.6	92.9	93.1	93.4	93.6	93.8	94.1	94.3
84.0	92.9	93.1	93.4	93.6	93.9	94.1	94.4	94.6	94.9	95.1	95.4	95.6	95.8
85.0	94.3	94.6	94.9	95.1	95.4	95.6	95.9	96.1	96.4	96.6	96.9	97.1	97.4
86.0	95.8	96.1	96.3	96.6	96.9	97.1	97.4	97.6	97.9	98.2	98.4	98.7	98.9
87.0	97.3	97.6	97.8	98.1	98.4	98.6	98.9	99.2	99.4	99.7	99.9	100.2	100.5
88.0	98.8	99.1	99.4	99.6	99.9	100.2	100.4	100.7	101.0	101.2	101.5	101.7	102.0
89.0	100.3	100.6	100.9	101.1	101.4	101.7	102.0	102.2	102.5	102.8	103.0	103.3	103.6
90.0	101.8	102.1	102.4	102.7	102.9	103.2	103.5	103.8	104.0	104.3	104.6	104.8	105.1

续表 E

R \ v / f_{cu}^{c}	4.22	4.24	4.26	4.28	4.30	4.32	4.34	4.36	4.38	4.40	4.42	4.44	4.46
28.0	22.1	22.2	22.2	22.3	22.3	22.4	22.4	22.5	22.5	22.6	22.7	22.7	22.8
29.0	23.2	23.2	23.3	23.3	23.4	23.5	23.5	23.6	23.6	23.7	23.7	23.8	23.9
30.0	24.2	24.3	24.4	24.4	24.5	24.5	24.6	24.7	24.7	24.8	24.8	24.9	25.0
31.0	25.3	25.4	25.4	25.5	25.6	25.6	25.7	25.8	25.8	25.9	26.0	26.0	26.1
32.0	26.4	26.5	26.6	26.6	26.7	26.8	26.8	26.9	27.0	27.0	27.1	27.2	27.2
33.0	27.5	27.6	27.7	27.7	27.8	27.9	27.9	28.0	28.1	28.2	28.2	28.3	28.4
34.0	29.8	29.9	29.9	30.0	30.1	30.2	30.2	30.3	30.4	30.5	30.5	30.6	30.7
35.0	29.8	29.9	29.9	30.0	30.1	30.2	30.2	30.3	30.4	30.5	30.5	30.6	30.7
36.0	30.9	31.0	31.1	31.2	31.2	31.3	31.4	31.5	31.6	31.6	31.7	31.8	31.9
37.0	32.1	32.2	32.2	32.3	32.4	32.5	32.6	32.7	32.7	32.8	32.9	33.0	33.1
38.0	33.2	33.3	33.4	33.5	33.6	33.7	33.8	33.8	33.9	34.0	34.1	34.2	34.3
39.0	34.4	34.5	34.6	34.7	34.8	34.9	34.9	35.0	35.1	35.2	35.3	35.4	35.5
40.0	35.6	35.7	35.8	35.9	36.0	36.1	36.2	36.2	36.3	36.4	36.5	36.6	36.7
41.0	36.8	36.9	37.0	37.1	37.2	37.3	37.4	37.5	37.6	37.6	37.7	37.8	37.9
42.0	38.0	38.1	38.2	38.3	38.4	38.5	38.6	38.7	38.8	38.9	39.0	39.1	39.2
43.0	39.2	39.3	39.4	39.5	39.6	39.7	39.8	39.9	40.0	40.1	40.2	40.3	40.4
44.0	40.5	40.6	40.7	40.8	40.9	41.0	41.1	41.2	41.3	41.4	41.5	41.6	41.7
45.0	41.7	41.8	41.9	42.0	42.1	42.2	42.3	42.4	42.5	42.6	42.7	42.8	42.9
46.0	42.9	43.0	43.2	43.3	43.4	43.5	43.6	43.7	43.8	43.9	44.0	44.1	44.2
47.0	44.2	44.3	44.4	44.5	44.6	44.7	44.9	45.0	45.1	45.2	45.3	45.4	45.5
48.0	45.4	45.6	45.7	45.8	45.9	46.0	46.1	46.3	46.4	46.5	46.6	46.7	46.8

续表E

R \ v \ f^{c}_{cu}	4.22	4.24	4.26	4.28	4.30	4.32	4.34	4.36	4.38	4.40	4.42	4.44	4.46
49.0	46.7	46.8	47.0	47.1	47.2	47.3	47.4	47.5	47.7	47.8	47.9	48.0	48.1
50.0	48.0	48.1	48.2	48.4	48.5	48.6	48.7	48.9	49.0	49.1	49.2	49.3	49.5
51.0	49.3	49.4	49.5	49.7	49.8	49.9	50.0	50.2	50.3	50.4	50.5	50.7	50.8
52.0	50.6	50.7	50.8	51.0	51.1	51.2	51.4	51.5	51.6	51.7	51.9	52.0	52.1
53.0	51.9	52.0	52.2	52.3	52.4	52.6	52.7	52.8	52.9	53.1	53.2	53.3	53.5
54.0	53.2	53.3	53.5	53.6	53.7	53.9	54.0	54.1	54.3	54.4	54.6	54.7	54.8
55.0	54.5	54.7	54.8	54.9	55.1	55.2	55.4	55.5	55.6	55.8	55.9	56.0	56.2
56.0	55.9	56.0	56.1	56.3	56.4	56.6	56.7	56.8	57.0	57.1	57.3	57.4	57.5
57.0	57.2	57.3	57.5	57.6	57.8	57.9	58.1	58.2	58.4	58.5	58.6	58.8	58.9
58.0	58.5	58.7	58.8	59.0	59.1	59.3	59.4	59.6	59.7	59.9	60.0	60.2	60.3
59.0	59.9	60.1	60.2	60.4	60.5	60.7	60.8	61.0	61.1	61.3	61.4	61.6	61.7
60.0	61.3	61.4	61.6	61.7	61.9	62.0	62.2	62.3	62.5	62.7	62.8	63.0	63.1
61.0	62.6	62.8	62.9	63.1	63.3	63.4	63.6	63.7	63.9	64.1	64.2	64.4	64.5
62.0	64.0	64.2	64.3	64.5	64.7	64.8	65.0	65.1	65.3	65.5	65.6	65.8	65.9
63.0	65.4	65.6	65.7	65.9	66.1	66.2	66.4	66.6	66.7	66.9	67.0	67.2	67.4
64.0	66.8	67.0	67.1	67.3	67.5	67.6	67.8	68.0	68.1	68.3	68.5	68.6	68.8
65.0	68.2	68.4	68.5	68.7	68.9	69.1	69.2	69.4	69.6	69.7	69.9	70.1	70.2
66.0	69.6	69.8	69.9	70.1	70.3	70.5	70.7	70.8	71.0	71.2	71.4	71.5	71.7
67.0	71.0	71.2	71.4	71.5	71.7	71.9	72.1	72.3	72.4	72.6	72.8	73.0	73.2
68.0	72.4	72.6	72.8	73.0	73.2	73.3	73.5	73.7	73.9	74.1	74.3	74.4	74.6
69.0	73.9	74.0	74.2	74.4	74.6	74.8	75.0	75.2	75.4	75.5	75.7	75.9	76.1

续表 E

R \ v / f^c_{cu}	4.22	4.24	4.26	4.28	4.30	4.32	4.34	4.36	4.38	4.40	4.42	4.44	4.46
70.0	75.3	75.5	75.7	75.9	76.1	76.2	76.4	76.6	76.8	77.0	77.2	77.4	77.6
71.0	76.7	76.9	77.1	77.3	77.5	77.7	77.9	78.1	78.3	78.5	78.7	78.9	79.1
72.0	78.2	78.4	78.6	78.8	79.0	79.2	79.4	79.6	79.8	80.0	80.2	80.4	80.6
73.0	79.6	79.8	80.0	80.2	80.5	80.7	80.9	81.1	81.3	81.5	81.7	81.9	82.1
74.0	81.1	81.3	81.5	81.7	81.9	82.1	82.3	82.5	82.7	83.0	83.2	83.4	83.6
75.0	82.6	82.8	83.0	83.2	83.4	83.6	83.8	84.0	84.2	84.5	84.7	84.9	85.1
76.0	84.1	84.3	84.5	84.7	84.9	85.1	85.3	85.5	85.8	86.0	86.2	86.4	86.6
77.0	85.5	85.8	86.0	86.2	86.4	86.6	86.8	87.1	87.3	87.5	87.7	87.9	88.1
78.0	87.0	87.2	87.5	87.7	87.9	88.1	88.3	88.6	88.8	89.0	89.2	89.4	89.7
79.0	88.5	88.7	89.0	89.2	89.4	89.6	89.9	90.1	90.3	90.5	90.8	91.0	91.2
80.0	90.0	90.3	90.5	90.7	90.9	91.2	91.4	91.6	91.8	92.1	92.3	92.5	92.7
81.0	91.5	91.8	92.0	92.2	92.5	92.7	92.9	93.2	93.4	93.6	93.8	94.1	94.3
82.0	93.0	93.3	93.5	93.8	94.0	94.2	94.5	94.7	94.9	95.2	95.4	95.6	95.9
83.0	94.6	94.8	95.0	95.3	95.5	95.8	96.0	96.2	96.5	96.7	97.0	97.2	97.4
84.0	96.1	96.3	96.6	96.8	97.1	97.3	97.6	97.8	98.0	98.3	98.5	98.8	99.0
85.0	97.6	97.9	98.1	98.4	98.6	98.9	99.1	99.4	99.6	99.9	100.1	100.3	100.6
86.0	99.2	99.4	99.7	99.9	100.2	100.4	100.7	100.9	101.2	101.4	101.7	101.9	102.2
87.0	100.7	101.0	101.2	101.5	101.7	102.0	102.2	102.5	102.8	103.0	103.3	103.5	103.8
88.0	102.3	102.5	102.8	103.0	103.3	103.6	103.8	104.1	104.3	104.6	104.9	105.1	105.4
89.0	103.8	104.1	104.4	104.6	104.9	105.1	105.4	105.7	105.9	106.2	106.4	106.7	107.0
90.0	105.4	105.7	105.9	106.2	106.5	106.7	107.0	107.3	107.5	107.8	108.1	108.3	108.6

续表 E

R \ v / f_{cu}^{c}	4.48	4.50	4.52	4.54	4.56	4.58	4.60	4.62	4.64	4.66	4.68	4.70	4.72
28.0	22.8	22.9	22.9	23.0	23.0	23.1	23.1	23.2	23.3	23.3	23.4	23.4	23.5
29.0	23.9	24.0	24.0	24.1	24.1	24.2	24.3	24.3	24.4	24.4	24.5	24.5	24.6
30.0	25.0	25.1	25.1	25.2	25.3	25.3	25.4	25.4	25.5	25.6	25.6	25.7	25.7
31.0	26.1	26.2	26.3	26.3	26.4	26.5	26.5	26.6	26.6	26.7	26.8	26.8	26.9
32.0	27.3	27.3	27.4	27.5	27.5	27.6	27.7	27.7	27.8	27.9	27.9	28.0	28.1
33.0	28.4	28.5	28.6	28.6	28.7	28.8	28.8	28.9	29.0	29.0	29.1	29.2	29.2
34.0	30.8	30.8	30.9	31.0	31.1	31.1	31.2	31.3	31.3	31.4	31.5	31.6	31.6
35.0	30.8	30.8	30.9	31.0	31.1	31.1	31.2	31.3	31.3	31.4	31.5	31.6	31.6
36.0	31.9	32.0	32.1	32.2	32.2	32.3	32.4	32.5	32.6	32.6	32.7	32.8	32.9
37.0	33.1	33.2	33.3	33.4	33.5	33.5	33.6	33.7	33.8	33.8	33.9	34.0	34.1
38.0	34.3	34.4	34.5	34.6	34.7	34.7	34.8	34.9	35.0	35.1	35.2	35.2	35.3
39.0	35.6	35.6	35.7	35.8	35.9	36.0	36.1	36.1	36.2	36.3	36.4	36.5	36.6
40.0	36.8	36.9	37.0	37.0	37.1	37.2	37.3	37.4	37.5	37.6	37.7	37.7	37.8
41.0	38.0	38.1	38.2	38.3	38.4	38.5	38.6	38.6	38.7	38.8	38.9	39.0	39.1
42.0	39.3	39.4	39.4	39.5	39.6	39.7	39.8	39.9	40.0	40.1	40.2	40.3	40.4
43.0	40.5	40.6	40.7	40.8	40.9	41.0	41.1	41.2	41.3	41.4	41.5	41.6	41.7
44.0	41.8	41.9	42.0	42.1	42.2	42.3	42.4	42.5	42.6	42.7	42.8	42.9	43.0
45.0	43.1	43.2	43.3	43.4	43.5	43.6	43.7	43.8	43.9	44.0	44.1	44.2	44.3
46.0	44.3	44.4	44.6	44.7	44.8	44.9	45.0	45.1	45.2	45.3	45.4	45.5	45.6
47.0	45.6	45.7	45.9	46.0	46.1	46.2	46.3	46.4	46.5	46.6	46.7	46.8	46.9
48.0	46.9	47.0	47.2	47.3	47.4	47.5	47.6	47.7	47.8	47.9	48.1	48.2	48.3

续表 E

R \ v \ f_{cu}^{c}	4.48	4.50	4.52	4.54	4.56	4.58	4.60	4.62	4.64	4.66	4.68	4.70	4.72
49.0	48.2	48.4	48.5	48.6	48.7	48.8	48.9	49.1	49.2	49.3	49.4	49.5	49.6
50.0	49.6	49.7	49.8	49.9	50.0	50.2	50.3	50.4	50.5	50.6	50.8	50.9	51.0
51.0	50.9	51.0	51.1	51.3	51.4	51.5	51.6	51.8	51.9	52.0	52.1	52.2	52.4
52.0	52.2	52.4	52.5	52.6	52.7	52.9	53.0	53.1	53.2	53.4	53.5	53.6	53.7
53.0	53.6	53.7	53.8	54.0	54.1	54.2	54.4	54.5	54.6	54.7	54.9	55.0	55.1
54.0	54.9	55.1	55.2	55.3	55.5	55.6	55.7	55.9	56.0	56.1	56.3	56.4	56.5
55.0	56.3	56.4	56.6	56.7	56.9	57.0	57.1	57.3	57.4	57.5	57.7	57.8	57.9
56.0	57.7	57.8	58.0	58.1	58.2	58.4	58.5	58.7	58.8	58.9	59.1	59.2	59.3
57.0	59.1	59.2	59.4	59.5	59.6	59.8	59.9	60.1	60.2	60.3	60.5	60.6	60.8
58.0	60.5	60.6	60.8	60.9	61.0	61.2	61.3	61.5	61.6	61.8	61.9	62.0	62.2
59.0	61.9	62.0	62.2	62.3	62.5	62.6	62.7	62.9	63.0	63.2	63.3	63.5	63.6
60.0	63.3	63.4	63.6	63.7	63.9	64.0	64.2	64.3	64.5	64.6	64.8	64.9	65.1
61.0	64.7	64.8	65.0	65.1	65.3	65.5	65.6	65.8	65.9	66.1	66.2	66.4	66.5
62.0	66.1	66.3	66.4	66.6	66.7	66.9	67.1	67.2	67.4	67.5	67.7	67.8	68.0
63.0	67.5	67.7	67.9	68.0	68.2	68.3	68.5	68.7	68.8	69.0	69.1	69.3	69.5
64.0	69.0	69.1	69.3	69.5	69.6	69.8	70.0	70.1	70.3	70.5	70.6	70.8	70.9
65.0	70.4	70.6	70.8	70.9	71.1	71.3	71.4	71.6	71.8	71.9	72.1	72.3	72.4
66.0	71.9	72.0	72.2	72.4	72.6	72.7	72.9	73.1	73.2	73.4	73.6	73.8	73.9
67.0	73.3	73.5	73.7	73.9	74.0	74.2	74.4	74.6	74.7	74.9	75.1	75.3	75.4
68.0	74.8	75.0	75.2	75.3	75.5	75.7	75.9	76.1	76.2	76.4	76.6	76.8	76.9
69.0	76.3	76.5	76.6	76.8	77.0	77.2	77.4	77.6	77.7	77.9	78.1	78.3	78.5

续表 E

R \ v \ f_{cu}^{c}	4.48	4.50	4.52	4.54	4.56	4.58	4.60	4.62	4.64	4.66	4.68	4.70	4.72
70.0	77.8	77.9	78.1	78.3	78.5	78.7	78.9	79.1	79.2	79.4	79.6	79.8	80.0
71.0	79.2	79.4	79.6	79.8	80.0	80.2	80.4	80.6	80.8	80.9	81.1	81.3	81.5
72.0	80.7	80.9	81.1	81.3	81.5	81.7	81.9	82.1	82.3	82.5	82.7	82.9	83.0
73.0	82.3	82.4	82.6	82.8	83.0	83.2	83.4	83.6	83.8	84.0	84.2	84.4	84.6
74.0	83.8	84.0	84.2	84.4	84.6	84.8	85.0	85.2	85.4	85.6	85.8	86.0	86.2
75.0	85.3	85.5	85.7	85.9	86.1	86.3	86.5	86.7	86.9	87.1	87.3	87.5	87.7
76.0	86.8	87.0	87.2	87.4	87.6	87.8	88.0	88.3	88.5	88.7	88.9	89.1	89.3
77.0	88.3	88.5	88.8	89.0	89.2	89.4	89.6	89.8	90.0	90.2	90.4	90.6	90.9
78.0	89.9	90.1	90.3	90.5	90.7	90.9	91.2	91.4	91.6	91.8	92.0	92.2	92.4
79.0	91.4	91.6	91.9	92.1	92.3	92.5	92.7	92.9	93.2	93.4	93.6	93.8	94.0
80.0	93.0	93.2	93.4	93.6	93.9	94.1	94.3	94.5	94.7	95.0	95.2	95.4	95.6
81.0	94.5	94.8	95.0	95.2	95.4	95.7	95.9	96.1	96.3	96.6	96.8	97.0	97.2
82.0	96.1	96.3	96.6	96.8	97.0	97.2	97.5	97.7	97.9	98.2	98.4	98.6	98.8
83.0	97.7	97.9	98.1	98.4	98.6	98.8	99.1	99.3	99.5	99.8	100.0	100.2	100.5
84.0	99.2	99.5	99.7	100.0	100.2	100.4	100.7	100.9	101.1	101.4	101.6	101.8	102.1
85.0	100.8	101.1	101.3	101.6	101.8	102.0	102.3	102.5	102.8	103.0	103.2	103.5	103.7
86.0	102.4	102.7	102.9	103.2	103.4	103.6	103.9	104.1	104.4	104.6	104.9	105.1	105.3
87.0	104.0	104.3	104.5	104.8	105.0	105.3	105.5	105.8	106.0	106.2	106.5	106.7	107.0
88.0	105.6	105.9	106.1	106.4	106.6	106.9	107.1	107.4	107.6	107.9	108.1	108.4	108.6
89.0	107.2	107.5	107.7	108.0	108.3	108.5	108.8	109.0	109.3	109.5	109.8	110.0	—
90.0	108.8	109.1	109.4	109.6	109.9	—	—	—	—	—	—	—	—

续表 E

R \ v / f^c_{cu}	4.74	4.76	4.78	4.80	4.82	4.84	4.86	4.88	4.90	4.92	4.94	4.96	4.98
28.0	23.5	23.6	23.6	23.7	23.7	23.8	23.8	23.9	23.9	24.0	24.1	24.1	24.2
29.0	24.7	24.7	24.8	24.8	24.9	24.9	25.0	25.0	25.1	25.2	25.2	25.3	25.3
30.0	25.8	25.9	25.9	26.0	26.0	26.1	26.1	26.2	26.3	26.3	26.4	26.4	26.5
31.0	27.0	27.0	27.1	27.1	27.2	27.3	27.3	27.4	27.4	27.5	27.6	27.6	27.7
32.0	28.1	28.2	28.3	28.3	28.4	28.4	28.5	28.6	28.6	28.7	28.8	28.8	28.9
33.0	29.3	29.4	29.4	29.5	29.6	29.6	29.7	29.8	29.8	29.9	30.0	30.0	30.1
34.0	31.7	31.8	31.9	31.9	32.0	32.1	32.1	32.2	32.3	32.4	32.4	32.5	32.6
35.0	31.7	31.8	31.9	31.9	32.0	32.1	32.1	32.2	32.3	32.4	32.4	32.5	32.6
36.0	32.9	33.0	33.1	33.2	33.2	33.3	33.4	33.4	33.5	33.6	33.7	33.7	33.8
37.0	34.2	34.2	34.3	34.4	34.5	34.5	34.6	34.7	34.8	34.8	34.9	35.0	35.1
38.0	35.4	35.5	35.6	35.6	35.7	35.8	35.9	36.0	36.0	36.1	36.2	36.3	36.4
39.0	36.6	36.7	36.8	36.9	37.0	37.1	37.1	37.2	37.3	37.4	37.5	37.6	37.6
40.0	37.9	38.0	38.1	38.2	38.3	38.3	38.4	38.5	38.6	38.7	38.8	38.9	38.9
41.0	39.2	39.3	39.4	39.5	39.5	39.6	39.7	39.8	39.9	40.0	40.1	40.2	40.2
42.0	40.5	40.6	40.7	40.7	40.8	40.9	41.0	41.1	41.2	41.3	41.4	41.5	41.6
43.0	41.8	41.9	42.0	42.0	42.1	42.2	42.3	42.4	42.5	42.6	42.7	42.8	42.9
44.0	43.1	43.2	43.3	43.4	43.5	43.6	43.7	43.7	43.8	43.9	44.0	44.1	44.2
45.0	44.4	44.5	44.6	44.7	44.8	44.9	45.0	45.1	45.2	45.3	45.4	45.5	45.6
46.0	45.7	45.8	45.9	46.0	46.1	46.2	46.3	46.4	46.5	46.6	46.7	46.8	46.9
47.0	47.0	47.1	47.3	47.4	47.5	47.6	47.7	47.8	47.9	48.0	48.1	48.2	48.3
48.0	48.4	48.5	48.6	48.7	48.8	48.9	49.0	49.2	49.3	49.4	49.5	49.6	49.7

续表 E

R \ v / f_{cu}^{c}	4.74	4.76	4.78	4.80	4.82	4.84	4.86	4.88	4.90	4.92	4.94	4.96	4.98
49.0	49.7	49.9	50.0	50.1	50.2	50.3	50.4	50.5	50.6	50.7	50.9	51.0	51.1
50.0	51.1	51.2	51.3	51.4	51.6	51.7	51.8	51.9	52.0	52.1	52.3	52.4	52.5
51.0	52.5	52.6	52.7	52.8	52.9	53.1	53.2	53.3	53.4	53.5	53.7	53.8	53.9
52.0	53.9	54.0	54.1	54.2	54.3	54.5	54.6	54.7	54.8	54.9	55.1	55.2	55.3
53.0	55.2	55.4	55.5	55.6	55.7	55.9	56.0	56.1	56.2	56.4	56.5	56.6	56.7
54.0	56.6	56.8	56.9	57.0	57.2	57.3	57.4	57.5	57.7	57.8	57.9	58.0	58.2
55.0	58.1	58.2	58.3	58.4	58.6	58.7	58.8	59.0	59.1	59.2	59.4	59.5	59.6
56.0	59.5	59.6	59.7	59.9	60.0	60.1	60.3	60.4	60.5	60.7	60.8	60.9	61.1
57.0	60.9	61.0	61.2	61.3	61.4	61.6	61.7	61.9	62.0	62.1	62.3	62.4	62.5
58.0	62.3	62.5	62.6	62.8	62.9	63.0	63.2	63.3	63.5	63.6	63.7	63.9	64.0
59.0	63.8	63.9	64.1	64.2	64.3	64.5	64.6	64.8	64.9	65.1	65.2	65.3	65.5
60.0	65.2	65.4	65.5	65.7	65.8	66.0	66.1	66.3	66.4	66.5	66.7	66.8	67.0
61.0	66.7	66.8	67.0	67.1	67.3	67.4	67.6	67.7	67.9	68.0	68.2	68.3	68.5
62.0	68.1	68.3	68.5	68.6	68.8	68.9	69.1	69.2	69.4	69.5	69.7	69.8	70.0
63.0	69.6	69.8	69.9	70.1	70.3	70.4	70.6	70.7	70.9	71.0	71.2	71.3	71.5
64.0	71.1	71.3	71.4	71.6	71.7	71.9	72.1	72.2	72.4	72.5	72.7	72.9	73.0
65.0	72.6	72.8	72.9	73.1	73.3	73.4	73.6	73.7	73.9	74.1	74.2	74.4	74.6
66.0	74.1	74.3	74.4	74.6	74.8	74.9	75.1	75.3	75.4	75.6	75.8	75.9	76.1
67.0	75.6	75.8	75.9	76.1	76.3	76.5	76.6	76.8	77.0	77.1	77.3	77.5	77.6
68.0	77.1	77.3	77.5	77.6	77.8	78.0	78.2	78.3	78.5	78.7	78.8	79.0	79.2
69.0	78.6	78.8	79.0	79.2	79.3	79.5	79.7	79.9	80.1	80.2	80.4	80.6	80.8

续表 E

R \ f_{cu}^{c} \ v	4.74	4.76	4.78	4.80	4.82	4.84	4.86	4.88	4.90	4.92	4.94	4.96	4.98
70.0	80.2	80.3	80.5	80.7	80.9	81.1	81.2	81.4	81.6	81.8	82.0	82.1	82.3
71.0	81.7	81.9	82.1	82.3	82.4	82.6	82.8	83.0	83.2	83.4	83.5	83.7	83.9
72.0	83.2	83.4	83.6	83.8	84.0	84.2	84.4	84.6	84.7	84.9	85.1	85.3	85.5
73.0	84.8	85.0	85.2	85.4	85.6	85.7	85.9	86.1	86.3	86.5	86.7	86.9	87.1
74.0	86.3	86.5	86.7	86.9	87.1	87.3	87.5	87.7	87.9	88.1	88.3	88.5	88.7
75.0	87.9	88.1	88.3	88.5	88.7	88.9	89.1	89.3	89.5	89.7	89.9	90.1	90.3
76.0	89.5	89.7	89.9	90.1	90.3	90.5	90.7	90.9	91.1	91.3	91.5	91.7	91.9
77.0	91.1	91.3	91.5	91.7	91.9	92.1	92.3	92.5	92.7	92.9	93.1	93.3	93.5
78.0	92.6	92.9	93.1	93.3	93.5	93.7	93.9	94.1	94.3	94.5	94.7	94.9	95.1
79.0	94.2	94.5	94.7	94.9	95.1	95.3	95.5	95.7	95.9	96.2	96.4	96.6	96.8
80.0	95.8	96.1	96.3	96.5	96.7	96.9	97.1	97.4	97.6	97.8	98.0	98.2	98.4
81.0	97.4	97.7	97.9	98.1	98.3	98.6	98.8	99.0	99.2	99.4	99.6	99.9	100.1
82.0	99.1	99.3	99.5	99.7	100.0	100.2	100.4	100.6	100.8	101.1	101.3	101.5	101.7
83.0	100.7	100.9	101.1	101.4	101.6	101.8	102.0	102.3	102.5	102.7	102.9	103.2	103.4
84.0	102.3	102.5	102.8	103.0	103.2	103.5	103.7	103.9	104.2	104.4	104.6	104.8	105.1
85.0	103.9	104.2	104.4	104.6	104.9	105.1	105.3	105.6	105.8	106.0	106.3	106.5	106.7
86.0	105.6	105.8	106.1	106.3	106.5	106.8	107.0	107.2	107.5	107.7	108.0	108.2	108.4
87.0	107.2	107.5	107.7	108.0	108.2	108.4	108.7	108.9	109.2	109.4	109.6	—	—
88.0	108.9	109.1	109.4	109.6	109.9	—	—	—	—	—	—	—	—

续表 E

R \ v / f_{cu}^{c}	5.00	5.02	5.04	5.06	5.08	5.10	5.12	5.14	5.16	5.18	5.20	5.22	5.24
28.0	24.2	24.3	24.3	24.4	24.4	24.5	24.5	24.6	24.6	24.7	24.7	24.8	24.8
29.0	25.4	25.4	25.5	25.5	25.6	25.6	25.7	25.8	25.8	25.9	25.9	26.0	26.0
30.0	26.6	26.6	26.7	26.7	26.8	26.8	26.9	27.0	27.0	27.1	27.1	27.2	27.2
31.0	27.7	27.8	27.9	27.9	28.0	28.0	28.1	28.2	28.2	28.3	28.3	28.4	28.5
32.0	28.9	29.0	29.1	29.1	29.2	29.3	29.3	29.4	29.4	29.5	29.6	29.6	29.7
33.0	30.2	30.2	30.3	30.4	30.4	30.5	30.6	30.6	30.7	30.7	30.8	30.9	30.9
34.0	32.6	32.7	32.8	32.8	32.9	33.0	33.1	33.1	33.2	33.3	33.3	33.4	33.5
35.0	32.6	32.7	32.8	32.8	32.9	33.0	33.1	33.1	33.2	33.3	33.3	33.4	33.5
36.0	33.9	34.0	34.0	34.1	34.2	34.3	34.3	34.4	34.5	34.5	34.6	34.7	34.8
37.0	35.2	35.2	35.3	35.4	35.5	35.5	35.6	35.7	35.8	35.8	35.9	36.0	36.1
38.0	36.4	36.5	36.6	36.7	36.7	36.8	36.9	37.0	37.1	37.1	37.2	37.3	37.4
39.0	37.7	37.8	37.9	38.0	38.0	38.1	38.2	38.3	38.4	38.4	38.5	38.6	38.7
40.0	39.0	39.1	39.2	39.3	39.4	39.4	39.5	39.6	39.7	39.8	39.9	39.9	40.0
41.0	40.3	40.4	40.5	40.6	40.7	40.8	40.8	40.9	41.0	41.1	41.2	41.3	41.4
42.0	41.7	41.7	41.8	41.9	42.0	42.1	42.2	42.3	42.4	42.5	42.5	42.6	42.7
43.0	43.0	43.1	43.2	43.3	43.4	43.4	43.5	43.6	43.7	43.8	43.9	44.0	44.1
44.0	44.3	44.4	44.5	44.6	44.7	44.8	44.9	45.0	45.1	45.2	45.3	45.4	45.5
45.0	45.7	45.8	45.9	46.0	46.1	46.2	46.3	46.4	46.5	46.6	46.7	46.8	46.8

续表 E

R \ v / f_{cu}^{c}	5.00	5.02	5.04	5.06	5.08	5.10	5.12	5.14	5.16	5.18	5.20	5.22	5.24
46.0	47.0	47.1	47.2	47.3	47.4	47.5	47.6	47.7	47.8	47.9	48.0	48.1	48.2
47.0	48.4	48.5	48.6	48.7	48.8	48.9	49.0	49.1	49.2	49.3	49.4	49.6	49.7
48.0	49.8	49.9	50.0	50.1	50.2	50.3	50.4	50.5	50.7	50.8	50.9	51.0	51.1
49.0	51.2	51.3	51.4	51.5	51.6	51.7	51.9	52.0	52.1	52.2	52.3	52.4	52.5
50.0	52.6	52.7	52.8	52.9	53.0	53.2	53.3	53.4	53.5	53.6	53.7	53.8	53.9
51.0	54.0	54.1	54.2	54.4	54.5	54.6	54.7	54.8	54.9	55.0	55.2	55.3	55.4
52.0	55.4	55.5	55.7	55.8	55.9	56.0	56.1	56.3	56.4	56.5	56.6	56.7	56.8
53.0	56.9	57.0	57.1	57.2	57.3	57.5	57.6	57.7	57.8	58.0	58.1	58.2	58.3
54.0	58.3	58.4	58.5	58.7	58.8	58.9	59.0	59.2	59.3	59.4	59.5	59.7	59.8
55.0	59.7	59.9	60.0	60.1	60.3	60.4	60.5	60.6	60.8	60.9	61.0	61.2	61.3
56.0	61.2	61.3	61.5	61.6	61.7	61.9	62.0	62.1	62.3	62.4	62.5	62.6	62.8
57.0	62.7	62.8	62.9	63.1	63.2	63.3	63.5	63.6	63.7	63.9	64.0	64.1	64.3
58.0	64.1	64.3	64.4	64.6	64.7	64.8	65.0	65.1	65.2	65.4	65.5	65.7	65.8
59.0	65.6	65.8	65.9	66.1	66.2	66.3	66.5	66.6	66.8	66.9	67.0	67.2	67.3
60.0	67.1	67.3	67.4	67.6	67.7	67.8	68.0	68.1	68.3	68.4	68.6	68.7	68.8
61.0	68.6	68.8	68.9	69.1	69.2	69.4	69.5	69.7	69.8	69.9	70.1	70.2	70.4
62.0	70.1	70.3	70.4	70.6	70.7	70.9	71.0	71.2	71.3	71.5	71.6	71.8	71.9
63.0	71.7	71.8	72.0	72.1	72.3	72.4	72.6	72.7	72.9	73.0	73.2	73.3	73.5

续表E

R \ v / f_{cu}^{c}	5.00	5.02	5.04	5.06	5.08	5.10	5.12	5.14	5.16	5.18	5.20	5.22	5.24
64.0	73.2	73.3	73.5	73.7	73.8	74.0	74.1	74.3	74.4	74.6	74.7	74.9	75.1
65.0	74.7	74.9	75.0	75.2	75.4	75.5	75.7	75.8	76.0	76.2	76.3	76.5	76.6
66.0	76.3	76.4	76.6	76.7	76.9	77.1	77.2	77.4	77.6	77.7	77.9	78.0	78.2
67.0	77.8	78.0	78.1	78.3	78.5	78.6	78.8	79.0	79.1	79.3	79.5	79.6	79.8
68.0	79.4	79.5	79.7	79.9	80.0	80.2	80.4	80.6	80.7	80.9	81.1	81.2	81.4
69.0	80.9	81.1	81.3	81.5	81.6	81.8	82.0	82.1	82.3	82.5	82.7	82.8	83.0
70.0	82.5	82.7	82.9	83.0	83.2	83.4	83.6	83.7	83.9	84.1	84.3	84.4	84.6
71.0	84.1	84.3	84.4	84.6	84.8	85.0	85.2	85.3	85.5	85.7	85.9	86.1	86.2
72.0	85.7	85.9	86.0	86.2	86.4	86.6	86.8	87.0	87.1	87.3	87.5	87.7	87.9
73.0	87.3	87.5	87.6	87.8	88.0	88.2	88.4	88.6	88.8	88.9	89.1	89.3	89.5
74.0	88.9	89.1	89.3	89.4	89.6	89.8	90.0	90.2	90.4	90.6	90.8	91.0	91.1
75.0	90.5	90.7	90.9	91.1	91.3	91.5	91.6	91.8	92.0	92.2	92.4	92.6	92.8
76.0	92.1	92.3	92.5	92.7	92.9	93.1	93.3	93.5	93.7	93.9	94.1	94.3	94.5
77.0	93.7	93.9	94.1	94.3	94.5	94.7	94.9	95.1	95.3	95.5	95.7	95.9	96.1
78.0	95.4	95.6	95.8	96.0	96.2	96.4	96.6	96.8	97.0	97.2	97.4	97.6	97.8
79.0	97.0	97.2	97.4	97.6	97.8	98.0	98.2	98.4	98.7	98.9	99.1	99.3	99.5
80.0	98.6	98.9	99.1	99.3	99.5	99.7	99.9	100.1	100.3	100.5	100.7	101.0	101.2
81.0	100.3	100.5	100.7	100.9	101.2	101.4	101.6	101.8	102.0	102.2	102.4	102.6	102.9
82.0	102.0	102.2	102.4	102.6	102.8	103.0	103.3	103.5	103.7	103.9	104.1	104.3	104.6
83.0	103.6	103.8	104.1	104.3	104.5	104.7	105.0	105.2	105.4	105.6	105.8	106.1	106.3
84.0	105.3	105.5	105.7	106.0	106.2	106.4	106.6	106.9	107.1	107.3	107.5	107.8	108.0
85.0	107.0	107.2	107.4	107.7	107.9	108.1	108.4	108.6	108.8	109.0	109.3	109.5	109.7
86.0	108.7	108.9	109.1	109.4	109.6	—	—	—	—	—	—	—	—

续表 E

v / R / f_{cu}^{c}	5.26	5.28	5.30	5.32	5.34	5.36	5.38	5.40	5.42	5.44	5.46	5.48	5.50
28.0	24.9	24.9	25.0	25.0	25.1	25.1	25.2	25.2	25.3	25.3	25.4	25.4	25.5
29.0	26.1	26.1	26.2	26.2	26.3	26.3	26.4	26.4	26.5	26.6	26.6	26.7	26.7
30.0	27.3	27.3	27.4	27.5	27.5	27.6	27.6	27.7	27.7	27.8	27.8	27.9	28.0
31.0	28.5	28.6	28.6	28.7	28.7	28.8	28.9	28.9	29.0	29.0	29.1	29.1	29.2
32.0	29.7	29.8	29.9	29.9	30.0	30.1	30.1	30.2	30.2	30.3	30.4	30.4	30.5
33.0	31.0	31.1	31.1	31.2	31.3	31.3	31.4	31.4	31.5	31.6	31.6	31.7	31.8
34.0	33.5	33.6	33.7	33.7	33.8	33.9	33.9	34.0	34.1	34.2	34.2	34.3	34.4
35.0	33.5	33.6	33.7	33.7	33.8	33.9	33.9	34.0	34.1	34.2	34.2	34.3	34.4
36.0	34.8	34.9	35.0	35.0	35.1	35.2	35.3	35.3	35.4	35.5	35.5	35.6	35.7
37.0	36.1	36.2	36.3	36.3	36.4	36.5	36.6	36.6	36.7	36.8	36.9	36.9	37.0
38.0	37.4	37.5	37.6	37.7	37.7	37.8	37.9	38.0	38.0	38.1	38.2	38.3	38.4
39.0	38.8	38.8	38.9	39.0	39.1	39.2	39.2	39.3	39.4	39.5	39.6	39.6	39.7
40.0	40.1	40.2	40.3	40.3	40.4	40.5	40.6	40.7	40.8	40.8	40.9	41.0	41.1
41.0	41.4	41.5	41.6	41.7	41.8	41.9	42.0	42.0	42.1	42.2	42.3	42.4	42.5
42.0	42.8	42.9	43.0	43.1	43.2	43.2	43.3	43.4	43.5	43.6	43.7	43.8	43.8
43.0	44.2	44.3	44.4	44.4	44.5	44.6	44.7	44.8	44.9	45.0	45.1	45.2	45.2
44.0	45.6	45.6	45.7	45.8	45.9	46.0	46.1	46.2	46.3	46.4	46.5	46.6	46.7
45.0	46.9	47.0	47.1	47.2	47.3	47.4	47.5	47.6	47.7	47.8	47.9	48.0	48.1
46.0	48.3	48.4	48.5	48.6	48.7	48.8	48.9	49.0	49.1	49.2	49.3	49.4	49.5
47.0	49.8	49.9	50.0	50.1	50.2	50.3	50.4	50.5	50.6	50.7	50.8	50.9	51.0

续表E

v / R / f_{cu}^{c}	5.26	5.28	5.30	5.32	5.34	5.36	5.38	5.40	5.42	5.44	5.46	5.48	5.50
48.0	51.2	51.3	51.4	51.5	51.6	51.7	51.8	51.9	52.0	52.1	52.2	52.3	52.4
49.0	52.6	52.7	52.8	52.9	53.0	53.1	53.3	53.4	53.5	53.6	53.7	53.8	53.9
50.0	54.1	54.2	54.3	54.4	54.5	54.6	54.7	54.8	54.9	55.0	55.1	55.3	55.4
51.0	55.5	55.6	55.7	55.8	56.0	56.1	56.2	56.3	56.4	56.5	56.6	56.7	56.9
52.0	57.0	57.1	57.2	57.3	57.4	57.5	57.7	57.8	57.9	58.0	58.1	58.2	58.4
53.0	58.4	58.6	58.7	58.8	58.9	59.0	59.1	59.3	59.4	59.5	59.6	59.7	59.9
54.0	59.9	60.0	60.2	60.3	60.4	60.5	60.6	60.8	60.9	61.0	61.1	61.3	61.4
55.0	61.4	61.5	61.7	61.8	61.9	62.0	62.2	62.3	62.4	62.5	62.7	62.8	62.9
56.0	62.9	63.0	63.2	63.3	63.4	63.5	63.7	63.8	63.9	64.1	64.2	64.3	64.4
57.0	64.4	64.5	64.7	64.8	64.9	65.1	65.2	65.3	65.5	65.6	65.7	65.8	66.0
58.0	65.9	66.1	66.2	66.3	66.5	66.6	66.7	66.9	67.0	67.1	67.3	67.4	67.5
59.0	67.5	67.6	67.7	67.9	68.0	68.1	68.3	68.4	68.5	68.7	68.8	69.0	69.1
60.0	69.0	69.1	69.3	69.4	69.5	69.7	69.8	70.0	70.1	70.2	70.4	70.5	70.7
61.0	70.5	70.7	70.8	71.0	71.1	71.2	71.4	71.5	71.7	71.8	72.0	72.1	72.2
62.0	72.1	72.2	72.4	72.5	72.7	72.8	73.0	73.1	73.3	73.4	73.5	73.7	73.8
63.0	73.6	73.8	73.9	74.1	74.2	74.4	74.5	74.7	74.8	75.0	75.1	75.3	75.4
64.0	75.2	75.4	75.5	75.7	75.8	76.0	76.1	76.3	76.4	76.6	76.7	76.9	77.0
65.0	76.8	76.9	77.1	77.3	77.4	77.6	77.7	77.9	78.0	78.2	78.3	78.5	78.7
66.0	78.4	78.5	78.7	78.8	79.0	79.2	79.3	79.5	79.6	79.8	80.0	80.1	80.3
67.0	80.0	80.1	80.3	80.5	80.6	80.8	80.9	81.1	81.3	81.4	81.6	81.7	81.9

续表 E

R \ v / f_{cu}^{c}	5.26	5.28	5.30	5.32	5.34	5.36	5.38	5.40	5.42	5.44	5.46	5.48	5.50
68.0	81.6	81.7	81.9	82.1	82.2	82.4	82.6	82.7	82.9	83.1	83.2	83.4	83.5
69.0	83.2	83.3	83.5	83.7	83.8	84.0	84.2	84.4	84.5	84.7	84.9	85.0	85.2
70.0	84.8	85.0	85.1	85.3	85.5	85.7	85.8	86.0	86.2	86.3	86.5	86.7	86.9
71.0	86.4	86.6	86.8	86.9	87.1	87.3	87.5	87.6	87.8	88.0	88.2	88.3	88.5
72.0	88.0	88.2	88.4	88.6	88.8	88.9	89.1	89.3	89.5	89.7	89.8	90.0	90.2
73.0	89.7	89.9	90.1	90.2	90.4	90.6	90.8	91.0	91.1	91.3	91.5	91.7	91.9
74.0	91.3	91.5	91.7	91.9	92.1	92.3	92.4	92.6	92.8	93.0	93.2	93.4	93.6
75.0	93.0	93.2	93.4	93.6	93.7	93.9	94.1	94.3	94.5	94.7	94.9	95.1	95.2
76.0	94.6	94.8	95.0	95.2	95.4	95.6	95.8	96.0	96.2	96.4	96.6	96.8	97.0
77.0	96.3	96.5	96.7	96.9	97.1	97.3	97.5	97.7	97.9	98.1	98.3	98.5	98.7
78.0	98.0	98.2	98.4	98.6	98.8	99.0	99.2	99.4	99.6	99.8	100.0	100.2	100.4
79.0	99.7	99.9	100.1	100.3	100.5	100.7	100.9	101.1	101.3	101.5	101.7	101.9	102.1
80.0	101.4	101.6	101.8	102.0	102.2	102.4	102.6	102.8	103.0	103.2	103.4	103.6	103.8
81.0	103.1	103.3	103.5	103.7	103.9	104.1	104.3	104.5	104.8	105.0	105.2	105.4	105.6
82.0	104.8	105.0	105.2	105.4	105.6	105.8	106.1	106.3	106.5	106.7	106.9	107.1	107.3
83.0	106.5	106.7	106.9	107.1	107.4	107.6	107.8	108.0	108.2	108.4	108.7	108.9	109.1
84.0	108.2	108.4	108.7	108.9	109.1	109.3	109.5	109.8	—	—	—	—	—
85.0	109.9	—	—	—	—	—	—	—	—	—	—	—	—

续表 E

R \ v \ f_{cu}^{c}	5.52	5.54	5.56	5.58	5.60	5.62	5.64	5.66	5.68	5.70	5.72	5.74	5.76
28.0	25.5	25.6	25.6	25.7	25.7	25.8	25.8	25.9	25.9	26.0	26.0	26.1	26.1
29.0	26.8	26.8	26.9	26.9	27.0	27.0	27.1	27.1	27.2	27.2	27.3	27.3	27.4
30.0	28.0	28.1	28.1	28.2	28.2	28.3	28.3	28.4	28.4	28.5	28.5	28.6	28.7
31.0	29.3	29.3	29.4	29.4	29.5	29.5	29.6	29.7	29.7	29.8	29.8	29.9	29.9
32.0	30.5	30.6	30.7	30.7	30.8	30.8	30.9	30.9	31.0	31.1	31.1	31.2	31.2
33.0	31.8	31.9	31.9	32.0	32.1	32.1	32.2	32.2	32.3	32.4	32.4	32.5	32.6
34.0	34.4	34.5	34.6	34.6	34.7	34.8	34.8	34.9	35.0	35.0	35.1	35.2	35.2
35.0	34.4	34.5	34.6	34.6	34.7	34.8	34.8	34.9	35.0	35.0	35.1	35.2	35.2
36.0	35.7	35.8	35.9	36.0	36.0	36.1	36.2	36.2	36.3	36.4	36.4	36.5	36.6
37.0	37.1	37.2	37.2	37.3	37.4	37.4	37.5	37.6	37.7	37.7	37.8	37.9	37.9
38.0	38.4	38.5	38.6	38.7	38.7	38.8	38.9	38.9	39.0	39.1	39.2	39.2	39.3
39.0	39.8	39.9	39.9	40.0	40.1	40.2	40.2	40.3	40.4	40.5	40.6	40.6	40.7
40.0	41.2	41.2	41.3	41.4	41.5	41.6	41.6	41.7	41.8	41.9	42.0	42.0	42.1
41.0	42.5	42.6	42.7	42.8	42.9	43.0	43.0	43.1	43.2	43.3	43.4	43.4	43.5
42.0	43.9	44.0	44.1	44.2	44.3	44.4	44.4	44.5	44.6	44.7	44.8	44.9	45.0
43.0	45.3	45.4	45.5	45.6	45.7	45.8	45.9	46.0	46.0	46.1	46.2	46.3	46.4
44.0	46.8	46.8	46.9	47.0	47.1	47.2	47.3	47.4	47.5	47.6	47.7	47.7	47.8
45.0	48.2	48.3	48.4	48.5	48.6	48.6	48.7	48.8	48.9	49.0	49.1	49.2	49.3
46.0	49.6	49.7	49.8	49.9	50.0	50.1	50.2	50.3	50.4	50.5	50.6	50.7	50.8
47.0	51.1	51.2	51.3	51.4	51.5	51.6	51.7	51.8	51.9	52.0	52.1	52.2	52.3

续表 E

R \ v / f_{cu}^{c}	5.52	5.54	5.56	5.58	5.60	5.62	5.64	5.66	5.68	5.70	5.72	5.74	5.76
48.0	52.5	52.6	52.7	52.8	52.9	53.0	53.1	53.2	53.3	53.4	53.5	53.6	53.7
49.0	54.0	54.1	54.2	54.3	54.4	54.5	54.6	54.7	54.8	54.9	55.0	55.1	55.2
50.0	55.5	55.6	55.7	55.8	55.9	56.0	56.1	56.2	56.3	56.4	56.6	56.7	56.8
51.0	57.0	57.1	57.2	57.3	57.4	57.5	57.6	57.7	57.8	58.0	58.1	58.2	58.3
52.0	58.5	58.6	58.7	58.8	58.9	59.0	59.1	59.3	59.4	59.5	59.6	59.7	59.8
53.0	60.0	60.1	60.2	60.3	60.4	60.6	60.7	60.8	60.9	61.0	61.1	61.3	61.4
54.0	61.5	61.6	61.7	61.9	62.0	62.1	62.2	62.3	62.4	62.6	62.7	62.8	62.9
55.0	63.0	63.1	63.3	63.4	63.5	63.6	63.8	63.9	64.0	64.1	64.2	64.4	64.5
56.0	64.6	64.7	64.8	64.9	65.1	65.2	65.3	65.4	65.6	65.7	65.8	65.9	66.1
57.0	66.1	66.2	66.4	66.5	66.6	66.7	66.9	67.0	67.1	67.3	67.4	67.5	67.6
58.0	67.7	67.8	67.9	68.1	68.2	68.3	68.5	68.6	68.7	68.8	69.0	69.1	69.2
59.0	69.2	69.4	69.5	69.6	69.8	69.9	70.0	70.2	70.3	70.4	70.6	70.7	70.8
60.0	70.8	70.9	71.1	71.2	71.4	71.5	71.6	71.8	71.9	72.0	72.2	72.3	72.4
61.0	72.4	72.5	72.7	72.8	72.9	73.1	73.2	73.4	73.5	73.6	73.8	73.9	74.1
62.0	74.0	74.1	74.3	74.4	74.6	74.7	74.8	75.0	75.1	75.3	75.4	75.6	75.7
63.0	75.6	75.7	75.9	76.0	76.2	76.3	76.5	76.6	76.8	76.9	77.0	77.2	77.3
64.0	77.2	77.3	77.5	77.6	77.8	77.9	78.1	78.2	78.4	78.5	78.7	78.8	79.0
65.0	78.8	79.0	79.1	79.3	79.4	79.6	79.7	79.9	80.0	80.2	80.3	80.5	80.6
66.0	80.4	80.6	80.7	80.9	81.1	81.2	81.4	81.5	81.7	81.8	82.0	82.1	82.3
67.0	82.1	82.2	82.4	82.5	82.7	82.9	83.0	83.2	83.3	83.5	83.7	83.8	84.0

续表 E

R \ v \ f^c_{cu}	5.52	5.54	5.56	5.58	5.60	5.62	5.64	5.66	5.68	5.70	5.72	5.74	5.76
68.0	83.7	83.9	84.0	84.2	84.4	84.5	84.7	84.8	85.0	85.2	85.3	85.5	85.7
69.0	85.4	85.5	85.7	85.9	86.0	86.2	86.4	86.5	86.7	86.9	87.0	87.2	87.3
70.0	87.0	87.2	87.4	87.5	87.7	87.9	88.0	88.2	88.4	88.5	88.7	88.9	89.0
71.0	88.7	88.9	89.0	89.2	89.4	89.6	89.7	89.9	90.1	90.2	90.4	90.6	90.7
72.0	90.4	90.5	90.7	90.9	91.1	91.2	91.4	91.6	91.8	91.9	92.1	92.3	92.5
73.0	92.0	92.2	92.4	92.6	92.8	92.9	93.1	93.3	93.5	93.7	93.8	94.0	94.2
74.0	93.7	93.9	94.1	94.3	94.5	94.6	94.8	95.0	95.2	95.4	95.6	95.7	95.9
75.0	95.4	95.6	95.8	96.0	96.2	96.4	96.5	96.7	96.9	97.1	97.3	97.5	97.7
76.0	97.1	97.3	97.5	97.7	97.9	98.1	98.3	98.5	98.7	98.8	99.0	99.2	99.4
77.0	98.9	99.0	99.2	99.4	99.6	99.8	100.0	100.2	100.4	100.6	100.8	101.0	101.2
78.0	100.6	100.8	101.0	101.2	101.4	101.6	101.8	101.9	102.1	102.3	102.5	102.7	102.9
79.0	102.3	102.5	102.7	102.9	103.1	103.3	103.5	103.7	103.9	104.1	104.3	104.5	104.7
80.0	104.0	104.2	104.4	104.7	104.9	105.1	105.3	105.5	105.7	105.9	106.1	106.3	106.5
81.0	105.8	106.0	106.2	106.4	106.6	106.8	107.0	107.2	107.4	107.6	107.8	108.0	108.2
82.0	107.5	107.7	108.0	108.2	108.4	108.6	108.8	109.0	109.2	109.4	109.6	109.8	—
83.0	109.3	109.5	109.7	109.9	—	—	—	—	—	—	—	—	—

注：1 表内未列数值可用内插法求得，精度至 0.1MPa；

2 表中 v 为测区声速代表值，R 为 4.5J 回弹仪测区回弹代表值，f^c_{cu} 为测区混凝土强度换算值。

附录F　高强混凝土强度检测报告

检测单位名称：

报告编号：　　　　　　　　　　　　　　　　　　　　　　　　　共　页　第　页

工程名称				
工程地址				
委托单位				
设计单位				
监理单位				
施工单位				
混凝土浇筑日期				
检测原因			检测日期	
检测依据			检测仪器	
混凝土强度检测结果				
构件名称、轴线编号	混凝土强度换算值（MPa）			构件混凝土强度推定值（MPa）
	平均值	标准差	最小值	
强度修正系数值 η				
强度批推定值（MPa） $n=$	$m_{f_{cu}^c}=$ MPa	$s_{f_{cu}^c}=$ MPa		$f_{cu,e}=$ MPa
测强曲线	规程，地区，专用	备注		

批准：　　　　审核：　　　　主检：　　　　　　　　　　　　年　月　日

单位公章

本规程用词说明

1　为便于在执行本规程条文时区别对待，对要求严格程度不同的用词说明如下：

1）表示很严格，非这样做不可的用词：

正面词采用“必须”，反面词采用“严禁”；

2）表示严格，在正常情况下均应这样做的用词：

正面词采用“应”；反面词采用“不应”或“不得”；

3）表示允许稍有选择，在条件许可时首先应这样做的用词：

正面词采用“宜”；反面词采用“不宜”；

4）表示有选择，在一定条件下可以这样做的用词，采用“可”。

2　条文中指明应按其他有关标准执行的写法为：“应符合……的规定”或“应按……执行”。

引用标准名录

1　《建筑结构检测技术标准》GB/T 50344

2　《回弹仪》GB/T 9138

3　《混凝土超声波检测仪》JG/T 5004

4　《回弹仪》JJG 817

中华人民共和国行业标准

高强混凝土强度检测技术规程

JGJ/T 294—2013

条 文 说 明

目　次

1 总 则

1.0.1 为C50及以上强度等级的混凝土抗压强度检测，制定本规程。

1.0.2 本规程所述的混凝土材料是符合现行国家有关标准的、由一般机械搅拌或泵送的配制强度等级为C50～C100的混凝土。在检测仪器技术性能允许的前提下，可适当放宽对仪器工作环境温度的限制。

1.0.3 在正常情况下，应当按现行国家标准《混凝土结构工程施工质量规范》GB 50204及《混凝土强度检验评定标准》GB/T 50107验收评定混凝土强度，不允许用本规程取代国家标准对制作混凝土标准试件的要求。但是，由于管理不善、施工质量不良，试件与结构中混凝土质量不一致或对混凝土标准试件检验结果有怀疑时，可以按本规程进行检测，推定混凝土强度，并作为处理混凝土质量问题的主要依据。

1.0.4 本规程测强曲线为900d的期龄。如果检测900d以上期龄混凝土强度，需钻取混凝土芯样（或同条件标准试件）对测强曲线进行修正。

3 检 测 仪 器

3.1 回 弹 仪

3.1.1 回弹仪属于量具，在使用之前，应当由法定计量检定机构进行检定，使检测精度得到保证。

3.1.2 确认回弹仪标称动能的具体检查方法。满足该条款要求后方可投入使用。检查方法是：先将回弹仪刻度尺从仪壳上拆下，露出指针滑块。然后将弹击杆压缩至外露长度约1/3时，用手将指针滑块拨至刻度尺率定值对应的仪壳刻线以上的高度，继续施压至弹击锤脱钩，按住按钮，观察指针滑块示值刻线停留位置。此时的停留位置应与仪壳上的上刻线对齐。否则需调整尾盖上的螺栓。率定时应采用与回弹仪配套的质量为20.0kg的钢砧。

3.1.3 回弹仪每次使用前，通常都要进行率定。本条给出具体率定方法和率定值计算方法。

3.1.4～3.1.5 对回弹仪检定和率定的条件划分。回弹仪的检定和率定，直接关系到检测精度。

3.1.6～3.1.9 由于回弹仪的使用环境中，粉尘含量较高，加之仪器内各相互移动的部件间有相对磨损。因此，必须经常地做好维护和保养工作。保养工作结束后，将回弹仪外壳和弹击杆擦拭干净，使弹击杆处于外伸状态并装入仪器盒内，水平置于干燥阴凉处。需要注意的是，维护保养的人员必须是对回弹仪工作原理很熟悉的，或经过相应技术培训的技术人员。

4　检　测　技　术

4.1　一　般　规　定

4.1.2　本条中的第1～6款资料系对结构或构件检测混凝土强度所需要的资料。

4.1.3　当按批抽样检测时，四个条件同时相同，方可视为同批构件。

4.1.4　为按批检测时，对构件数量的要求。

4.1.5　对测区布置的规定和要求。其中第2款的规定，对某一方向尺寸不大于4.5m且另一方向尺寸不大于0.3m的同批构件按批抽样检测时，最少测区数量可以为5个。

4.1.6～4.1.7　对在构件上布置测区的规定和要求。为了解构件强度变化情况，应当将测区编号记录下来，以供强度分析计算使用。

4.2　回弹测试及回弹值计算

4.2.1　考虑到高强混凝土多用于竖向承载的构件，所以绝大多数检测面为混凝土浇筑侧面，本规程的测强曲线就是在混凝土成型侧面建立的。因此，测区换算强度按混凝土浇筑侧面对应的测强曲线计算。测试时回弹仪的轴线方向应与结构或构件的测试面相垂直。

4.2.2～4.2.3　规定测区测点数量和测点位置。

4.3　超声测试及声速值计算

4.3.1　3个超声测点应布置在回弹测试的同一测区内。由于测强曲线建立时采用了超声对测方法，所以，实际工程检测时应优先采用对测的方法。当被测构件不具备对测条件时(如地下室外墙面)，可采用角测或平测法。平测时两个换能器的连线应与附近钢筋的轴线保持40°～50°夹角，以避免钢筋的影响。大量实践证明，平测时测距宜采用350mm～450mm，以便使接收信号首波清晰易辨认。角测和平测的具体测试方法可参照现行标准《超声回弹综合法检测混凝土强度技术规程》CECS 02：2005。

4.3.2　使用耦合剂是为了保证换能器辐射面与混凝土测试面达到完全面接触，排除其间的空气和杂物。同时，每一测点均应使耦合层达到最薄，以保持耦合状态一致，这样才能保证声时测量条件的一致性。

4.3.3　本条对声时读数和测距量测的精度提出了严格要求。因为声速值准确与否，完全取决于声时和测距量测是否准确可靠。

4.3.4　规定了测区混凝土中声速代表值的计算方法。测区混凝土中声速代表值是取超声测距除以测区内3个测点混凝土中声时平均值。当超声测点在浇筑方向的侧面对测时，声速不做修正。如果超声测试采用了角测或平测，应考虑参照现行标准《超声回弹综合法检测混凝土强度技术规程》CECS 02：2005的有关规定，事先找到声速的修正系数对声速进行修正。

声时初读数 t_0 是声时测试值中的仪器及发、收换能器系统的声延时。是每次现场测试开始前都应确认的声参数。

5 混凝土强度的推定

5.0.1 具体说明了本规程给出的全国高强混凝土测强曲线公式适用范围。由于高强混凝土在施工过程中，早期强度的增长情况备受关注。因此，建立测强曲线公式时，采用了最短龄期为 1d 的试验数据。测强曲线公式在短龄期的适用，有利于采用本规程为控制短龄期高强混凝土质量提供技术依据。该条所提及的高强混凝土所用水、外加剂和掺合料等尚应符合国家有关标准要求。

5.0.2 实践证明专用测强曲线精度高于地区测强曲线，而地区测强曲线精度高于全国测强曲线。所以本条鼓励优先采用专用测强曲线或地区测强曲线。

5.0.3 如果检测部门未建立专用或地区测强曲线，可使用本规程给出的全国测强曲线。为了掌握全国测强曲线在本地区的检测精度情况，应对其进行验证。

5.0.5 对全国 11 个省、直辖市提供的 4000 余组数据回归分析后得到如表 1 所示的测强曲线公式。

表 1 测强曲线公式和统计分析指标

检测方法	测强曲线公式	相关系数 r	相对标准差 e_r	平均相对误差 δ	试件龄期 (d)	试件强度范围 (MPa)
超声回弹综合法	$f_{cu,i}^{c}=0.117081v^{0.539038}\cdot R^{1.33947}$	0.90	16.1%	±12.9%	1～900	7.4～113.8

考虑到高强混凝土质量控制时，需要掌握高强混凝土在强度增长过程的强度变化情况，公式的强度应用范围定为 20.0MPa～110.0MPa。建立表 5-1 中所示的测强曲线公式时，所用仪器为混凝土超声波检测仪和标称动能为 4.5J 回弹仪。

5.0.6 结构或构件混凝土强度的平均值和标准差是用各测区的混凝土强度换算值计算得出的。当按批推定混凝土强度时，如果测区混凝土强度标准差超过本规程第 5.0.9 条规定，说明该批构件的混凝土制作条件不尽相同，混凝土强度质量均匀性差，不能按批推定混凝土强度。

5.0.7 当现场检测条件与测强曲线的适用条件有较大差异时，应采用同条件立方体标准试件或在测区钻取的混凝土芯样试件进行修正。为了与《建筑结构检测技术标准》GB/T 50344—2004 所规定的修正量法相协调，本规程采用了修正量法。按公式（5.0.7-1）或（5.0.7-2）计算修正量。这里需要注意的是，1 个混凝土芯样钻取位置只能制作 1 个芯样试件进行抗压试验。混凝土芯样直径宜为 100mm，高径比为 1。此外，规程中所说的混凝土芯样抗压强度试验，仅是参照现行《钻芯法检测混凝土强度技术规程》CECS 03 的规定进行。

5.0.8 按本规程推定的混凝土抗压强度，不能等同于施工现场取样成型并标准养护 28d 所得的标准试件抗压强度。因此，在正常情况下混凝土强度的验收与评定，应按现行国家标准执行。

当构件测区数少于10个时，应按式（5.0.8-1）计算推定抗压强度。当构件测区数不少于10个或按批推定构件混凝土抗压强度时，应按式（5.0.8-2）计算推定抗压强度。注意批推定构件混凝土抗压强度时的强度平均值和标准差，应采用该检验批中所有抽检构件的测区强度来计算。

当结构或构件的测区抗压强度换算值中出现小于20.0MPa的值时，该构件混凝土抗压强度推定值 $f_{cu,e}$ 应取小于20MPa。若测区换算值小于20.0MPa或大于110.0MPa，因超出了本规程强度换算方法的规定适用范围，故该测区的混凝土抗压强度应表述为"＜20.0MPa"，或"＞110.0MPa"。若构件测区中有小于20.0MPa的测区，因不能计算构件混凝土的强度标准差，则该构件混凝土的推定强度应表述为"＜20.0MPa"；若构件测区中有大于110.0MPa的测区，也不能计算构件混凝土的强度标准差，此时，构件混凝土抗压强度的推定值取该构件各测区中最小的测区混凝土抗压强度换算值。

5.0.9　对按批量检测的构件，如该批构件的混凝土质量不均匀，测区混凝土强度标准差大于规定的范围，则该批构件应全部按单个构件进行强度推定。

考虑到实际工程中可能会出现结构或构件混凝土未达到设计强度等级的情况，$m_{f^c_{cu}}$ ≤50MPa的情形是存在的。本条中混凝土抗压强度平均值 $m_{f^c_{cu}}$ ≤50MPa和 $m_{f^c_{cu}}$ ＞50MPa时，对标准差 $s_{f^c_{cu}}$ 的限值，沿用了《超声回弹综合法检测混凝土强度技术规程》CECS 02：2005中的规定。

6　检　测　报　告

要求检测报告的信息尽量齐全。对于较复杂的工程，还需要在检测报告中反映工程概况、所检测构件种类及分布等信息。对于检测结果，可以与设计强度等级对应的强度相对比，给出是否满足设计要求的结论。

附录 2　高强混凝土回弹仪检测精度比对结果

附 2.1　检测精度比对结果

7 月 13 日北京比对试验结果　　　　**附表 2-1**

GHT450（4.5J）试验结果					ZC1（5.5J）试验结果				
回弹值（GHT450）	换算值（MPa）	试件强度（MPa）	绝对误差（MPa）	相对误差（%）	回弹值（ZC1）	换算值（MPa）	试件强度（MPa）	绝对误差（MPa）	相对误差（%）
73.9	90.7	100.0	9.3	9.3	41.7	69.3	100.0	30.7	30.7
73.5	90.0	87.6	−2.4	2.7	41.9	69.5	87.6	18.1	20.6
73.2	89.4	92.4	3.0	3.2	42.9	71.0	92.4	21.4	23.1
73.1	89.2	90.9	1.7	1.9	41.5	69.0	90.9	21.9	24.1
72.1	87.3	100.0	12.7	12.7	44.3	73.1	100.0	26.9	26.9
72.0	87.1	96.3	9.2	9.5	43.2	71.5	96.3	24.8	25.8
72.9	88.8	88.2	−0.6	0.7	43.6	72.0	88.2	16.2	18.3
71.9	86.9	97.6	10.7	10.9	42.7	70.7	97.6	26.9	27.5
70.8	84.9	97.8	12.9	13.2	43.1	71.3	97.8	26.5	27.1
71.9	86.9	96.2	9.3	9.6	43.7	72.2	96.2	24.0	25.0
71.8	86.7	100.4	13.7	13.6	43.8	72.3	100.4	28.1	27.9
70.7	84.7	96.4	11.7	12.2	42.3	70.1	96.4	26.3	27.2
70.5	84.3	98.7	14.4	14.6	41.3	68.7	98.7	30.0	30.4
70.9	85.1	86.2	1.1	1.3	43.0	71.2	86.2	15.0	17.4
72.2	87.5	100.4	12.9	12.8	44.0	72.6	100.4	27.8	27.7
70.5	84.3	94.4	10.1	10.7	42.9	71.0	94.4	23.4	24.8
70.6	84.5	84.4	−0.1	0.1	43.1	71.3	84.4	13.1	15.5
70.7	84.7	100.7	16.0	15.9	44.4	73.2	100.7	27.5	27.3
72.1	87.3	98.0	10.7	10.9	43.3	71.6	98.0	26.4	26.9
72.6	88.3	93.6	5.3	5.7	45.0	74.1	93.6	19.5	20.8
73.6	90.2	86.2	−4.0	4.6	41.7	69.3	86.2	16.9	19.7
72.9	88.8	101.8	13.0	12.7	43.8	72.3	101.8	29.5	28.9
71.5	86.2	85.3	−0.9	1.0	44.6	73.5	85.3	11.8	13.8
72.8	88.6	100.4	11.8	11.7	43.8	72.0	100.4	28.4	28.2
71.9	86.9	96.0	9.1	9.4	41.7	69.3	96.0	26.7	27.9
72.8	88.6	85.6	−3.0	3.5	41.5	69.0	85.6	16.6	19.4
73.9	90.7	88.9	−1.8	2.1	43.8	72.3	88.9	16.6	18.6
74.0	90.9	93.8	2.9	3.1	43.0	71.2	93.8	22.6	24.1
73.5	90.0	100.4	10.4	10.4	43.9	72.5	100.4	27.9	27.8
72.6	88.3	88.9	0.6	0.7	45.1	74.2	88.9	14.7	16.5
—				相对误差平均值 7.7%	—				相对误差平均值 24.0%

注：1. 表中强度绝对误差（Δf）、相对误差 $|\Delta f|$ 与试件抗压强度 f^{0}_{cu} 及混凝土抗压强度换算值 f^{c}_{cu} 的关系如下：

$$\Delta f = f^{0}_{cu} - f^{c}_{cu}$$

$$|\Delta f| = |(f^{c}_{cu} - f^{0}_{cu})/f^{0}_{cu}| \times 100$$

2. 相对误差平均值小的，精度高（其意义与比对方案判定原则相同）。

附2.2　关于标称动能为4.5J和5.5J高强混凝土回弹仪检测精度的试验研究

王文明　邓　军　陈光荣　汤旭江

1. 试验研究背景

根据原建设部建标［2003］104号文和建标［2008］102号文的要求，行业标准《高强混凝土强度检测技术规程》和《回弹法检测混凝土抗压强度技术规程》JGJ/T 23—2001分别列入了2003年和2008年的制、修订计划。现两标准均已完成送审稿，但其内容在采用回弹仪检测高强混凝土强度方面存在不一致，《高强混凝土强度检测技术规程》采用的是标称动能为4.5J高强混凝土回弹仪，而《回弹法检测混凝土抗压强度技术规程》采用的是标称动能为5.5J高强混凝土回弹仪。为验证行业标准《高强混凝土强度检测技术规程》和《回弹法检测混凝土抗压强度技术规程》关于高强混凝土检测的科学性，为此有关单位组成技术联合攻关组结合新疆地区的实际特点，对标称动能为4.5J和5.5J两种高强混凝土回弹仪的测试精度进行了可行性试验研究。

2. 试验研究方案

（1）仪器设备：4.5J和5.5J两种高强回弹仪。

（2）制作规格为150mm×150mm×150mm的混凝土立方体试件，强度范围为60～100MPa。

（3）根据数据统计分析结果，对比4.5J和5.5J两种高强混凝土回弹仪的测试精度，从中择优确定一种回弹仪，以供工程技术标准应用。

（4）本试验研究成果将直接对国家标准编制和审核部门负责。

（5）本试验研究实施日期为2009年10月20日～2010年2月20日，暂定在4个月内完成。

3. 具体试验研究要点

（1）对每一试件，通过目测选择气孔相对较少或较小的侧面作为回弹测试部位。

（2）考虑高强混凝土强度相对较高，在回弹前宜将试件固定在压力机上，其预加压荷载控制在100～120kN范围内。

（3）对试件侧面回弹的操作，采用4.5J和5.5J两种回弹仪，在试件不同侧面分别测试16点。

（4）回弹测试完成后，将固定的试件卸载后重新将试件的回弹测试面置于压力机上、下承压板间进行抗压强度试验，记录其极限荷载。

（5）根据回弹测试数据和混凝土立方体试件的极限破坏荷载进行统计分析，并最终得出试验研究成果结论。

4. 具体试验研究过程及试验结果

（1）2009年10月20日～22日，联合试验研究组完成了混凝土立方体试件的制作任务。

（2）2010年1月6日～8日，联合试验研究组对高强混凝土试件进行了具体试验。

试验前，分别对4.5J（GHT450型）和5.5J（ZC1型）两种回弹仪进行了率定，其率定结果分别为88和83，满足相应技术规程要求。

附图 2-1　回弹面分别进行了大致划线后再回弹

为确保回弹结果与抗压强度之间的相关性和可比性，回弹部位必须与抗压试验的部位相同。因此选取试件成型的两个相对侧面作为回弹测试面，在两个回弹测试面分别画线规定回弹测点大致位置（附图 2-1）。试验时，用 4.5J（GHT450 型）和 5.5J（ZC1 型）回弹仪分别在两个回弹面进行回弹，回弹前宜将试件固定在压力机上，其预加压荷载控制在 100～120kN 范围内。回弹完毕后将压力机卸载，再将两个回弹面分别置于压力机的上、下承压板间进行抗压试验。计算回弹平均值时，按规程要求剔除试验数据中的 3 个最大值和 3 个最小值，因此，回弹次序对结果没有影响。试验结果如附表 2-2 所示。

高强混凝土试件具体试验结果　　　　附表 2-2

试件编号	仪器编号	试件回弹值的代表值	抗压强度（MPa）	试件编号	仪器编号	试件回弹值的代表值	抗压强度（MPa）
1	1 号	62.5	66.0	12	1 号	68.5	88.3
	2 号	45.5			2 号	47.8	
2	1 号	66.4	71.3	13	1 号	67.9	92.1
	2 号	48.9			2 号	48.2	
3	1 号	68.0	63.6	14	1 号	68.6	94.5
	2 号	48.7			2 号	50.5	
4	1 号	63.5	69.2	15	1 号	67.2	87.0
	2 号	45.7			2 号	49.1	
5	1 号	65.5	73.0	16	1 号	65.4	80.7
	2 号	49.7			2 号	47.2	
6	1 号	64.0	64.1	17	1 号	63.1	78.2
	2 号	47.0			2 号	48.1	
7	1 号	67.0	71.2	18	1 号	63.9	80.8
	2 号	47.1			2 号	49.7	
8	1 号	62.1	65.6	19	1 号	66.2	81.0
	2 号	44.8			2 号	46.4	
9	1 号	67.4	87.0	20	1 号	68.6	94.4
	2 号	47.6			2 号	48.0	
10	1 号	70.8	100.4	21	1 号	67.2	87.9
	2 号	51.3			2 号	47.6	
11	1 号	69.4	96.8	22	1 号	68.2	82.6
	2 号	48.9			2 号	45.8	

续附表 2-2

试件编号	仪器编号	试件回弹值的代表值	抗压强度（MPa）	试件编号	仪器编号	试件回弹值的代表值	抗压强度（MPa）
23	1号	69.9	82.0	33	1号	64.2	76.6
	2号	42.9			2号	44.0	
24	1号	67.8	85.0	34	1号	61.5	68.8
	2号	43.9			2号	46.7	
25	1号	65.4	74.8	35	1号	64.3	71.3
	2号	42.6			2号	48.3	
26	1号	64.5	78.4	36	1号	63.6	89.3
	2号	45.3			2号	48.2	
27	1号	62.4	80.2	37	1号	67.8	91.6
	2号	45.2			2号	50.4	
28	1号	63.3	67.7	38	1号	67.5	89.2
	2号	41.8			2号	49.2	
29	1号	68.3	95.6	39	1号	55.5	74.9
	2号	49.0			2号	41.3	
30	1号	63.3	87.6	40	1号	72.4	99.9
	2号	44.9			2号	50.0	
31	1号	62.5	70.7	41	1号	67.4	95.9
	2号	41.3			2号	45.6	
32	1号	63.7	73.5	42	1号	72.8	101.7
	2号	43.8			2号	51.6	

注：①表中1号回弹仪指GHT450型回弹仪，标称动能为4.5J，实际率定值为88，满足技术规程规定88±2的要求；2号回弹仪指ZC1型回弹仪，标称动能为5.5J，实际率定值为83，满足技术规程规定83±2的要求。

②表中试件编号1～9号为2010年1月6日试验；10～38号为2010年1月7日试验，39～42号为2010年1月8日试验。

5. 数据分析

对4.5J（GHT450型）和5.5J（ZC1型）两种回弹仪测试的高强混凝土试验数据，分别采用不同的函数形式进行测强曲线公式回归分析，结果如附表2-3所示。回弹值随混凝土强度变化情况如附表2-4所示。

试验数据分析结果　　附表 2-3

函数形式	4.5J（GHT450型回弹仪）						5.5J（ZC1型回弹仪）					
	a	b	c	δ (%)	S (%)	γ	a	b	c	δ (%)	S (%)	γ
$f^{c}_{cu}=a+b\cdot R$	−80.06	2.47	—	±5.84	7.99	0.81	−27.13	2.35	—	±6.96	8.94	0.66
$f^{c}_{cu}=a\cdot R^{b}$	0.0286	1.90	—	±5.83	7.60	0.79	0.5795	1.29	—	±7.09	8.97	0.65

续附表 2-3

函数形式	4.5J（GHT450 型回弹仪）						5.5J（ZC1 型回弹仪）					
	a	b	c	δ（%）	S（%）	γ	a	b	c	δ（%）	S（%）	γ
$f_{cu}^{c}=a+b\cdot R+c\cdot R^2$	532.29	−16.35	0.144	±5.32	6.47	0.85	396.61	−15.96	0.197	±6.82	8.82	0.69
$f_{cu}^{c}=a\cdot \exp(b\cdot R)$	11.61	0.0297	—	±5.65	7.38	0.80	22.13	0.0281	—	±7.02	8.93	0.65

注；f_{cu}^{c}为混凝土强度推定值；a、b、c 为回归系数；δ 为平均相对误差；S 为相对标准差。

回弹值随混凝土强度变化情况 **附表 2-4**

仪器编（型）号	试件数量	试件强度范围及范围值 Δf_{cu}^{c}（MPa）	回弹值范围及范围值 ΔR	$\Delta f_{cu}^{c}-\Delta R$（MPa）	试件和试验情况
1 号（GHT450）	42	63.6～101.7	55.5～72.8 ΔR=17.3	2.20	试件为边长为 150mm 立方体。两种回弹仪在同一试件上成型侧面各回弹 16 次后，再对侧面立即做抗压强度试验
2 号（ZC1）		Δf_{cu}^{c}=38.1	41.3～51.6 ΔR=10.3	3.70	

6. 试验研究结论

试验数据分析结果表明，4.5J（GHT450 型）回弹仪对高强混凝土测试的各种回归函数公式的相关系数、相对标准差及平均相对误差均优于 5.5J（ZC1 型）回弹仪，说明 4.5J（GHT450 型）回弹仪检测精度比 5.5J（ZC1 型）回弹仪高。

此外，附表 2-3 中的 $\Delta f_{cu}^{c}/\Delta R$ 也是评价回弹仪检测精度的一个重要参数，该参数说明了单位回弹值的变化与相应的混凝土抗压强度的变化情况。该比值越小，回归出的测强曲线走向越平缓，检测精度越高。在试验中，4.5J（GHT450 型）回弹仪的 $\Delta f_{cu}^{c}/\Delta R$ 值为 2.20，而 5.5J（ZC1 型）回弹仪 $\Delta f_{cu}^{c}/\Delta R$ 值高达 3.70。

通过以上不同测强曲线公式形式回归分析，以及其回弹值对应混凝土试件抗压强度变化范围的比较，证明 5.5J（ZC1 型）回弹仪比 4.5J（GHT450 型）回弹仪检测精度低得多。

附录3　中华人民共和国国家计量检定规程《回弹仪》JJG 817—2011

中华人民共和国行业标准

回弹仪

Rebound Test Hammer

JJG 817—2011
代替 JJG 817—1993

归　口　单　位：全国力值硬度计量技术委员会
主要起草单位：陕西省建筑科学研究院
　　　　　　　中国计量科学研究院
参加起草单位：舟山市博远科技开发有限公司
　　　　　　　山东省乐陵市回弹仪厂
本规程主要起草人：文恒武（陕西省建筑科学研究院）
　　　　　　　张　伟（中国计量科学研究院）
参　加　起　草　人：诸华丰（舟山市博远科技开发有限公司）
　　　　　　　魏超琪（陕西省建筑科学研究院）
　　　　　　　王明堂（山东省乐陵市回弹仪厂）

目 录

回弹仪检定规程

1　范　　围

本规程适用于回弹仪的首次检定、后续检定和使用中检查。

2　引　用　文　献

GB/T 9138—1988 回弹仪

凡是注日期的引用文件，仅注日期的版本适用于本规程；凡是不注日期的引用文件，其最新版本（包括所有的修改单）适用于本规程。

3　术语和计量单位

3.1　弹击拉簧的拉伸长度 tensile length of elastic tension spring

弹击锤脱钩瞬间弹击拉簧被拉伸的长度。

3.2　回弹值 rebound value

弹击锤弹回的距离与弹击拉簧拉伸长度之比的百分值。

3.3　弹击锤起跳位置 takeoff position of elastic hammer

弹击锤撞击到弹击杆瞬间所处的位置。

3.4　弹击锤脱钩位置 unhook position of elastic hammer

回弹仪弹击时，弹击锤在脱钩瞬间所处的位置。

3.5　数字式回弹仪 digital rebound test hammer

在指针直读式回弹仪基础上增加了回弹值采集、显示、储存、强度计算等数据处理功能的回弹仪。

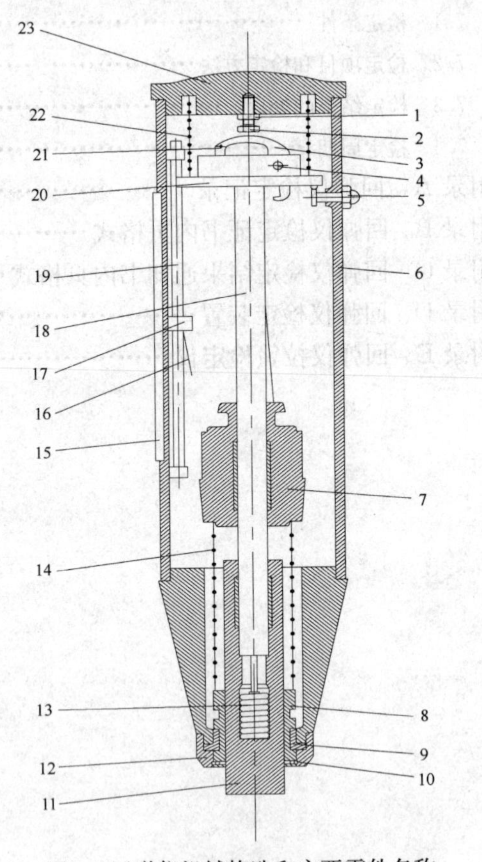

图 1　回弹仪机械构造和主要零件名称

1—紧固螺母；2—脱钩位置调整螺钉；3—挂钩；4—挂钩销子；5—锁定按钮；6—机壳；7—弹击锤；8—拉簧座；9—卡环；10—密封毡圈；11—弹击杆；12—盖帽；13—缓冲压簧；14—弹击拉簧；15—标尺；16—指针片；17—指针块；18—中心导杆；19—指针轴；20—导向法兰；21—挂钩压簧；22—复位压簧；23—尾盖

4　概　　述

回弹仪是用于检测混凝土、砂浆、砖抗压强度的仪器，机械构造如图 1 所示。其原理是通过弹击被测物表面获得回弹值，以回弹值作为与被测物抗压强度相关的指标，来推定被测物的抗压强度。

5 计量性能要求

回弹仪主要技术要求见表1。

回弹仪主要技术要求　　表1

序号	项目	技术要求		最大允许误差
1	标尺“100”刻度线位置	与检定器盖板定位缺口侧面重合		在刻线宽度范围内（刻线宽0.4mm）
2	指针长度/mm	20.0		±0.2
3	指针摩擦力/N	回弹仪规格		
		H980	0.65	±0.15
		H550		
		H450		
		M225		
		L75	0.50	±0.10
		L20		
4	弹击杆端部球面半径/mm	回弹仪规格		
		H980	40.0	±1.0
		H550	18.0	
		H450	45.0	
		M225	25.0	
		L75		
		L20		
5	弹击锤脱钩位置	标尺“100”刻线处		±0.2mm
6	弹击拉簧刚度/（N/m）	回弹仪规格		
		H980	1000	±45
		H550	1100	±50
		H450	900	±40
		M225	785	±30
		L75	261	±12
		L20	69	±4
7	弹击拉簧工作长度/mm	回弹仪规格		
		H980	134.4	±0.5
		H550	86.0	±0.5
		H450	106.0	±0.5
		M225	61.5	±0.3
		L75		
		L20		
8	弹击拉簧拉伸长度/mm	回弹仪规格		
		H980	140.0	±0.5
		H550	100.0	
		H450		
		M225	75.0	±0.3
		L75		
		L20		
9	弹击锤起跳位置	标尺“0”处		0～1

续表 1

序号	项　目	技 术 要 求		最大允许误差
10	钢砧率定值	回弹仪规格		±2
		H980	83	
		H550		
		H450	88	
		M225	80	
		L75	74	
		L20		
11	示值一致性	指针滑块刻线对应的标尺数值与数字式回弹仪的显示值之差≤1，且两者的钢砧率定值均满足要求		

6　通用技术要求

6.1　外观

回弹仪外壳不允许有碰撞和摔落等造成的明显损伤，弹击杆球面应光滑，无裂痕、锈蚀等缺陷，指针滑块示值刻度线应清晰，标尺上的刻度线应清晰、均匀。

6.2　运动部件

各运动部件应活动自如、可靠，不得有松动、卡滞和影响操作的现象。

7　计量器具控制

7.1　检定条件

7.1.1　环境条件

回弹仪检定装置应放置于平稳的工作台上，室内应清洁、干燥，室温应控制在（20±5）℃。

7.1.2　检定用标准器具

检定回弹仪使用的检定器具要求见表 2。

检定器具要求　　**表 2**

序号	名　称	要　求
1	回弹仪检定装置（见附录 D）	① 锁紧、夹持机构使用方便、可靠，夹具不得损伤被测器具； ② 定位环定位孔中心至盖板“100”刻线尺寸最大允许误差为±0.1mm；盖板刻度尺寸最大误差为±0.1mm； ③ 钢砧硬度为 HRC 60±2；H980 回弹仪所用钢砧重量为 45.0kg，最大允许误差为（+0.6～−0.2）kg；H550 和 H450 回弹仪所用钢砧重量为 20.0kg，M225、L75、L20 回弹仪所用钢砧重量为 16.0kg，最大允许误差均为（+0.3～−0.1）kg； ④ 测力装置的准确度等级不低于 0.3 级；位移测量装置的最大允许误差±0.02mm； ⑤ 能够测量标尺“100”刻度线的位置，最大允许误差±0.1mm； ⑥ 能够测量弹击拉簧刚度，测量范围（55～1200）N/m； ⑦ 能够测量弹击拉簧拉伸长度，测量范围（75～140）mm； ⑧ 能够测量弹击锤脱钩位置，标尺“100”刻线处；最大允许误差±0.1mm； ⑨能够测量弹击锤起跳位置，标尺刻度 0～1 处

续表 2

序号	名　　称	要　　　　求
2	回弹仪拉簧检定仪（见附录 E）	① 刻度尺最大允许误差为±0.1mm； ② 能够测量弹簧刚度范围为（60～1200）N/m
3	游标卡尺	测量范围为（0～150）mm，最大允许误差±0.02mm
4	半径样板规	共 20 个，r 分别为 17.0，17.5，18.0，18.5，19.0，24.0，24.5，25.0，25.5，26.0，39.0，39.5，40.0，40.5，41.0，44.0，44.5，45.0，45.5，46.0（mm）
5	测力仪	测量范围为（0～1）N，准确度等级 5.0 级

7.2　检定项目和检定方法

7.2.1　回弹仪的首次检定、后续检定和使用中检查项目见表 3。

回弹仪检定项目一览表　　**表 3**

序号	检定项目	首次检定	后续检定	使用中检查
1	标尺“100”刻度线位置	+	+	−
2	指针长度（mm）	+	+	−
3	指针摩擦力（N）	+	+	−
4	弹击杆端部球面半径（mm）	+	+	−
5	弹击锤脱钩位置	+	+	−
6	弹击拉簧刚度（N/m）	+	+	−
7	弹击拉簧工作长度（mm）	+	+	−
8	弹击拉簧拉伸长度（mm）	+	+	−
9	弹击锤起跳位置	+	+	−
10	钢砧率定值	+	+	+
11	示值一致性	+	+	+

注：“+”为需要检定的项目；“−”为不需检定的项目；示值一致性检定仪适用于数字式回弹仪。

7.2.2　通用技术要求的检查

通过目测、手感检查 6.1～6.4 项，符合要求后再进行其他项目的检定。

7.2.3　回弹仪计量性能的检定

7.2.3.1　标尺“100”刻度线位置

卸去回弹仪盖帽和尾盖，取出机芯，装入回弹仪检定装置，检查盖板定位缺口侧面与标尺“100”刻线是否重合。

7.2.3.2　指针长度

卸下指针或指针组件，用游标卡尺外量爪夹住指针，测量指针水平投影总长度，将此长度减去示值刻线至指针块边缘的距离，即为指针长度。

7.2.3.3　指针摩擦力

将指针装入机壳，用测力计测量指针沿刻度尺增值方向的摩擦力。对采用一体化指针组件的回弹仪，可以直接用测量计测量指针摩擦力。数字式回弹仪应在指针与采样部件一体的状态下测量摩擦力。

7.2.3.4　弹击杆端部球面半径

用半径样板光隙法测量弹击杆端部球面半径。

7.2.3.5　弹击锤脱钩位置

把机芯装入机壳后，将弹击杆压缩至外露长度的 1/3，用手将指针上拨至刻度约为“90”的位置，继续压缩至弹击锤击发，锁住按钮，目测指针示值刻线停留位置。

对采用一体化指针组件的回弹仪，卸下指针组件，用手将指针上拨至刻度为“90”的位置，将弹击杆压缩至外露长度的 1/3，扣上指针组件，继续压缩至弹击锤击发，锁住按钮，目测指针示值刻线停留位置。

7.2.3.6　弹击拉簧刚度

变换弹击拉簧角度重复测量弹击拉簧刚度 3 次，取 3 次测量的平均值 $\overline{K}$ 作为弹击拉簧的刚度值：

$$\overline{K}=\frac{1}{3}\sum_{i=1}^{3}K_i \tag{1}$$

K 值精确到 0.1N/m。

每个角度下的弹击拉簧刚度测量按以下方法进行：

方法一：从机芯中取下拉簧座、拉簧、弹击锤 3 联件，装入回弹仪弹击拉簧检定仪，分别加不同质量的砝码 3 次（M225 型回弹仪可分别加砝码 2kg、4kg、6kg。其他型号回弹仪可参照此方法，以不同重量的砝码进行测量），读取相应的拉伸长度。根据公式（2）计算得到弹击拉簧刚度 K_i：

$$K_i=\frac{1}{3}\sum_{i=1}^{3}\frac{m_i g}{L_i} \tag{2}$$

式中：m_i ——每次加荷的砝码质量；

L_i ——加砝码 m_i 时对应的弹击拉簧的拉伸长度，m；

g——检定地点的重力加速度。

方法二：将机芯装入检定装置，拉伸弹击拉簧，连续测量拉力和弹击锤相对于标尺“100”刻度线位置的距离，相邻测点间的距离应小于 0.3mm。根据公式（3）计算拉簧刚度 K_i：

$$K_i=\frac{1}{3}\sum_{i=1}^{3}\left(\frac{f_i-f_0}{x_i-x_0}\right) \tag{3}$$

式中：f_0 ——拉簧拉力最接近 mg 测点的拉簧拉力值，其中 m 为该型号回弹仪弹击锤质量，g 为当地重力加速度；

f_i ——拉簧拉力最接近 $(m+m_i)g$ 测点的拉簧拉力值，其中 m_i 为方法一中分别施加的 3 次砝码质量；

x_i ——对应拉力为 f_i 测点的位移值；

x_0——对应拉力为 f_0 测点的位移值。

7.2.3.7 弹击拉簧工作长度

方法一：将机芯装入检定装置，拉伸弹击拉簧，测量拉力为零时弹击锤进簧根部端面到拉簧座出簧端面的距离。变换弹击拉簧角度重复上述步骤共 3 次，取平均值。

方法二：将机芯装入检定装置内，用游标卡尺测量弹击拉簧处于自由状态时弹击锤进簧根部端面到拉簧座出簧端面的距离。

7.2.3.8 弹击拉簧拉伸长度

方法一：将机芯装入检定装置，拉伸弹击拉簧，连续测量拉力和弹击锤相对于标尺"100"刻度线位置的距离。取拉力为零时的位移位置（x_0）和拉簧拉力消失（拉力减至拉簧拉伸过程最大力值的 70％以下）时的前一测点的位移值为拉簧脱钩位置（x_1）。每次测量的弹击拉簧拉伸长度为：

$$L_{0i} = x_{0i} - x_{1i} \tag{4}$$

式中：L_{0i}——第 i 次测量弹击拉簧的拉伸长度；

x_{1i}——第 i 次测量的脱钩位置；

x_{0i}——第 i 次测量的拉力为零时的位移位置。

变换弹击拉簧角度重复上述步骤共 3 次，弹击拉簧的冲击长度为：

$$L_0 = \frac{1}{3}\sum_{i=1}^{3} L_{0i} \tag{5}$$

方法二：将机芯装入检定装置，使弹击锤处于即将脱钩的状态，用游标卡尺测量弹击杆与弹击锤两冲击面的距离。

7.2.3.9 弹击锤起跳位置

将机芯装入检定装置，拨动检定装置的指针，使其与标尺的刻度"0"对齐，击发弹击锤。此时，若指针起跳，则起跳位置满足要求；若不起跳，将指针沿增值方向逐次增大 0.5，直至指针起跳，记录当前位置。

7.2.3.10 钢砧率定值

回弹仪钢砧率定值应分 4 个方向进行，弹击杆每次旋转 90°，每个方向连续读取 3 次稳定回弹值，每次均应符合表 1 规定的允许误差。

7.2.3.11 示值一致性

对于数字式回弹仪，在回弹值 20～40、40～60 及 60 以上分度值范围内各测量 3 次，分别读取指针的刻线示值和数显示值进行比较，每次示值差均应小于 1，钢砧率定值均应满足要求。

7.3 检定结果的处理

按照本规程的规定和要求，经检定合格的回弹仪发给检定证书；不合格的回弹仪，发给检定结果通知书并注明不合格项目。

7.4 检定周期

回弹仪的检定周期为 6 个月。

附录 A 回弹仪检定记录

单位名称：__________制造厂：__________检定日期：

型号规格：__________出厂编号：__________室　温：

序　号	检定项目	检定结果	备　注
1	外观质量		
2	标尺“100”刻度线位置		
3	指针长度/mm		
4	指针摩擦力/N		
5	弹击杆端部球面半径/mm		
6	弹击锤脱钩位置		
7	弹击拉簧刚度/（N/m）		
8	弹击拉簧工作长度/mm		
9	弹击拉簧拉伸长度/mm		
10	弹击锤起跳位置		
11	钢砧率定值		
12	示值一致性		

标准设备：

检定依据：JJG 817-2011 回弹仪

结论：经检定，认为________，发给________号证书。

检定员：　　　　　　　　　　　　　　　　核验员：

附录 B 回弹仪检定证书内页格式

检 定 结 果

序号	检 定 项 目	结果	序号	检 定 项 目	结果
1	标尺“100”刻度线位置		7	弹击拉簧工作长度/mm	
2	指针长度/mm		8	弹击锤拉伸长度/mm	
3	指针摩擦力/N		9	弹击锤起跳位置	
4	弹击杆端部球面半径/mm		10	钢砧率定值	
5	弹击锤脱钩位置		11	示值一致性	
6	弹击拉簧刚度/（N/m）				

检定地点及其环境条件

地点：　　　　　　　　　　　　温度：　℃

说明：

（1）不准自行更换仪器零件；

（2）使用完毕，应弹击后锁住机芯，平放在干燥阴凉处；

（3）下次送检时，须带此证书。

附录 C　回弹仪检定结果通知书内页格式

检　定　结　果

序号	检 定 项 目	结果	序号	检 定 项 目	结果
1	标尺“100”刻度线位置		7	弹击拉簧工作长度（mm）	
2	指针长度（mm）		8	弹击锤拉伸长度（mm）	
3	指针摩擦力（N）		9	弹击锤起跳位置	
4	弹击杆端部球面半径（mm）		10	钢砧率定值	
5	弹击锤脱钩位置		11	示值一致性	
6	弹击拉簧刚度（N/m）				
不合格项：					
检定地点及其环境条件 地点：　　　　温度：　℃					

说明：

(1) 不准自行更换仪器零件；

(2) 使用完华，应弹击后锁住机芯，平放在干燥阴凉处；

(3) 下次送检时，须带此证书。

附录 D　回弹仪检定装置

回弹仪检定装置的结构如图 D.1 所示。

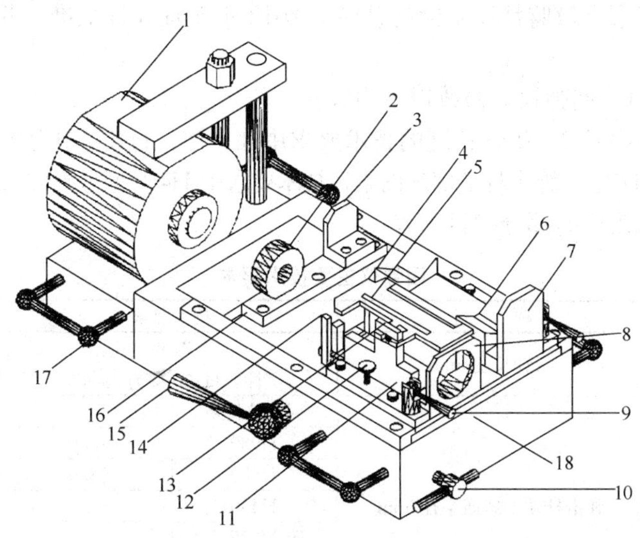

图 D.1　回弹仪检定装置结构图

1—钢砧；2—力传感器；3—定位板Ⅱ；4—盖板；5—加长指针；6—机壳定位槽；7—定位板Ⅰ；8—尾盖支架；9—手柄Ⅱ；10—手柄Ⅰ；11—机芯定位槽；12—定位按钮；13—压紧螺钉；14—弹击手柄；15—锤夹；16—锁紧按钮；17—底座；18—位移传感器

附录 E　回弹仪拉簧检定仪（图 3）

回弹仪拉簧检定仪的结构如图 E.1 所示。

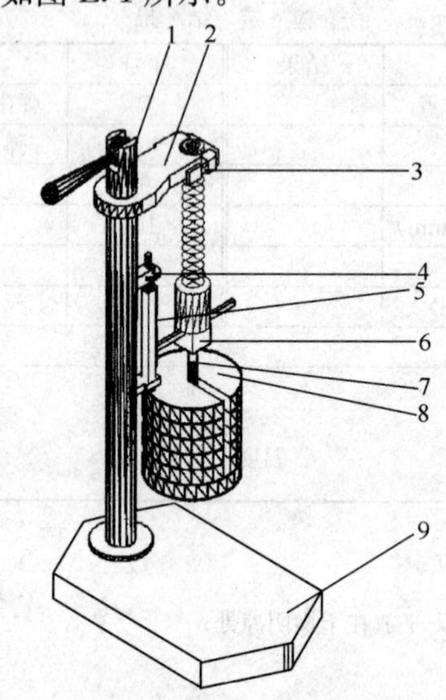

图 E.1　回弹仪拉簧检定仪结构图

1—压紧螺母；2—定位板；3—定位按钮；4—调零螺母；5—专用刻度尺；6—横架游标；7—砝码钩；8—砝码；9—底座

JJG 817—2011《回弹仪》第 1 号修改单

本修改单经国家质量监督检验检疫总局于 2012 年 5 月 3 日批准，并自 2012 年 5 月 3 日起实施。

JJG 817—2011《回弹仪》修改以下内容：

一、表 1 中的序号 2：指针长度的技术要求中加“注：H450 型为 25.0”。

二、表 1 中的序号 4:弹击杆端部球面半径技术要求中 H450 型号对应的“45.0”改为“35.0”。

下面是表 1 修改后的部分栏目内容：

回弹仪主要技术要求　　表 1

序　号	项　目	技术要求		最大允许误差
2	指针长度/mm	20.0 注：H450 型为 25.0		±0.2
4	弹击杆端部球面半径/mm	回弹仪规格		±1.0
		H980	40.0	
		H550	18.0	
		H450	35.0	
		M225	25.0	
		L75		
		L20		

三、附录 D 中图 D.1 的图注：“14—弹击手柄”、“15—锤夹”，改为“14—锤夹”、“15—弹击手柄”。

附录4　中国工程建设标准化协会标准《超声回弹综合法检测混凝土强度技术规程》CECS 02：2005

中国工程建设标准化协会标准

超声回弹综合法检测混凝土强度技术规程

Technical specification for detecting strength of concrete by ultrasonic-rebound combined method

CECS 02：2005

主编单位：中国建筑科学研究院
批准单位：中国工程建设标准化协会
施行日期：2005年12月1日

前　言

根据（2000）建标协字第15号文《关于印发中国工程建设标准化协会2000年第一批推荐性标准制、修订计划的通知》的要求，对原规程进行了修订。

本规程在《超声回弹综合法检测混凝土强度技术规程》CECS 02：88 的基础上，吸收了国内外超声检测仪器的最新成果和超声检测技术的新经验，结合我国建设工程中混凝土质量检测的实际需要进行了修订。

本规程的主要内容是：1　总则，2　术语、符号，3　回弹仪，4　混凝土超声波检测仪器，5　测区回弹值和声速值的测量及计算，6　结构混凝土强度推定。

本规程主要修订的内容是：1　规定了混凝土回弹仪的检定方法；2　增加了超声波角测、平测及其声速计算方法；3　扩大了测强曲线的适用范围；4　改变了结构混凝土强度的推定方法。

根据国家计委［1986］1649号文《关于请中国工程建设标准化委员会负责组织推荐性工程建设标准试点工作的通知》的要求，现批准发布协会标准《超声回弹综合法检测混凝土强度技术规程》，编号为 CECS 02：2005，推荐给工程设计、施工、使用单位采用。自本规程施行之日起，原规程 CECS 02：88 废止。

本规程由中国工程建设标准化协会混凝土结构专业委员会 CECS/TC5 归口管理，由中国建筑科学研究院结构研究所（北京北三环东路30号，邮政编码：100013）负责解释。在施行过程中，如发现需要修改或补充之处，请将意见和资料径寄解释单位。

主编单位：中国建筑科学研究院

参编单位：陕西省建筑科学研究设计院、广西区建筑科学研究设计院、湖南大学土木工程学院、贵州中建建筑科研设计院、浙江省建筑科学设计研究院、山东乐陵市回弹仪厂。

主要起草人：邱平、张治泰、张荣成、李杰成、黄政宇、袁海军、张晓、徐国孝、王明堂。

中国工程建设标准化协会

2005年10月1日

目　次

1　总　　则

1.0.1　为了统一采用中型回弹仪、混凝土超声波检测仪综合检测并推断混凝土结构中普通混凝土抗压强度的方法，做到技术先进、安全可靠、经济合理、方便使用，制定本规程。

1.0.2　在正常情况下，混凝土强度的验收和评定应按现行有关国家标准执行。当对结构中的混凝土有强度检测要求时，可按本规程进行检测，并推定结构混凝土的强度，作为混凝土结构处理的一个依据。

1.0.3　本规程不适用于检测因冻害、化学侵蚀、火灾、高温等已造成表面疏松、剥落的混凝土。

1.0.4　按本规程进行工程检测的人员，应通过专业培训并持有相应的资格证书。

1.0.5　采用超声回弹综合法检测及推定混凝土强度，除应遵守本规程外，尚应符合现行有关强制性标准的规定。

2　术语、符号

2.1　术　　语

2.1.1　检测单元 Detective element

按照检测要求确定的混凝土结构的组成单元。

2.1.2　测区 Detecting region

在进行结构或构件混凝土强度检测时确定的检测区域。

2.1.3　测点 Detecting point

测区内的检测点。

2.1.4　超声回弹综合法 Ultrasonic-rebound combined method

根据实测声速值和回弹值综合推定混凝土强度的方法。本方法采用带波形显示器的低频超声波检测仪，并配置频率为50～100kHz的换能器，测量混凝土中的超声波声速值，以及采用弹击锤冲击能量为2.207J的混凝土回弹仪，测量回弹值。

2.1.5　超声波速度 Velocity of ultrasonic wave

在混凝土中，超声脉冲波单位时间内的传播距离。

2.1.6　波幅 Amplitude of wave

超声脉冲波通过混凝土被换能器接收后，由超声波检测仪显示的首波信号的幅度。

2.1.7　测区混凝土抗压强度换算值 Conversion value for the compression strength of concrete at detecting region

根据测区混凝土中的声速代表值和回弹代表值，通过测强曲线换算所得的该测区现龄期混凝土的抗压强度值。

2.1.8　混凝土抗压强度推定值 Inferable value for compression strength of concrete

根据测区混凝土抗压强度换算值推定的结构或构件中现龄期混凝土的抗压强度值。

2.2 主 要 符 号

e_r ——相对误差；

$f^c_{cu,i}$ ——结构或构件第 i 个测区的混凝土抗压强度换算值；

$f_{cu,e}$ ——结构混凝土抗压强度推定值；

$f^c_{cu,min}$ ——结构或构件最小的测区混凝土抗压强度换算值；

f^o_{cu} ——混凝土立方体试件的抗压强度实测值；

f^o_{cor} ——混凝土芯样试件的抗压强度实测值；

l_i ——第 i 个测点的超声测距；

$m_{f^c_{cu}}$ ——结构或构件测区混凝土抗压强度换算值的平均值；

n ——测区数，测点数，立方体试件数，芯样试件数；

R_i ——第 i 个测点的有效回弹值；

R ——测区回弹代表值；

R_a ——修正后的测区回弹代表值；

$R_{a\alpha}$ ——测试角度为 α 时的测区回弹修正值；

R^t_a 、R^b_a ——测量混凝土浇筑顶面或底面时的测区回弹修正值；

$s_{f^c_{cu}}$ ——结构或构件测区混凝土抗压强度换算值的标准差；

T_k ——空气的摄氏温度；

t_i ——第 i 个测点的声时读数；

t_0 ——声时初读数；

v ——测区混凝土中声速代表值；

v_a ——修正后的测区混凝土中声速代表值；

v_k ——空气中声速计算值；

v^o ——空气中声速实测值；

v_i ——第 i 点个测点的混凝土中声速值；

α ——回弹仪测试角度；

β ——超声测试面的声速修正系数；

η ——修正系数；

λ ——平测声速修正系数。

3 回 弹 仪

3.1 一 般 规 定

3.1.1 所采用的回弹仪应符合国家计量检定规程《混凝土回弹仪》JJG817 的要求，并通过技术鉴定，必须具有产品合格证和检定证，并应具有中国计量器具制造 CMC 许可证标志。

3.1.2 所采用的回弹仪应符合下列标准状态的要求：

1　水平弹击时，在弹击锤脱钩的瞬间，回弹仪弹击锤的冲击能量应为 2.207J；

2　弹击锤与弹击杆碰撞的瞬间，弹击拉簧应处于自由状态，检定器上指针滑块刻线应置于“0”处；

3　在洛氏硬度 HRC 为 60±2 的钢砧上，回弹仪的率定值应为 80±2。

3.1.3　回弹仪使用时，环境温度应为－4～40℃。

3.2　检 定 要 求

3.2.1　回弹仪有下列情况之一时，应经检定单位检定后方可使用：

1　新回弹仪启用前；

2　超过检定有效期；

3　累计弹击次数超过 6000 次；

4　经常规保养后，钢砧率定值不合格；

5　遭受严重撞击或其他损害。

3.2.2　回弹仪应由有资格的检定单位按照现行国家计量检定规程《混凝土回弹仪》JJG 817 的规定进行检定。

3.2.3　在下列情况之一时，回弹仪应在钢砧上进行率定试验：

1　回弹仪当天使用前后；

2　测试过程中对回弹仪性能有怀疑时。

当回弹仪率定值不在 80±2 范围内时，应按本规程第 3.3 节的要求，对回弹仪进行常规保养后再进行率定。若再次率定仍达不到要求，则应送检定单位检定。

3.2.4　回弹仪率定试验宜在干燥、室温 5～35℃条件下进行。率定时，钢砧应稳固地平放在刚度大的物体上。测定回弹值时，取连续向下弹击三次的稳定回弹值计算平均值。弹击杆应分三次旋转，每次宜旋转 90°。每旋转一次弹击杆，率定平均值应为 80±2。

3.3　维 护 保 养

3.3.1　回弹仪有下列情况之一时，应进行常规保养：

1　弹击超过 2000 次；

2　对检测值有怀疑时；

3　钢砧上的率定值不符合要求。

3.3.2　回弹仪的常规保养应符合下列规定：

1　使弹击锤脱钩后取出机芯，卸下弹击杆，取出缓冲压簧，并取出弹击拉簧和拉簧座；

2　清洗机芯各零部件，重点清洗中心导杆、弹击锤和弹击杆的内孔和冲击面。清洗后在中心导杆上薄薄涂抹钟表油，其他零部件均不得抹油；

3　清理机壳内壁，卸下刻度尺，并检查指针，其摩擦力应为 0.5～0.8N；

4　不得旋转尾盖上已定位紧固的调零螺丝；

5　不得自制或更换零部件；

6　保养后按本规程第 3.2.4 条的要求进行率定试验。

3.3.3　回弹仪使用完毕后，应使弹击杆伸出机壳，清除弹击杆、杆前端球面、刻度尺表面和外壳上的污垢、尘土。回弹仪不使用时，应将弹击杆压入仪器内，经弹击后用按钮锁住机芯，将回弹仪装入仪器箱，平放在干燥阴凉处。

4 混凝土超声波检测仪器

4.1 一 般 规 定

4.1.1 所采用的混凝土超声波检测仪应通过技术鉴定，必须具有产品合格证和检定证。

4.1.2 用于混凝土的超声波检测仪可分为下列两类：

1 模拟式：接收的信号为连续模拟量，可由时域波形信号测读声学参数；

2 数字式：接收的信号转化为离散数字量，具有采集、储存数字信号、测读声学参数和对数字信号处理的智能化功能。

4.1.3 所采用的超声波检测仪应符合现行行业标准《混凝土超声波检测仪》JG/T 5004的要求，并在计量检定有效期内使用。

4.1.4 超声波检测仪应满足下列要求：

1 具有波形清晰、显示稳定的示波装置；

2 声时最小分度值为0.1μs；

3 具有最小分度值为1dB的信号幅度调整系统；

4 接收放大器频响范围10～500kHz，总增益不小于80dB，接收灵敏度（信噪比3：1时）不大于50μV；

5 电源电压波动范围在标称值±10%情况下能正常工作；

6 连续正常工作时间不少于4h。

4.1.5 模拟式超声波检测仪还应满足下列要求：

1 具有手动游标和自动整形两种声时测读功能；

2 数字显示稳定，声时调节在20～30μs范围内，连续静置1h数字变化不超过±0.2μs。

4.1.6 数字式超声波检测仪还应满足下列要求：

1 具有采集、储存数字信号并进行数据处理的功能；

2 具有手动游标测读和自动测读两种方式。当自动测读时，在同一测试条件下，在1h内每5min测读一次声时值的差异不超过±0.2μs；

3 自动测读时，在显示器的接收波形上，有光标指示声时的测读位置。

4.1.7 超声波检测仪器使用时，环境温度应为0～40℃。

4.2 换能器技术要求

4.2.1 换能器的工作频率宜在50～100kHz范围内。

4.2.2 换能器的实测主频与标称频率相差不应超过±10%。

4.3 校准和保养

4.3.1 超声波检测仪的声时计量检验，应按“时-距”法测量空气中声速实测值 v^0（附录

E)，并与按下列公式计算的空气中声速计算值 v_k 相比较，二者的相对误差不应超过±0.5%。

$$v_k = 331.4\sqrt{1+0.00367T_k} \tag{4.3.1}$$

式中　331.4——0℃时空气中的声速值（m/s）；

v_k——温度为 T_k 时空气中的声速计算值（m/s）；

T_k——测试时空气的温度（℃）。

4.3.2　检测时，应根据测试需要在仪器上配置合适的换能器和高频电缆线，并测定声时初读数 t_0。检测过程中如更换换能器或高频电缆线，应重新测定 t_0。

4.3.3　超声波检测仪应定期保养。

5　测区回弹值和声速值的测量及计算

5.1　一　般　规　定

5.1.1　测试前宜具备下列资料：

1　工程名称和设计、施工、建设、委托单位名称；

2　结构或构件名称、施工图纸和混凝土设计强度等级；

3　水泥的品种、强度等级和用量，砂石的品种、粒径，外加剂或掺合料的品种、掺量和混凝土配合比等；

4　模板类型，混凝土浇筑、养护情况和成型日期；

5　结构或构件检测原因的说明。

5.1.2　检测数量应符合下列规定：

1　按单个构件检测时，应在构件上均匀布置测区，每个构件上测区数量不应少于10个；

2　同批构件按批抽样检测时，构件抽样数不应少于同批构件的30%，且不应少于10件；对一般施工质量的检测和结构性能的检测，可按照现行国家标准《建筑结构检测技术标准》GB/T 50344的规定抽样。

3　对某一方向尺寸不大于4.5m且另一方向尺寸不大于0.3m的构件，其测区数量可适当减少，但不应少于5个。

5.1.3　按批抽样检测时，符合下列条件的构件可作为同批构件：

1　混凝土设计强度等级相同；

2　混凝土原材料、配合比、成型工艺、养护条件和龄期基本相同；

3　构件种类相同；

4　施工阶段所处状态基本相同。

5.1.4　构件的测区布置宜满足下列规定：

1　在条件允许时，测区宜优先布置在构件混凝土浇筑方向的侧面；

2　测区可在构件的两个对应面、相邻面或同一面上布置；

3　测区宜均匀布置，相邻两测区的间距不宜大于2m；

4　测区应避开钢筋密集区和预埋件；

5　测区尺寸宜为 200mm×200mm；采用平测时宜为 400mm×400mm；

6　测试面应清洁、平整、干燥，不应有接缝、施工缝、饰面层、浮浆和油垢，并应避开蜂窝、麻面部位。必要时，可用砂轮片清除杂物和磨平不平整处，并擦净残留粉尘。

5.1.5　结构或构件上的测区应编号，并记录测区位置和外观质量情况。

5.1.6　对结构或构件的每一测区，应先进行回弹测试，后进行超声测试。

5.1.7　计算混凝土抗压强度换算值时，非同一测区内的回弹值和声速值不得混用。

5.2　回弹测试及回弹值计算

5.2.1　回弹测试时，应始终保持回弹仪的轴线垂直于混凝土测试面。宜首先选择混凝土浇筑方向的侧面进行水平方向测试。如不具备浇筑方向侧面水平测试的条件，可采用非水平状态测试，或测试混凝土浇筑的顶面或底面。

5.2.2　测量回弹值应在构件测区内超声波的发射和接收面各弹击 8 点；超声波单面平测时，可在超声波的发射和接收测点之间弹击 16 点。每一测点的回弹值，测读精确度至 1。

5.2.3　测点在测区范围内宜均匀布置，但不得布置在气孔或外露石子上。相邻两测点的间距不宜小于 30mm；测点距构件边缘或外露钢筋、铁件的距离不应小于 50mm，同一测点只允许弹击一次。

5.2.4　测区回弹代表值应从该测区的 16 个回弹值中剔除 3 个较大值和 3 个较小值，根据其余 10 个有效回弹值按下列公式计算：

$$R = \frac{1}{10}\sum_{i=1}^{10} R_i \tag{5.2.4}$$

式中　R——测区回弹代表值，取有效测试数据的平均值，精确至 0.1；

　　R_i——第 i 个测点的有效回弹值。

5.2.5　非水平状态下测得的回弹值，应按下列公式修正：

$$R_a = R + R_{a\alpha} \tag{5.2.5}$$

式中　R_a——修正后的测区回弹代表值；

　　$R_{a\alpha}$——测试角度为 α 时的测区回弹修正值，按表 5.2.5 的规定采用。

非水平状态下测试时的回弹修正值 $R_{a\alpha}$　　表 5.2.5

R \ 测试角度	回弹仪向上 (α)				回弹仪向下 (α)			
	+90	+60	+45	+30	−30	−45	−60	−90
20	−6.0	−5.0	−4.0	−3.0	+2.5	+3.0	+3.5	+4.0
25	−5.5	−4.5	−3.8	−2.8	+2.3	+2.8	+3.3	+3.8
30	−5.0	−4.0	−3.5	−2.5	+2.0	+2.5	+3.0	+3.5
35	−4.5	−3.8	−3.3	−2.3	+1.8	+2.3	+2.8	+3.3
40	−4.0	−3.5	−3.0	−2.0	+1.5	+2.0	+2.5	+3.0
45	−3.8	−3.3	−2.8	−1.8	+1.3	+1.8	+2.3	+2.8
50	−3.5	−3.0	−2.5	−1.5	+1.0	+1.5	+2.0	+2.5

注：1. 当测试角度等于 0 时，修正值为 0；R 小于 20 或大于 50 时，分别按 20 或 50 查表；

2. 表中未列数值，可采用内插法求得，精确至 0.1。

5.2.6 在混凝土浇筑的顶面或底面测得的回弹值，应按下列公式修正：

$$R_a = R + (R_a^t + R_a^b) \tag{5.2.6}$$

式中 R_a^t——测量顶面时的回弹修正值，按表5.2.6的规定采用；

R_a^b——测量底面时的回弹修正值，按表5.2.6的规定采用。

测试混凝土浇筑顶面或底面时的回弹修正值 R_a^t、R_a^b　　表5.2.6

测试面 / R 或 R_a	顶面 R_a^t	底面 R_a^b
20	+2.5	−3.0
25	+2.0	−2.5
30	+1.5	−2.0
35	+1.0	−1.5
40	+0.5	−1.0
45	0	−0.5
50	0	0

注：1. 在侧面测试时，修正值为0；R 小于20或大于50时，分别按20或50查表；

2. 当先进行角度修正时，采用修正后的回弹代表值 R_a；

3. 表中未列数值，可采用内插法求得，精确至0.1。

5.2.7 测试时回弹仪处于非水平状态，同时测试面又非混凝土浇筑方向的侧面，则应对测得的回弹值先进行角度修正，然后对角度修正后的值再进行顶面或底面修正。

5.3 超声测试及声速值计算

5.3.1 超声测点应布置在回弹测试的同一测区内，每一测区布置3个测点。超声测试宜优先采用对测或角测，当被测构件不具备对测或角测条件时，可采用单面平测（附录B）。

5.3.2 超声测试时，换能器辐射面应通过耦合剂与混凝土测试面良好耦合。

5.3.3 声时测量应精确至0.1μs，超声测距测量应精确至1.0mm，且测量误差不应超过±1%。声速计算应精确至0.01km/s。

5.3.4 当在混凝土浇筑方向的侧面对测时，测区混凝土中声速代表值应根据该测区中3个测点的混凝土中声速值，按下列公式计算：

$$v = \frac{1}{3}\sum_{i=1}^{3}\frac{l_i}{t_i - t_0} \tag{5.3.4}$$

式中 v——测区混凝土中声速代表值（km/s）；

l_i——第 i 个测点的超声测距（mm）。角测时测距按本规程附录B第B.1节计算；

t_i——第 i 个测点的声时读数（μs）；

t_0——声时初读数（μs）。

5.3.5 当在混凝土浇筑的顶面或底面测试时，测区声速代表值应按下列公式修正：

$$v_a = \beta \cdot v \tag{5.3.5}$$

式中 v_a——修正后的测区混凝土中声速代表值（km/s）；

β——超声测试面的声速修正系数，在混凝土浇筑的顶面和底面间对测或斜测时，

β=1.034；在混凝土浇灌的顶面或底面平测时，测区混凝土中声速代表值应按本规程附录 B 第 B.2 节计算和修正。

6　结构混凝土强度推定

6.0.1　本规程规定的强度换算方法适用于符合下列条件的普通混凝土：

1　混凝土用水泥应符合现行国家标准《硅酸盐水泥、普通硅酸盐水泥》GB 175、《矿渣硅酸盐水泥、火山灰质硅酸盐水泥及粉煤灰硅酸盐水泥》GB 1344 和《复合硅酸盐水泥》GB 12958 的要求；

2　混凝土用砂、石骨料应符合现行行业标准《普通混凝土用砂石质量标准及检验方法》的要求；

3　可掺或不掺矿物掺合料、外加剂、粉煤灰、泵送剂；

4　人工或一般机械搅拌的混凝土或泵送混凝土；

5　自然养护；

6　龄期 7～2000d；

7　混凝土强度 10～70MPa；

6.0.2　结构或构件中第 i 个测区的混凝土抗压强度换算值，可按本规程第 5.2 节和第 5.3 节的规定求得修正后的测区回弹代表值 R_{ai} 和声速代表值 v_{ai} 后，优先采用专用测强曲线或地区测强曲线换算而得。

6.0.3　当无专用和地区测强曲线时，按本规程附录 D 通过验证后，可按附录 C 规定的全国统一测区混凝土抗压强度换算表换算，也可按下列全国统一测区混凝土抗压强度换算公式计算：

1　当粗骨料为卵石时：

$$f_{cu,i}^{c} = 0.0056 v_{ai}^{1.439} R_{ai}^{1.769} \tag{6.0.3-1}$$

2　当粗骨料为碎石时：

$$f_{cu,i}^{c} = 0.0162 v_{ai}^{1.656} R_{ai}^{1.410} \tag{6.0.3-2}$$

式中　$f_{cu,i}^{c}$——第 i 个测区混凝土抗压强度换算值（MPa），精确至 0.1MPa。

6.0.4　专用测强曲线或地区测强曲线应按本规程附录 A 的规定制定，并经工程质量监督主管部门组织审定和批准实施。专用或地区测强曲线的抗压强度相对误差 e_r 应符合下列规定：

专用测强曲线相对误差 e_r≤12%；

地区测强曲线相对误差 e_r≤14%。

其中，相对误差 e_r 应按式（A.0.8-2）计算。

6.0.5　当结构或构件中的测区数不少于 10 个时，各测区混凝土抗压强度换算值的平均值和标准差应按下列公式计算：

$$m_{f_{cu}^{c}} = \frac{1}{n}\sum_{i=1}^{n} f_{cu,i}^{c} \tag{6.0.5-1}$$

$$s_{f^c_{cu}}=\sqrt{\frac{\sum_{i=1}^{n}(f^c_{cu,i})^2-n(m_{f^c_{cu}})^2}{n-1}} \tag{6.0.5-2}$$

式中　$f^c_{cu,i}$——结构或构件第 i 个测区的混凝土抗压强度换算值（MPa）；

$m_{f^c_{cu}}$——结构或构件测区混凝土抗压强度换算值的平均值（MPa），精确至0.1MPa；

$s_{f^c_{cu}}$——结构或构件测区混凝土抗压强度换算值的标准差（MPa），精确至0.01MPa。

n——测区数。对单个检测的构件，取一个构件的测区数；对批量检测的构件，取被抽检构件测区数之总和。

6.0.6　当结构或构件所采用的材料及其龄期与制定测强曲线所采用的材料及其龄期有较大差异时，应采用同条件立方体试件或从结构或构件测区中钻取的混凝土芯样试件的抗压强度进行修正。试件数量不应少于4个。此时，采用式（6.0.3）计算测区混凝土抗压强度换算值应乘以下列修正系数 η。

1　采用同条件立方体试件修正时：

$$\eta=\frac{1}{n}\sum_{i=1}^{n}f^o_{cu,i}/f^c_{cu,i} \tag{6.0.6-1}$$

2　采用混凝土芯样试件修正时：

$$\eta=\frac{1}{n}\sum_{i=1}^{n}f^o_{cor,i}/f^c_{cu,i} \tag{6.0.6-2}$$

式中　η——修正系数，精确至小数点后两位；

$f^c_{cu,i}$——对应于第 i 个立方体试件或芯样试件的混凝土抗压强度换算值（MPa），精确至0.1MPa；

$f^o_{cu,i}$——第 i 个混凝土立方体（边长150mm）试件的抗压强度实测值（MPa），精确至0.1MPa；

$f^o_{cor,i}$——第 i 个混凝土芯样（ϕ100×100mm）试件的抗压强度实测值（MPa），精确至0.1MPa；

n——试件数。

6.0.7　结构或构件混凝土抗压强度推定值 $f_{cu,e}$，应按下列规定确定：

1　当结构或构件的测区抗压强度换算值中出现小于10.0MPa的值时，该构件的混凝土抗压强度推定值 $f_{cu,e}$ 取小于10MPa。

2　当结构或构件中测区数少于10个时

$$f_{cu,e}=f^c_{cu,min} \tag{6.0.7-1}$$

式中　$f^c_{cu,min}$——结构或构件最小的测区混凝土抗压强度换算值（MPa），精确至0.1MPa。

3　当结构或构件中测区数不少于10个或按批量检测时

$$f_{cu,e}=m_{f^c_{cu}}-1.645s_{f^c_{cu}} \tag{6.0.7-2}$$

6.0.8　对按批量检测的构件，当一批构件的测区混凝土抗压强度标准差出现下列情况之一时，该批构件应全部重新按单个构件进行检测：

1　一批构件的混凝土抗压强度平均值 $m_{f^c_{cu}}$ ＜25.0MPa，标准差 $s_{f^c_{cu}}$ ＞4.50MPa；

2　一批构件的混凝土抗压强度平均值 $m_{f^c_{cu}}$ ＝25.0～50.0MPa，标准差 $s_{f^c_{cu}}$ ＞5.50MPa；

3　一批构件的混凝土抗压强度平均值 $m_{f^c_{cu}}$ ＞50.0MPa，标准差 $s_{f^c_{cu}}$ ＞6.50MPa。

附录A　建立专用或地区混凝土强度曲线的基本要求

A.0.1　采用中型回弹仪，并应符合本规程第3.1节的各项要求。

A.0.2　采用低频超声波检测仪，并应符合本规程第4.1节的各项要求。

A.0.3　选用的换能器应符合本规程第4.2节的各项要求。

A.0.4　混凝土用水泥应符合现行国家标准《硅酸盐水泥、普通硅酸盐水泥》GB 175、《矿渣硅酸盐水泥、火山灰质硅酸盐水泥及粉煤灰硅酸盐水泥》GB 1344和《复合硅酸盐水泥》GB 12958的要求，混凝土用砂、石应符合现行行业标准《普通混凝土用砂石质量标准及检验方法》的要求。

A.0.5　选用本地区常用水泥、粗骨料、细骨料，按常用配合比制作混凝土强度等级为C10～C60的、边长150mm的立方体试件。

A.0.6　试件准备应按下列步骤进行：

1　试模应采用符合相关标准要求的钢模；

2　每一混凝土强度等级的试件数宜为21块，采用同一盘混凝土均匀装模振动成型；

3　试件拆模后如采用自然养护，宜先放置在水池或湿砂堆中养护7d，然后按“品”字形堆放在不受日晒雨淋处，备在各龄期测试用；如采用蒸气养护，则试块的养护制度应与构件预设的养护制度相同；

4　试件的测试龄期宜分为7d、14d、28d、60d、90d、180d和365d；

5　对同一强度等级的混凝土，在每个测试龄期测3个试件（一组）。

A.0.7　试件的测试应按下列步骤进行：

1　整理试件。将被测试件四个浇筑侧面上的尘土、污物等擦拭干净，以同一强度等级混凝土的3个试件作为一组，依次编号；

2　在试件测试面上标示超声测点。取试块浇筑方向的侧面为测试面，在两个相对测试面上分别画出相对应的3个测点（图A.0.7）；

3　测量试件的超声测距。采用钢卷尺或钢板尺，在两个超声测试面的两侧边缘处逐点测量两测试面的垂直距离，取两边缘对应垂直距离的平均值作为测点的超声测距值 l_1、l_2、l_3；

4　测量试件的声时值。在试件两个测试面的对应测点位置涂抹耦合剂，将一对发射和接收换能器耦合在对应测点上，并始终保持两个换能器的轴线在同一直线上。逐点测读声时读数 t_1、t_2、t_3，精确至0.1μs；

5　计算声速值。分别计算3个测点的声速值 v_i。取3个测点声速的平均值作为该试件的混凝土中声速代表值 v，即：

$$v=\frac{1}{3}\sum_{i=1}^{3}\frac{l_i}{t_i-t_0} \tag{A.0.7}$$

式中　v——试件混凝土中声速值（km/s），精确至0.01km/s；

l_i——第 i 个测点超声测距（mm），精确至1mm；

t_i——第 i 个测点混凝土中声时读数（μs），精确至0.1μs；

t_0——声时初读数（μs）。

6　测量回弹值。应先将试件超声测试面的耦合剂擦拭干净，再置于压力机上下承压板之间，使另外一对侧面朝向便于回弹测试的方向，然后加压至30～50kN并保持此压力。分别在试件两个相对侧面上按本规程第5.2.1条规定的水平测试方法各测8点回弹值，精确至1。剔除3个最大值和3个最小值，取余下10个有效回弹值的平均值作为该试件的回弹代表值 R，计算精确至0.1。

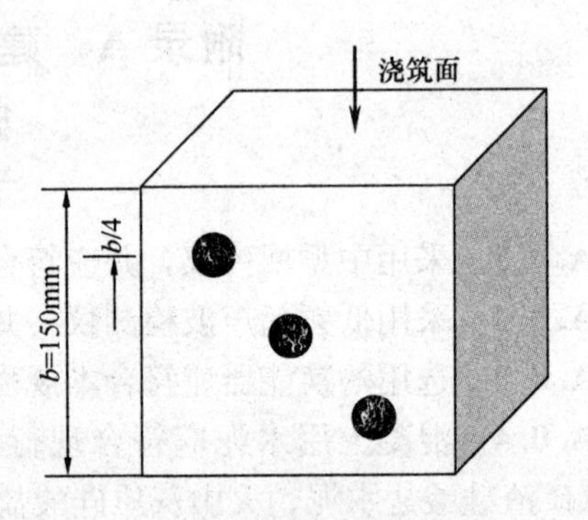

图 A.0.7　声时测量测点布置示意

7　抗压强度试验。回弹值测试完毕后，卸荷将回弹测试面放置在压力机承压板正中，按现行国家标准《普通混凝土力学性能试验方法》GB/T 50081的规定速度连续均匀加荷至破坏。计算抗压强度实测值 f_{cu}^{o}，精确至0.1MPa。

A.0.8　测强曲线应按下述步骤进行计算：

1　数据整理汇总。将各试块测试所得的声速值 v、回弹值 R 和试块抗压强度实测值 f_{cu}^{o} 汇总；

2　回归分析。宜采用下列形式的回归方程式计算：

$$f_{cu}^{c}=av^{b}R^{c} \tag{A.0.8-1}$$

式中　a——常数项；

b、c——回归系数；

f_{cu}^{c}——混凝土试件抗压强度换算值（MPa）。

3　误差计算。测强曲线的相对误差 e_r 应按下列公式计算：

$$e_r=\sqrt{\frac{\sum_{i=1}^{n}\left(\frac{f_{cu,i}^{o}}{f_{cu,i}^{c}}-1\right)^2}{n}}\times 100\% \tag{A.0.8-2}$$

式中　e_r——相对误差；

$f_{cu,i}^{o}$——第 i 个立方体试件的抗压强度实测值（MPa）；

$f_{cu,i}^{c}$——第 i 个立方体试件按式（A.0.8-1）计算的抗压强度换算值（MPa）。

A.0.9　回归方程式的误差如符合本规程第6.0.4条的要求，则经有关部门批准后，可作为专用或地区测强曲线。

A.0.10　可根据回归方程（A.0.8-1），按系列回弹代表值和声速代表值计算出混凝土抗压强度换算值，列出“测区混凝土抗压强度换算表（$f_{cu}^{c}-v_a-R_a$）”，供速查用。

A.0.11　测区混凝土抗压强度换算表只限于在建立测强曲线的立方体试件强度范围内使用，不得外延。

附录 B　超声波角测、平测和声速计算方法

B.1　超声波角测方法

B.1.1　当结构或构件被测部位只有两个相邻表面可供检测时，可采用角测方法测量混凝土中声速。每个测区布置 3 个测点，换能器布置如图 B.1.1 所示。

B.1.2　布置超声角测点时，换能器中心与构件边缘的距离 l_1 、l_2 不宜小于 200mm。

B.1.3　角测时超声测距应按下列公式计算：

$$l_i = \sqrt{l_{1i}^2 + l_{2i}^2} \quad \text{(B.1.3)}$$

式中　l_i ——角测第 i 个测点的超声测距（mm）；

l_{1i} 、l_{2i} ——角测第 i 个测点换能器与构件边缘的距离（mm）。

B.1.4　角测时，混凝土中声速代表值应按下列公式计算：

$$v = \frac{1}{3}\sum_{i=1}^{3}\frac{l_i}{t_i - t_0} \quad \text{(B.1.4)}$$

式中　v ——角测时混凝土中声速代表值（km/s）；

t_i ——角测第 i 个测点的声时读数（μs）；

t_0 ——声时初读数（μs）。

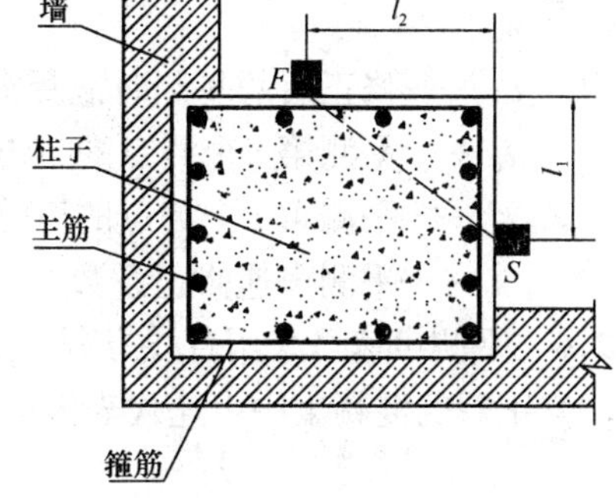

图 B.1.1　超声波角测示意

B.2　超声波平测方法

B.2.1　当结构或构件被测部位只有一个表面可供检测时，可采用平测方法测量混凝土中声速。每个测区布置 3 个测点。换能器布置如图 B.2.1 所示。

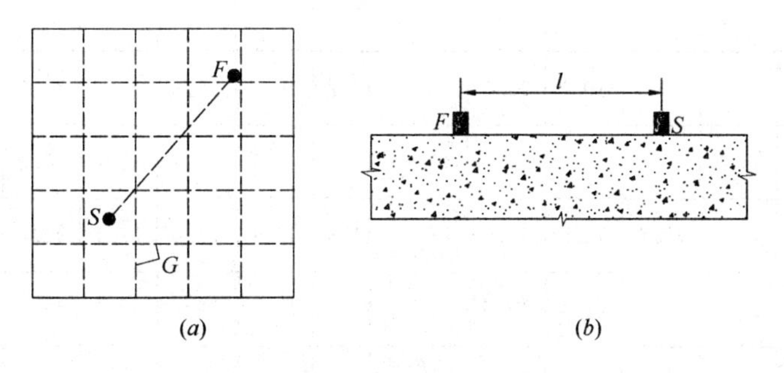

图 B.2.1　超声波平测示意

(a) 平面图 (b) 立面图

F—发射换能器；S—接收换能器；G—钢筋轴线

B.2.2　布置超声平测点时，宜使发射和接收换能器的连线与附近钢筋轴线成 40～50°，超声测距 l 宜采用 350～450mm。

B. 2. 3 宜采用同一构件的对测声速 v_d 与平测声速 v_p 之比求得修正系数 λ（$\lambda = v_d / v_p$），对平测声速进行修正。

B. 2. 4 当被测结构或构件不具备对测与平测的对比条件时，宜选取有代表性的部位，以测距 l =200mm、250mm、300mm、350mm、400mm、450mm、500mm，逐点测读相应声时值 t，用回归分析方法求出直线方程 $l = a + bt$ 。以回归系数 b 代替对测声速 v_d，再按本规程第 B. 2. 3 条的规定对各平测声速进行修正。

B. 2. 5 平测时，修正后的混凝土中声速代表值应按下列公式计算：

$$v_a = \frac{\lambda}{3}\sum_{i=1}^{3}\frac{l_i}{t_i - t_0} \tag{B. 2. 5}$$

式中 v_a——修正后的平测时混凝土中声速代表值（km/s）；

l_i——平测第 i 个测点的超声测距（mm）；

t_i——平测第 i 个测点的声时读数（μs）；

λ——平测声速修正系数。

B. 2. 6 平测声速可采用直线方程 $l = a + bt$ ，根据混凝土浇筑的顶面或底面平测数据求得，修正后的混凝土中声速代表值应按下列公式计算：

$$v = \frac{\lambda\beta}{3}\sum_{i=1}^{3}\frac{l_i}{t_i - t_0} \tag{B. 2. 6}$$

式中 β——超声测试面的声速修正系数，顶面平测 β=1.05，底面平测 β=0.95。

附录 C 测区混凝土抗压强度换算

测区混凝土抗压强度换算表（卵石） **表 C. 1**

R_a \ f^c_{cu} \ v_a	3.80	3.82	3.84	3.86	3.88	3.90	3.92	3.94	3.96	3.98	4.00	4.02	4.04
23.0	—	—	10.0	10.0	10.1	10.2	10.3	10.3	10.4	10.5	10.6	10.6	10.7
24.0	10.6	10.6	10.7	10.8	10.9	11.0	11.1	11.1	11.2	11.3	11.4	11.5	11.5
25.0	11.4	11.4	11.5	11.6	11.7	11.8	11.9	12.0	12.1	12.1	12.2	12.3	12.4
26.0	12.2	12.3	12.4	12.5	12.5	12.6	12.7	12.8	12.9	13.0	13.1	13.2	13.3
27.0	13.0	13.1	13.2	13.3	13.4	13.5	13.6	13.7	13.8	13.9	14.0	14.1	14.2
28.0	13.9	14.0	14.1	14.2	14.3	14.4	14.5	14.6	14.7	14.8	14.9	15.1	15.2
29.0	14.8	14.9	15.0	15.1	15.2	15.3	15.4	15.6	15.7	15.8	15.9	16.0	16.1
30.0	15.7	15.8	15.9	16.0	16.2	16.3	16.4	16.5	16.6	16.8	16.9	17.0	17.1

续表 C.1

R_a \ f_{cu}^c \ v_a	3.80	3.82	3.84	3.86	3.88	3.90	3.92	3.94	3.96	3.98	4.00	4.02	4.04
31.0	16.6	16.7	16.9	17.0	17.1	17.3	17.4	17.5	17.6	17.8	17.9	18.0	18.2
32.0	17.6	17.7	17.8	18.0	18.1	18.2	18.4	18.5	18.7	18.8	18.9	19.1	19.2
33.0	18.6	18.7	18.8	19.0	19.1	19.3	19.4	19.6	19.7	19.8	20.0	20.1	20.3
34.0	19.6	19.7	19.9	20.0	20.2	20.3	20.5	20.6	20.8	20.9	21.1	21.2	21.4
35.0	20.6	20.8	20.9	21.1	21.2	21.4	21.5	21.7	21.9	22.0	22.2	22.3	22.5
36.0	21.7	21.8	22.0	22.1	22.3	22.5	22.6	22.8	23.0	23.1	23.3	23.5	23.6
37.0	22.7	22.9	23.1	23.2	23.4	23.6	23.8	23.9	24.1	24.3	24.5	24.6	24.8
38.0	23.8	24.0	24.2	24.4	24.6	24.7	24.9	25.1	25.3	25.5	25.7	25.8	26.0
39.0	24.9	25.1	25.3	25.5	25.7	25.9	26.1	26.3	26.5	26.7	26.9	27.1	27.2
40.0	26.1	26.3	26.5	26.7	26.9	27.1	27.3	27.5	27.7	27.9	28.1	28.3	28.5
41.0	27.3	27.5	27.7	27.9	28.1	28.3	28.5	28.7	28.9	29.1	29.3	29.6	29.8
42.0	28.4	28.7	28.9	29.1	29.3	29.5	29.7	30.0	30.2	30.4	30.6	30.8	31.1
43.0	29.7	29.9	30.1	30.3	30.6	30.8	31.0	31.2	31.5	31.7	31.9	32.2	32.4
44.0	30.9	31.1	31.3	31.6	31.8	32.1	32.3	32.5	32.8	33.0	33.2	33.5	33.7
45.0	32.1	32.4	32.6	32.9	33.1	33.4	33.6	33.9	34.1	34.3	34.6	34.8	35.1
46.0	33.4	33.7	33.9	34.2	34.4	34.7	34.9	35.2	35.4	35.7	36.0	36.2	36.5
47.0	34.7	35.0	35.2	35.5	35.8	36.0	36.3	36.6	36.8	37.1	37.4	37.6	37.9
48.0	36.0	36.3	36.6	36.8	37.1	37.4	37.7	37.9	38.2	38.5	38.8	39.1	39.3
49.0	37.4	37.6	37.9	38.2	38.5	38.8	39.1	39.4	39.6	39.9	40.2	40.5	40.8
50.0	38.7	39.0	39.3	39.6	39.9	40.2	40.5	40.8	41.1	41.4	41.7	42.0	42.3
51.0	40.1	40.4	40.7	41.0	41.3	41.6	41.9	42.2	42.5	42.9	43.2	43.5	43.8
52.0	41.5	41.8	42.1	42.4	42.8	43.1	43.4	43.7	44.0	44.4	44.7	45.0	45.3
53.0	42.9	43.2	43.6	43.9	44.2	44.6	44.9	45.2	45.5	45.9	46.2	46.5	46.9
54.0	44.4	44.7	45.0	45.4	45.7	46.1	46.4	46.7	47.1	47.4	47.8	48.1	48.5
55.0	45.8	46.2	46.5	46.9	47.2	47.6	47.9	48.3	48.6	49.0	49.3	49.7	50.0

续表 C.1

f^c_{cu} R_a \ v_a	4.06	4.08	4.10	4.12	4.14	4.16	4.18	4.20	4.22	4.24	4.26	4.28	4.30
21.0	—	—	—	—	—	—	—	—	—	—	—	—	10.00
22.0	10.0	10.0	10.1	10.2	10.2	10.3	10.4	10.5	10.5	10.6	10.7	10.8	10.8
23.0	10.8	10.9	10.9	11.0	11.1	11.2	11.2	11.3	11.4	11.5	11.6	11.6	11.7
24.0	11.6	11.7	11.8	11.9	12.0	12.0	12.1	12.2	12.3	12.4	12.5	12.5	12.6
25.0	12.5	12.6	12.7	12.8	12.9	12.9	13.0	13.1	13.2	13.3	13.4	13.5	13.6
26.0	13.4	13.5	13.6	13.7	13.8	13.9	14.0	14.1	14.2	14.3	14.4	14.4	14.5
27.0	14.3	14.4	14.5	14.6	14.7	14.8	14.9	15.0	15.1	15.2	15.3	15.4	15.6
28.0	15.3	15.4	15.5	15.6	15.7	15.8	15.9	16.0	16.1	16.3	16.4	16.5	16.6
29.0	16.2	16.4	16.5	16.6	16.7	16.8	16.9	17.1	17.2	17.3	17.4	17.5	17.6
30.0	17.3	17.4	17.5	17.6	17.7	17.9	18.0	18.1	18.2	18.4	18.5	18.6	18.7
31.0	18.3	18.4	18.5	18.7	18.8	18.9	19.1	19.2	19.3	19.5	19.6	19.7	19.9
32.0	19.3	19.5	19.6	19.7	19.9	20.0	20.2	20.3	20.4	20.6	20.7	20.9	21.0
33.0	20.4	20.6	20.7	20.9	21.0	21.1	21.3	21.4	21.6	21.7	21.9	22.0	22.2
34.0	21.5	21.7	21.8	22.0	22.1	22.3	22.4	22.6	22.8	22.9	23.1	23.2	23.4
35.0	22.7	22.8	23.0	23.1	23.3	23.5	23.6	23.8	24.0	24.1	24.3	24.4	24.6
36.0	23.8	24.0	24.2	24.3	24.5	24.7	24.8	25.0	25.2	25.4	25.5	25.7	25.9
37.0	25.0	25.2	25.4	25.5	25.7	25.9	26.1	26.2	26.4	26.6	26.8	27.0	27.2
38.0	26.2	26.4	26.6	26.8	27.0	27.1	27.3	27.5	27.7	27.9	28.1	28.3	28.5
39.0	27.4	27.6	27.8	28.0	28.2	28.4	28.6	28.8	29.0	29.2	29.4	29.6	29.8
40.0	28.7	28.9	29.1	29.3	29.5	29.7	29.9	30.1	30.3	30.5	30.8	31.0	31.2
41.0	30.0	30.2	30.4	30.6	30.8	31.0	31.3	31.5	31.7	31.9	32.1	32.3	32.6
42.0	31.3	31.5	31.7	32.0	32.2	32.4	32.6	32.8	33.1	33.3	33.5	33.8	34.0
43.0	32.6	32.8	33.1	33.3	33.5	33.8	34.0	34.2	34.5	34.7	34.9	35.2	35.4
44.0	34.0	34.2	34.4	34.7	34.9	35.2	35.4	35.7	35.9	36.2	36.4	36.6	36.9
45.0	35.3	35.6	35.8	36.1	36.4	36.6	36.9	37.1	37.4	37.6	37.9	38.1	38.4
46.0	36.7	37.0	37.3	37.5	37.8	38.1	38.3	38.6	38.8	39.1	39.4	39.6	39.9
47.0	38.2	38.4	38.7	39.0	39.3	39.5	39.8	40.1	40.4	40.6	40.9	41.2	41.5
48.0	39.6	39.9	40.2	40.5	40.7	41.0	41.3	41.6	41.9	42.2	42.5	42.7	43.0
49.0	41.1	41.4	41.7	42.0	42.3	42.6	42.8	43.1	43.4	43.7	44.0	44.3	44.6
50.0	42.6	42.9	43.2	43.5	43.8	44.1	44.4	44.7	45.0	45.3	45.6	45.9	46.3
51.0	44.1	44.4	44.7	45.0	45.4	45.7	46.0	46.3	46.6	46.9	47.3	47.6	47.9
52.0	45.6	46.0	46.3	46.6	46.9	47.3	47.6	47.9	48.3	48.6	48.9	49.2	49.6
53.0	47.2	47.5	47.9	48.2	48.6	48.9	49.2	49.6	49.9	50.2	50.6	50.9	51.3
54.0	48.8	49.1	49.5	49.8	50.2	50.5	50.9	51.2	51.6	51.9	52.3	52.6	53.0
55.0	50.4	50.8	51.1	51.5	51.8	52.2	52.6	52.9	53.3	53.7	54.0	54.4	54.7

续表 C. 1

v_a / f^c_{cu} / R_a	4.32	4.34	4.36	4.38	4.40	4.42	4.44	4.46	4.48	4.50	4.52	4.54	4.56
20.0	—	—	—	—	—	—	—	—	—	—	—	—	10.0
21.0	10.0	10.1	10.2	10.2	10.3	10.4	10.4	10.5	10.6	10.6	10.7	10.8	10.8
22.0	10.9	11.0	11.0	11.1	11.2	11.3	11.3	11.4	11.5	11.6	11.6	11.7	11.8
23.0	11.8	11.9	11.9	12.0	12.1	12.2	12.3	12.3	12.4	12.5	12.6	12.7	12.7
24.0	12.7	12.8	12.9	13.0	13.1	13.1	13.2	13.3	13.4	13.5	13.6	13.7	13.7
25.0	13.7	13.8	13.8	13.9	14.0	14.1	14.2	14.3	14.4	14.5	14.6	14.7	14.8
26.0	14.6	14.7	14.8	14.9	15.0	15.1	15.2	15.3	15.4	15.5	15.6	15.7	15.8
27.0	15.7	15.8	15.9	16.0	16.1	16.2	16.3	16.4	16.5	16.6	16.7	16.8	16.9
28.0	16.7	16.8	16.9	17.0	17.1	17.3	17.4	17.5	17.6	17.7	17.8	17.9	18.0
29.0	17.8	17.9	18.0	18.1	18.2	18.4	18.5	18.6	18.7	18.8	19.0	19.1	19.2
30.0	18.9	19.0	19.1	19.2	19.4	19.5	19.6	19.7	19.9	20.0	20.1	20.3	20.4
31.0	20.0	20.1	20.3	20.4	20.5	20.7	20.8	20.9	21.1	21.2	21.3	21.5	21.6
32.0	21.1	21.3	21.4	21.6	21.7	21.9	22.0	22.1	22.3	22.4	22.6	22.7	22.9
33.0	22.3	22.5	22.6	22.8	22.9	23.1	23.2	23.4	23.5	23.7	23.8	24.0	24.1
34.0	23.5	23.7	23.9	24.0	24.2	24.3	24.5	24.6	24.8	25.0	25.1	25.3	25.4
35.0	24.8	24.9	25.1	25.3	25.4	25.6	25.8	25.9	26.1	26.3	26.4	26.6	26.8
36.0	26.0	26.2	26.4	26.6	26.7	26.9	27.1	27.3	27.4	27.6	27.8	28.0	28.1
37.0	27.3	27.5	27.7	27.9	28.1	28.3	28.4	28.6	28.8	29.0	29.2	29.4	29.5
38.0	28.7	28.8	29.0	29.2	29.4	29.6	29.8	30.0	30.2	30.4	30.6	30.8	31.0
39.0	30.0	30.2	30.4	30.6	30.8	31.0	31.2	31.4	31.6	31.8	32.0	32.2	32.4
40.0	31.4	31.6	31.8	32.0	32.2	32.4	32.6	32.9	33.1	33.3	33.5	33.7	33.9
41.0	32.8	33.0	33.2	33.4	33.7	33.9	34.1	34.3	34.5	34.8	35.0	35.2	35.4
42.0	34.2	34.4	34.7	34.9	35.1	35.4	35.6	35.8	36.0	36.3	36.5	36.7	37.0
43.0	35.7	35.9	36.1	36.4	36.6	36.9	37.1	37.3	37.6	37.8	38.1	38.3	38.5
44.0	37.1	37.4	37.6	37.9	38.1	38.4	38.6	38.9	39.1	39.4	39.6	39.9	40.1
45.0	38.6	38.9	39.2	39.4	39.7	39.9	40.2	40.5	40.7	41.0	41.2	41.5	41.8
46.0	40.2	40.4	40.7	41.0	41.3	41.5	41.8	42.1	42.3	42.6	42.9	43.2	43.4
47.0	41.7	42.0	42.3	42.6	42.9	43.1	43.4	43.7	44.0	44.3	44.5	44.8	45.1
48.0	43.3	43.6	43.9	44.2	44.5	44.8	45.1	45.4	45.6	45.9	46.2	46.5	46.8
49.0	44.9	45.2	45.5	45.8	46.1	46.4	46.7	47.0	47.3	47.6	48.0	48.3	48.6
50.0	46.6	46.9	47.2	47.5	47.8	48.1	48.4	48.8	49.1	49.4	49.7	50.0	50.3
51.0	48.2	48.5	48.9	49.2	49.5	49.8	50.2	50.5	50.8	51.1	51.5	51.8	52.1
52.0	49.9	50.2	50.6	50.9	51.2	51.6	51.9	52.3	52.6	52.9	53.3	53.6	53.9
53.0	51.6	52.0	52.3	52.7	53.0	53.3	53.7	54.0	54.4	54.7	55.1	55.4	55.8
54.0	53.4	53.7	54.1	54.4	54.8	55.1	55.5	55.9	56.2	56.6	56.9	57.3	57.7
55.0	55.1	55.5	55.9	56.2	56.6	57.0	57.3	57.7	58.1	58.5	58.8	59.2	59.6

续表 C.1

R_a \ f_{cu}^{c} \ v_a	4.58	4.60	4.62	4.64	4.66	4.68	4.70	4.72	4.74	4.76	4.78	4.80	4.82
20.0	10.0	10.1	10.1	10.2	10.3	10.3	10.4	10.5	10.5	10.6	10.6	10.7	10.8
21.0	10.9	11.0	11.1	11.1	11.2	11.3	11.3	11.4	11.5	11.5	11.6	11.7	11.7
22.0	11.9	11.9	12.0	12.1	12.2	12.2	12.3	12.4	12.5	12.5	12.6	12.7	12.8
23.0	12.8	12.9	13.0	13.1	13.1	13.2	13.3	13.4	13.5	13.6	13.6	13.7	13.8
24.0	13.8	13.9	14.0	14.1	14.2	14.3	14.4	14.4	14.5	14.6	14.7	14.8	14.9
25.0	14.9	15.0	15.0	15.1	15.2	15.3	15.4	15.5	15.6	15.7	15.8	15.9	16.0
26.0	15.9	16.0	16.1	16.2	16.3	16.4	16.5	16.6	16.7	16.8	16.9	17.0	17.1
27.0	17.0	17.1	17.2	17.4	17.5	17.6	17.7	17.8	17.9	18.0	18.1	18.2	18.3
28.0	18.2	18.3	18.4	18.5	18.6	18.7	18.8	19.0	19.1	19.2	19.3	19.4	19.5
29.0	19.3	19.4	19.6	19.7	19.8	19.9	20.1	20.2	20.3	20.4	20.5	20.7	20.8
30.0	20.5	20.6	20.8	20.9	21.0	21.2	21.3	21.4	21.6	21.7	21.8	22.0	22.1
31.0	21.7	21.9	22.0	22.2	22.3	22.4	22.6	22.7	22.8	23.0	23.1	23.3	23.4
32.0	23.0	23.1	23.3	23.4	23.6	23.7	23.9	24.0	24.2	24.3	24.5	24.6	24.8
33.0	24.3	24.4	24.6	24.7	24.9	25.1	25.2	25.4	25.5	25.7	25.8	26.0	26.1
34.0	25.6	25.8	25.9	26.1	26.2	26.4	26.6	26.7	26.9	27.1	27.2	27.4	27.6
35.0	26.9	27.1	27.3	27.5	27.6	27.8	28.0	28.1	28.3	28.5	28.7	28.8	29.0
36.0	28.3	28.5	28.7	28.9	29.0	29.2	29.4	29.6	29.8	29.9	30.1	30.3	30.5
37.0	29.7	29.9	30.1	30.3	30.5	30.7	30.9	31.1	31.2	31.4	31.6	31.8	32.0
38.0	31.2	31.4	31.6	31.8	32.0	32.2	32.4	32.5	32.7	32.9	33.1	33.3	33.5
39.0	32.6	32.8	33.0	33.3	33.5	33.7	33.9	34.1	34.3	34.5	34.7	34.9	35.1
40.0	34.1	34.3	34.6	34.8	35.0	35.2	35.4	35.6	35.9	36.1	36.3	36.5	36.7
41.0	35.7	35.9	36.1	36.3	36.6	36.8	37.0	37.2	37.5	37.7	37.9	38.1	38.4
42.0	37.2	37.4	37.7	37.9	38.1	38.4	38.6	38.9	39.1	39.3	39.6	39.8	40.0
43.0	38.8	39.0	39.3	39.5	39.8	40.0	40.3	40.5	40.8	41.0	41.2	41.5	41.7
44.0	40.4	40.7	40.9	41.2	41.4	41.7	41.9	42.2	42.4	42.7	43.0	43.2	43.5
45.0	42.0	42.3	42.6	42.8	43.1	43.4	43.6	43.9	44.2	44.4	44.7	45.0	45.2
46.0	43.7	44.0	44.3	44.5	44.8	45.1	45.4	45.6	45.9	46.2	46.5	46.8	47.0
47.0	45.4	45.7	46.0	46.3	46.5	46.8	47.1	47.4	47.7	48.0	48.3	48.6	48.9
48.0	47.1	47.4	47.7	48.0	48.3	48.6	48.9	49.2	49.5	49.8	50.1	50.4	50.7
49.0	48.9	49.2	49.5	49.8	50.1	50.4	50.7	51.0	51.3	51.7	52.0	52.3	52.6
50.0	50.6	51.0	51.3	51.6	51.9	52.2	52.6	52.9	53.2	53.5	53.9	54.2	54.5
51.0	52.5	52.8	53.1	53.4	53.8	54.1	54.4	54.8	55.1	55.4	55.8	56.1	56.5
52.0	54.3	54.6	55.0	55.3	55.7	56.0	56.3	56.7	57.0	57.4	57.7	58.1	58.4
53.0	56.1	56.5	56.9	57.2	57.6	57.9	58.3	58.6	59.0	59.4	59.7	60.1	60.4
54.0	58.0	58.4	58.8	59.1	59.5	59.9	60.2	60.6	61.0	61.3	61.7	62.1	62.5
55.0	60.0	60.3	60.7	61.1	61.5	61.8	62.2	62.6	63.0	63.4	63.8	64.1	64.5

续表 C.1

R_a \ f_{cu}^c \ v_a	4.84	4.86	4.88	4.90	4.92	4.94	4.96	4.98	4.98	5.00	5.02	5.04	5.08
20.0	10.8	10.9	11.0	11.0	11.1	11.2	11.2	11.3	11.4	11.4	11.5	11.6	11.6
21.0	11.8	11.9	12.0	12.0	12.1	12.2	12.2	12.3	12.4	12.5	12.5	12.6	12.7
22.0	12.8	12.9	13.0	13.1	13.1	13.2	13.3	13.4	13.4	13.5	13.6	13.7	13.8
23.0	13.9	14.0	14.0	14.1	14.2	14.3	14.4	14.5	14.5	14.6	14.7	14.8	14.9
24.0	15.0	15.1	15.1	15.2	15.3	15.4	15.5	15.6	15.7	15.8	15.9	16.0	16.0
25.0	16.1	16.2	16.3	16.4	16.5	16.6	16.7	16.8	16.9	17.0	17.1	17.2	17.3
26.0	17.2	17.3	17.5	17.6	17.7	17.8	17.9	18.0	18.1	18.2	18.3	18.4	18.5
27.0	18.4	18.5	18.7	18.8	18.9	19.0	19.1	19.2	19.3	19.4	19.5	19.7	19.8
28.0	19.7	19.8	19.9	20.0	20.1	20.2	20.4	20.5	20.6	20.7	20.8	21.0	21.1
29.0	20.9	21.0	21.2	21.3	21.4	21.5	21.7	21.8	21.9	22.0	22.2	22.3	22.4
30.0	22.2	22.3	22.5	22.6	22.7	22.9	23.0	23.1	23.3	23.4	23.5	23.7	23.8
31.0	23.5	23.7	23.8	24.0	24.1	24.2	24.4	24.5	24.7	24.8	25.0	25.1	25.2
32.0	24.9	25.0	25.2	25.3	25.5	25.6	25.8	25.9	26.1	26.2	26.4	26.5	26.7
33.0	26.3	26.5	26.6	26.8	26.9	27.1	27.2	27.4	27.6	27.7	27.9	28.0	28.2
34.0	27.7	27.9	28.0	28.2	28.4	28.5	28.7	28.9	29.0	29.2	29.4	29.6	29.7
35.0	29.2	29.4	29.5	29.7	29.9	30.0	30.2	30.4	30.6	30.8	30.9	31.1	31.3
36.0	30.7	30.9	31.0	31.2	31.4	31.6	31.8	32.0	32.1	32.3	32.5	32.7	32.9
37.0	32.2	32.4	32.6	32.8	33.0	33.2	33.3	33.5	33.7	33.9	34.1	34.3	34.5
38.0	33.7	33.9	34.1	34.4	34.6	34.8	35.0	35.2	35.4	35.6	35.8	36.0	36.2
39.0	35.3	35.5	35.8	36.0	36.2	36.4	36.6	36.8	37.0	37.2	37.5	37.7	37.9
40.0	37.0	37.2	37.4	37.6	37.8	38.1	38.3	38.5	38.7	38.9	39.2	39.4	39.6
41.0	38.6	38.8	39.1	39.3	39.5	39.8	40.0	40.2	40.5	40.7	40.9	41.2	41.4
42.0	40.3	40.5	40.8	41.0	41.2	41.5	41.7	42.0	42.2	42.5	42.7	42.9	43.2
43.0	42.0	42.2	42.5	42.7	43.0	43.3	43.5	43.8	44.0	44.3	44.5	44.8	45.0
44.0	43.7	44.0	44.3	44.5	44.8	45.0	45.3	45.6	45.8	46.1	46.4	46.6	46.9
45.0	45.5	45.8	46.1	46.3	46.6	46.9	47.1	47.4	47.7	48.0	48.2	48.5	48.8
46.0	47.3	47.6	47.9	48.2	48.4	48.7	49.0	49.3	49.6	49.9	50.2	50.4	50.7
47.0	49.2	49.4	49.7	50.0	50.3	50.6	50.9	51.2	51.5	51.8	52.1	52.4	52.7
48.0	51.0	51.3	51.6	51.9	52.2	52.5	52.8	53.2	53.5	53.8	54.1	54.4	54.7
49.0	52.9	53.2	53.5	53.9	54.2	54.5	54.8	55.1	55.4	55.8	56.1	56.4	56.7
50.0	54.8	55.2	55.5	55.8	56.1	56.5	56.8	57.1	57.5	57.8	58.1	58.5	58.8
51.0	56.8	57.1	57.5	57.8	58.1	58.5	58.8	59.2	59.5	59.9	60.2	60.5	60.9
52.0	58.8	59.1	59.5	59.8	60.2	60.5	60.9	61.2	61.6	61.9	62.3	62.7	63.0
53.0	60.8	61.2	61.5	61.9	62.2	62.6	63.0	63.3	63.7	64.1	64.4	64.8	65.2
54.0	62.8	63.2	63.6	64.0	64.3	64.7	65.1	65.5	65.8	66.2	66.6	67.0	67.4
55.0	64.9	65.3	65.7	66.1	66.5	66.8	67.2	67.6	68.0	68.4	68.8	69.2	69.6

续表 C.1

v_a / f^c_{cu} / R_a	5.10	5.12	5.14	5.16	5.18	5.20	5.22	5.24	5.26	5.28	5.30	5.32	5.34
20.0	11.7	11.8	11.8	11.9	12.0	12.0	12.1	12.2	12.2	12.3	12.4	12.4	12.5
21.0	12.7	12.8	12.9	13.0	13.0	13.1	13.2	13.3	13.3	13.4	13.5	13.5	13.6
22.0	13.8	13.9	14.0	14.1	14.2	14.2	14.3	14.4	14.5	14.5	14.6	14.7	14.8
23.0	15.0	15.1	15.1	15.2	15.3	15.4	15.5	15.6	15.6	15.7	15.8	15.9	16.0
24.0	16.1	16.2	16.3	16.4	16.5	16.6	16.7	16.8	16.9	17.0	17.1	17.2	17.2
25.0	17.3	17.4	17.5	17.6	17.7	17.8	17.9	18.0	18.1	18.2	18.3	18.4	18.5
26.0	18.6	18.7	18.8	18.9	19.0	19.1	19.2	19.3	19.4	19.5	19.7	19.8	19.9
27.0	19.9	20.0	20.1	20.2	20.3	20.4	20.6	20.7	20.8	20.9	21.0	21.1	21.2
28.0	21.2	21.3	21.4	21.6	21.7	21.8	21.9	22.0	22.2	22.3	22.4	22.5	22.6
29.0	22.6	22.7	22.8	22.9	23.1	23.2	23.3	23.5	23.6	23.7	23.8	24.0	24.1
30.0	24.0	24.1	24.2	24.4	24.5	24.6	24.8	24.9	25.0	25.2	25.3	25.5	25.6
31.0	25.4	25.5	25.7	25.8	26.0	26.1	26.2	26.4	26.5	26.7	26.8	27.0	27.1
32.0	26.8	27.0	27.2	27.3	27.5	27.6	27.8	27.9	28.1	28.2	28.4	28.5	28.7
33.0	28.4	28.5	28.7	28.8	29.0	29.2	29.3	29.5	29.6	29.8	30.0	30.1	30.3
34.0	29.9	30.1	30.2	30.4	30.6	30.7	30.9	31.1	31.2	31.4	31.6	31.8	31.9
35.0	31.5	31.6	31.8	32.0	32.2	32.4	32.5	32.7	32.9	33.1	33.3	33.4	33.6
36.0	33.1	33.3	33.4	33.6	33.8	34.0	34.2	34.4	34.6	34.8	34.9	35.1	35.3
37.0	34.7	34.9	35.1	35.3	35.5	35.7	35.9	36.1	36.3	36.5	36.7	36.9	37.1
38.0	36.4	36.6	36.8	37.0	37.2	37.4	37.6	37.8	38.0	38.2	38.5	38.7	38.9
39.0	38.1	38.3	38.5	38.7	39.0	39.2	39.4	39.6	39.8	40.0	40.3	40.5	40.7
40.0	39.8	40.1	40.3	40.5	40.7	41.0	41.2	41.4	41.7	41.9	42.1	42.3	42.6
41.0	41.6	41.9	42.1	42.3	42.6	42.8	43.0	43.3	43.5	43.8	44.0	44.2	44.5
42.0	43.4	43.7	43.9	44.2	44.4	44.7	44.9	45.2	45.4	45.7	45.9	46.2	46.4
43.0	45.3	45.5	45.8	46.0	46.3	46.6	46.8	47.1	47.3	47.6	47.9	48.1	48.4
44.0	47.2	47.4	47.7	48.0	48.2	48.5	48.8	49.0	49.3	49.6	49.8	50.1	50.4
45.0	49.1	49.3	49.6	49.9	50.2	50.5	50.7	51.0	51.3	51.6	51.9	52.1	52.4
46.0	51.0	51.3	51.6	51.9	52.2	52.5	52.8	53.0	53.3	53.6	53.9	54.2	54.5
47.0	53.0	53.3	53.6	53.9	54.2	54.5	54.8	55.1	55.4	55.7	56.0	56.3	56.6
48.0	55.0	55.3	55.6	55.9	56.3	56.6	56.9	57.2	57.5	57.8	58.1	58.5	58.8
49.0	57.1	57.4	57.7	58.0	58.3	58.7	59.0	59.3	59.6	60.0	60.3	60.6	61.0
50.0	59.1	59.5	59.8	60.1	60.5	60.8	61.1	61.5	61.8	62.2	62.5	62.8	63.2
51.0	61.2	61.6	61.9	62.3	62.6	63.0	63.3	63.7	64.0	64.4	64.7	65.1	65.4
52.0	63.4	63.7	64.1	64.5	64.8	65.2	65.5	65.9	66.3	66.6	67.0	67.3	67.7
53.0	65.5	65.9	66.3	66.7	67.0	67.4	67.8	68.2	68.5	68.9	69.3	69.7	70.0
54.0	67.7	68.1	68.5	68.9	69.3	69.7	—	—	—	—	—	—	—
55.0	70.0	—	—	—	—	—	—	—	—	—	—	—	—

注：1 表内未列数值可采用内插法求得，精确至 0.1MPa；

2 表中 v_a（km/s）为修正后的测区声速代表值，R_a 为修正后的测区回弹代表值；

3 采用对测和角测时，表中 v_a 用 v 代替；当在侧面水平回弹时，表中 R_a 用 R 代替；

4 f^c_{cu}（MPa）为测区混凝土抗压强度换算值，也可按公式（6.0.3-1）计算。

测区混凝土抗压强度换算表（碎石）　　　　**表 C.2**

R_a \ f_{cu}^c \ v_a	3.80	3.82	3.84	3.86	3.88	3.90	3.92	3.94	3.96	3.98	4.00	4.02	4.04
20.0	10.1	10.2	10.3	10.3	10.4	10.5	10.6	10.7	10.8	10.9	11.0	11.1	11.2
21.0	10.8	10.9	11.0	11.1	11.2	11.3	11.4	11.5	11.6	11.7	11.8	11.9	12.0
22.0	11.5	11.6	11.7	11.8	11.9	12.0	12.1	12.2	12.3	12.5	12.6	12.7	12.8
23.0	12.3	12.4	12.5	12.6	12.7	12.8	12.9	13.0	13.1	13.3	13.4	13.5	13.6
24.0	13.0	13.2	13.3	13.4	13.5	13.6	13.7	13.8	14.0	14.1	14.2	14.3	14.4
25.0	13.8	13.9	14.1	14.2	14.3	14.4	14.5	14.7	14.8	14.9	15.0	15.2	15.3
26.0	14.6	14.7	14.9	15.0	15.1	15.2	15.4	15.5	15.6	15.8	15.9	16.0	16.2
27.0	15.4	15.5	15.7	15.8	15.9	16.1	16.2	16.3	16.5	16.6	16.8	16.9	17.0
28.0	16.2	16.3	16.5	16.6	16.8	16.9	17.1	17.2	17.4	17.5	17.6	17.8	17.9
29.0	17.0	17.2	17.3	17.5	17.6	17.8	17.9	18.1	18.2	18.4	18.5	18.7	18.8
30.0	17.9	18.0	18.2	18.3	18.5	18.6	18.8	19.0	19.1	19.3	19.4	19.6	19.8
31.0	18.7	18.9	19.0	19.2	19.4	19.5	19.7	19.9	20.0	20.2	20.4	20.5	20.7
32.0	19.6	19.7	19.9	20.1	20.3	20.4	20.6	20.8	20.9	21.1	21.3	21.5	21.7
33.0	20.4	20.6	20.8	21.0	21.1	21.3	21.5	21.7	21.9	22.1	22.2	22.4	22.6
34.0	21.3	21.5	21.7	21.9	22.1	22.2	22.4	22.6	22.8	23.0	23.2	23.4	23.6
35.0	22.2	22.4	22.6	22.8	23.0	23.2	23.4	23.6	23.8	24.0	24.2	24.4	24.6
36.0	23.1	23.3	23.5	23.7	23.9	24.1	24.3	24.5	24.7	24.9	25.1	25.4	25.6
37.0	24.0	24.2	24.4	24.6	24.9	25.1	25.3	25.5	25.7	25.9	26.1	26.4	26.6
38.0	24.9	25.1	25.4	25.6	25.8	26.0	26.2	26.5	26.7	26.9	27.1	27.4	27.6
39.0	25.9	26.1	26.3	26.5	26.8	27.0	27.2	27.5	27.7	27.9	28.1	28.4	28.6
40.0	26.8	27.0	27.3	27.5	27.7	28.0	28.2	28.5	28.7	28.9	29.2	29.4	29.7
41.0	27.7	28.0	28.2	28.5	28.7	29.0	29.2	29.5	29.7	30.0	30.2	30.5	30.7
42.0	28.7	29.0	29.2	29.5	29.7	30.0	30.2	30.5	30.7	31.0	31.3	31.5	31.8
43.0	29.7	29.9	30.2	30.5	30.7	31.0	31.2	31.5	31.8	32.0	32.3	32.6	32.8
44.0	30.7	30.9	31.2	31.5	31.7	32.0	32.3	32.5	32.8	33.1	33.4	33.6	33.9
45.0	31.6	31.9	32.2	32.5	32.7	33.0	33.3	33.6	33.9	34.2	34.4	34.7	35.0
46.0	32.6	32.9	33.2	33.5	33.8	34.1	34.4	34.6	34.9	35.2	35.5	35.8	36.1
47.0	33.6	33.9	34.2	34.5	34.8	35.1	35.4	35.7	36.0	36.3	36.6	36.9	37.2
48.0	34.7	35.0	35.3	35.6	35.9	36.2	36.5	36.8	37.1	37.4	37.7	38.0	38.4
49.0	35.7	36.0	36.3	36.6	36.9	37.2	37.6	37.9	38.2	38.5	38.8	39.2	39.5
50.0	36.7	37.0	37.3	37.7	38.0	38.3	38.6	39.0	39.3	39.6	40.0	40.3	40.6
51.0	37.7	38.1	38.4	38.7	39.1	39.4	39.7	40.1	40.4	40.8	41.1	41.4	41.8
52.0	38.8	39.1	39.5	39.8	40.2	40.5	40.8	41.2	41.5	41.9	42.2	42.6	42.9
53.0	39.8	40.2	40.5	40.9	41.2	41.6	42.0	42.3	42.7	43.0	43.4	43.7	44.1
54.0	40.9	41.3	41.6	42.0	42.3	42.7	43.1	43.4	43.8	44.2	44.5	44.9	45.3
55.0	42.0	42.4	42.7	43.1	43.5	43.8	44.2	44.6	45.0	45.3	45.7	46.1	46.5

续表 C.2

R_a \ f_{cu}^c \ v_a	4.06	4.08	4.10	4.12	4.14	4.16	4.18	4.20	4.22	4.24	4.26	4.28	4.30
20.0	11.3	11.3	11.4	11.5	11.6	11.7	11.8	11.9	12.0	12.1	12.2	12.3	12.4
21.0	12.1	12.2	12.3	12.3	12.4	12.5	12.6	12.7	12.9	13.0	13.1	13.2	13.3
22.0	12.9	13.0	13.1	13.2	13.3	13.4	13.5	13.6	13.7	13.8	13.9	14.0	14.2
23.0	13.7	13.8	13.9	14.0	14.2	14.3	14.4	14.5	14.6	14.7	14.8	15.0	15.1
24.0	14.6	14.7	14.8	14.9	15.0	15.1	15.3	15.4	15.5	15.6	15.8	15.9	16.0
25.0	15.4	15.5	15.7	15.8	15.9	16.0	16.2	16.3	16.4	16.6	16.7	16.8	17.0
26.0	16.3	16.4	16.6	16.7	16.8	17.0	17.1	17.2	17.4	17.5	17.6	17.8	17.9
27.0	17.2	17.3	17.5	17.6	17.7	17.9	18.0	18.2	18.3	18.5	18.6	18.7	18.9
28.0	18.1	18.2	18.4	18.5	18.7	18.8	19.0	19.1	19.3	19.4	19.6	19.7	19.9
29.0	19.0	19.2	19.3	19.5	19.6	19.8	19.9	20.1	20.3	20.4	20.6	20.7	20.9
30.0	19.9	20.1	20.3	20.4	20.6	20.8	20.9	21.1	21.2	21.4	21.6	21.8	21.9
31.0	20.9	21.0	21.2	21.4	21.6	21.7	21.9	22.1	22.3	22.4	22.6	22.8	23.0
32.0	21.8	22.0	22.2	22.4	22.5	22.7	22.9	23.1	23.3	23.5	23.6	23.8	24.0
33.0	22.8	23.0	23.2	23.4	23.5	23.7	23.9	24.1	24.3	24.5	24.7	24.9	25.1
34.0	23.8	24.0	24.2	24.4	24.6	24.8	25.0	25.2	25.3	25.5	25.7	25.9	26.1
35.0	24.8	25.0	25.2	25.4	25.6	25.8	26.0	26.2	26.4	26.6	26.8	27.0	27.2
36.0	25.8	26.0	26.2	26.4	26.6	26.8	27.0	27.3	27.5	27.7	27.9	28.1	28.3
37.0	26.8	27.0	27.2	27.4	27.7	27.9	28.1	28.3	28.6	28.8	29.0	29.2	29.5
38.0	27.8	28.0	28.3	28.5	28.7	29.0	29.2	29.4	29.7	29.9	30.1	30.4	30.6
39.0	28.9	29.1	29.3	29.6	29.8	30.0	30.3	30.5	30.8	31.0	31.2	31.5	31.7
40.0	29.9	30.1	30.4	30.6	30.9	31.1	31.4	31.6	31.9	32.1	32.4	32.6	32.9
41.0	31.0	31.2	31.5	31.7	32.0	32.2	32.5	32.7	33.0	33.3	33.5	33.8	34.0
42.0	32.0	32.3	32.6	32.8	33.1	33.3	33.6	33.9	34.1	34.4	34.7	35.0	35.2
43.0	33.1	33.4	33.7	33.9	34.2	34.5	34.7	35.0	35.3	35.6	35.9	36.1	36.4
44.0	34.2	34.5	34.8	35.0	35.3	35.6	35.9	36.2	36.5	36.7	37.0	37.3	37.6
45.0	35.3	35.6	35.9	36.2	36.5	36.8	37.0	37.3	37.6	37.9	38.2	38.5	38.8
46.0	36.4	36.7	37.0	37.3	37.6	37.9	38.2	38.5	38.8	39.1	39.4	39.7	40.0
47.0	37.5	37.8	38.1	38.5	38.8	39.1	39.4	39.7	40.0	40.3	40.6	41.0	41.3
48.0	38.7	39.0	39.3	39.6	39.9	40.3	40.6	40.9	41.2	41.5	41.9	42.2	42.5
49.0	39.8	40.1	40.5	40.8	41.1	41.4	41.8	42.1	42.4	42.8	43.1	43.4	43.8
50.0	41.0	41.3	41.6	42.0	42.3	42.6	43.0	43.3	43.7	44.0	44.4	44.7	45.0
51.0	42.1	42.5	42.8	43.2	43.5	43.8	44.2	44.5	44.9	45.3	45.6	46.0	46.3
52.0	43.3	43.6	44.0	44.3	44.7	45.1	45.4	45.8	46.1	46.5	46.9	47.2	47.6
53.0	44.5	44.8	45.2	45.6	45.9	46.3	46.7	47.0	47.4	47.8	48.1	48.5	48.9
54.0	45.7	46.0	46.4	46.8	47.2	47.5	47.9	48.3	48.7	49.1	49.4	49.8	50.2
55.0	46.8	47.2	47.6	48.0	48.4	48.8	49.2	49.6	49.9	50.3	50.7	51.1	51.5

续表 C. 2

R_a \ f_{cu}^c \ v_a	4.32	4.34	4.36	4.38	4.40	4.42	4.44	4.46	4.48	4.50	4.52	4.54	4.56
20.0	12.5	12.6	12.7	12.8	12.9	13.0	13.0	13.1	13.2	13.3	13.4	13.5	13.6
21.0	13.4	13.5	13.6	13.7	13.8	13.9	14.0	14.1	14.2	14.3	14.4	14.5	14.6
22.0	14.3	14.4	14.5	14.6	14.7	14.8	14.9	15.0	15.1	15.3	15.4	15.5	15.6
23.0	15.2	15.3	15.4	15.5	15.7	15.8	15.9	16.0	16.1	16.2	16.4	16.5	16.6
24.0	16.1	16.2	16.4	16.5	16.6	16.7	16.9	17.0	17.1	17.3	17.4	17.5	17.6
25.0	17.1	17.2	17.3	17.5	17.6	17.7	17.9	18.0	18.1	18.3	18.4	18.5	18.7
26.0	18.1	18.2	18.3	18.5	18.6	18.7	18.9	19.0	19.2	19.3	19.5	19.6	19.7
27.0	19.0	19.2	19.3	19.5	19.6	19.8	19.9	20.1	20.2	20.4	20.5	20.7	20.8
28.0	20.0	20.2	20.3	20.5	20.7	20.8	21.0	21.1	21.3	21.4	21.6	21.8	21.9
29.0	21.1	21.2	21.4	21.5	21.7	21.9	22.0	22.2	22.4	22.5	22.7	22.9	23.0
30.0	22.1	22.3	22.4	22.6	22.8	22.9	23.1	23.3	23.5	23.6	23.8	24.0	24.2
31.0	23.1	23.3	23.5	23.7	23.8	24.0	24.2	24.4	24.6	24.8	24.9	25.1	25.3
32.0	24.2	24.4	24.6	24.8	24.9	25.1	25.3	25.5	25.7	25.9	26.1	26.3	26.5
33.0	25.3	25.5	25.7	25.8	26.0	26.2	26.4	26.6	26.8	27.0	27.2	27.4	27.6
34.0	26.4	26.6	26.8	27.0	27.2	27.4	27.6	27.8	28.0	28.2	28.4	28.6	28.8
35.0	27.5	27.7	27.9	28.1	28.3	28.5	28.7	28.9	29.2	29.4	29.6	29.8	30.0
36.0	28.6	28.8	29.0	29.2	29.4	29.7	29.9	30.1	30.3	30.6	30.8	31.0	31.2
37.0	29.7	29.9	30.1	30.4	30.6	30.8	31.1	31.3	31.5	31.8	32.0	32.2	32.5
38.0	30.8	31.1	31.3	31.5	31.8	32.0	32.3	32.5	32.7	33.0	33.2	33.5	33.7
39.0	32.0	32.2	32.5	32.7	33.0	33.2	33.5	33.7	34.0	34.2	34.5	34.7	35.0
40.0	33.1	33.4	33.6	33.9	34.2	34.4	34.7	34.9	35.2	35.5	35.7	36.0	36.2
41.0	34.3	34.6	34.8	35.1	35.4	35.6	35.9	36.2	36.4	36.7	37.0	37.3	37.5
42.0	35.5	35.8	36.0	36.3	36.6	36.9	37.1	37.4	37.7	38.0	38.3	38.5	38.8
43.0	36.7	37.0	37.3	37.5	37.8	38.1	38.4	38.7	39.0	39.3	39.6	39.8	40.1
44.0	37.9	38.2	38.5	38.8	39.1	39.4	39.7	40.0	40.3	40.6	40.9	41.2	41.5
45.0	39.1	39.4	39.7	40.0	40.3	40.6	40.9	41.2	41.6	41.9	42.2	42.5	42.8
46.0	40.4	40.7	41.0	41.3	41.6	41.9	42.2	42.5	42.9	43.2	43.5	43.8	44.1
47.0	41.6	41.9	42.2	42.6	42.9	43.2	43.5	43.9	44.2	44.5	44.8	45.2	45.5
48.0	42.9	43.2	43.5	43.8	44.2	44.5	44.8	45.2	45.5	45.8	46.2	46.5	46.9
49.0	44.1	44.5	44.8	45.1	45.5	45.8	46.2	46.5	46.9	47.2	47.5	47.9	48.2
50.0	45.4	45.7	46.1	46.4	46.8	47.1	47.5	47.9	48.2	48.6	48.9	49.3	49.6
51.0	46.7	47.0	47.4	47.8	48.1	48.5	48.8	49.2	49.6	49.9	50.3	50.7	51.0
52.0	48.0	48.3	48.7	49.1	49.5	49.8	50.2	50.6	50.9	51.3	51.7	52.1	52.5
53.0	49.3	49.7	50.0	50.4	50.8	51.2	51.6	52.0	52.3	52.7	53.1	53.5	53.9
54.0	50.6	51.0	51.4	51.8	52.2	52.5	52.9	53.3	53.7	54.1	54.5	54.9	55.3
55.0	51.9	52.3	52.7	53.1	53.5	53.9	54.3	54.7	55.1	55.6	56.0	56.4	56.8

续表 C.2

R_a \ f_{cu}^c \ v_a	4.58	4.60	4.62	4.64	4.66	4.68	4.70	4.72	4.74	4.76	4.78	4.80	4.82
20.0	13.7	13.8	13.9	14.0	14.1	14.2	14.3	14.4	14.5	14.6	14.7	14.8	14.9
21.0	14.7	14.8	14.9	15.0	15.1	15.3	15.4	15.5	15.6	15.7	15.8	15.9	16.0
22.0	15.7	15.8	15.9	16.1	16.2	16.3	16.4	16.5	16.6	16.7	16.9	17.0	17.1
23.0	16.7	16.9	17.0	17.1	17.2	17.3	17.5	17.6	17.7	17.8	18.0	18.1	18.2
24.0	17.8	17.9	18.0	18.2	18.3	18.4	18.5	18.7	18.8	18.9	19.1	19.2	19.3
25.0	18.8	19.0	19.1	19.2	19.4	19.5	19.6	19.8	19.9	20.1	20.2	20.3	20.5
26.0	19.9	20.0	20.2	20.3	20.5	20.6	20.8	20.9	21.1	21.2	21.3	21.5	21.6
27.0	21.0	21.1	21.3	21.4	21.6	21.7	21.9	22.0	22.2	22.4	22.5	22.7	22.8
28.0	22.1	22.2	22.4	22.6	22.7	22.9	23.0	23.2	23.4	23.5	23.7	23.9	24.0
29.0	23.2	23.4	23.5	23.7	23.9	24.0	24.2	24.4	24.6	24.7	24.9	25.1	25.2
30.0	24.3	24.5	24.7	24.9	25.0	25.2	25.4	25.6	25.8	25.9	26.1	26.3	26.5
31.0	25.5	25.7	25.9	26.0	26.2	26.4	26.6	26.8	27.0	27.2	27.4	27.5	27.7
32.0	26.7	26.8	27.0	27.2	27.4	27.6	27.8	28.0	28.2	28.4	28.6	28.8	29.0
33.0	27.8	28.0	28.2	28.4	28.6	28.8	29.1	29.3	29.5	29.7	29.9	30.1	30.3
34.0	29.0	29.2	29.5	29.7	29.9	30.1	30.3	30.5	30.7	30.9	31.2	31.4	31.6
35.0	30.2	30.5	30.7	30.9	31.1	31.3	31.6	31.8	32.0	32.2	32.5	32.7	32.9
36.0	31.5	31.7	31.9	32.2	32.4	32.6	32.8	33.1	33.3	33.5	33.8	34.0	34.2
37.0	32.7	32.9	33.2	33.4	33.7	33.9	34.1	34.4	34.6	34.9	35.1	35.3	35.6
38.0	34.0	34.2	34.5	34.7	34.9	35.2	35.4	35.7	35.9	36.2	36.4	36.7	37.0
39.0	35.2	35.5	35.7	36.0	36.2	36.5	36.8	37.0	37.3	37.5	37.8	38.1	38.3
40.0	36.5	36.8	37.0	37.3	37.6	37.8	38.1	38.4	38.6	38.9	39.2	39.5	39.7
41.0	37.8	38.1	38.3	38.6	38.9	39.2	39.5	39.7	40.0	40.3	40.6	40.9	41.1
42.0	39.1	39.4	39.7	40.0	40.2	40.5	40.8	41.1	41.4	41.7	42.0	42.3	42.6
43.0	40.4	40.7	41.0	41.3	41.6	41.9	42.2	42.5	42.8	43.1	43.4	43.7	44.0
44.0	41.8	42.1	42.4	42.7	43.0	43.3	43.6	43.9	44.2	44.5	44.8	45.1	45.4
45.0	43.1	43.4	43.7	44.0	44.4	44.7	45.0	45.3	45.6	45.9	46.3	46.6	46.9
46.0	44.5	44.8	45.1	45.4	45.8	46.1	46.4	46.7	47.1	47.4	47.7	48.0	48.4
47.0	45.8	46.2	46.5	46.8	47.2	47.5	47.8	48.2	48.5	48.8	49.2	49.5	49.9
48.0	47.2	47.5	47.9	48.2	48.6	48.9	49.3	49.6	50.0	50.3	50.7	51.0	51.4
49.0	48.6	49.0	49.3	49.7	50.0	50.4	50.7	51.1	51.4	51.8	52.2	52.5	52.9
50.0	50.0	50.4	50.7	51.1	51.5	51.8	52.2	52.6	52.9	53.3	53.7	54.0	54.4
51.0	51.4	51.8	52.2	52.5	52.9	53.3	53.7	54.0	54.4	54.8	55.2	55.6	56.0
52.0	52.8	53.2	53.6	54.0	54.4	54.8	55.2	55.5	55.9	56.3	56.7	57.1	57.5
53.0	54.3	54.7	55.1	55.5	55.9	56.3	56.7	57.1	57.5	57.9	58.3	58.7	59.1
54.0	55.7	56.1	56.5	56.9	57.4	57.8	58.2	58.6	59.0	59.4	59.8	60.2	60.7
55.0	57.2	57.6	58.0	58.4	58.9	59.3	59.7	60.1	60.5	61.0	61.4	61.8	62.2

续表 C. 2

R_a \ f_{cu}^c \ v_a	4.84	4.86	4.88	4.90	4.92	4.94	4.96	4.98	5.00	5.02	5.04	5.06	5.08
20.0	15.1	15.2	15.3	15.4	15.5	15.6	15.7	15.8	15.9	16.0	16.1	16.2	16.3
21.0	16.1	16.2	16.3	16.5	16.6	16.7	16.8	16.9	17.0	17.1	17.2	17.4	17.5
22.0	17.2	17.3	17.5	17.6	17.7	17.8	17.9	18.1	18.2	18.3	18.4	18.5	18.7
23.0	18.3	18.5	18.6	18.7	18.8	19.0	19.1	19.2	19.3	19.5	19.6	19.7	19.9
24.0	19.5	19.6	19.7	19.9	20.0	20.1	20.3	20.4	20.5	20.7	20.8	21.0	21.1
25.0	20.6	20.8	20.9	21.0	21.2	21.3	21.5	21.6	21.8	21.9	22.0	22.2	22.3
26.0	21.8	21.9	22.1	22.2	22.4	22.5	22.7	22.8	23.0	23.1	23.3	23.5	23.6
27.0	23.0	23.1	23.3	23.5	23.6	23.8	23.9	24.1	24.3	24.4	24.6	24.7	24.9
28.0	24.2	24.4	24.5	24.7	24.9	25.0	25.2	25.4	25.5	25.7	25.9	26.0	26.2
29.0	25.4	25.6	25.8	25.9	26.1	26.3	26.5	26.6	26.8	27.0	27.2	27.4	27.5
30.0	26.7	26.8	27.0	27.2	27.4	27.6	27.8	28.0	28.1	28.3	28.5	28.7	28.9
31.0	27.9	28.1	28.3	28.5	28.7	28.9	29.1	29.3	29.5	29.7	29.9	30.1	30.3
32.0	29.2	29.4	29.6	29.8	30.0	30.2	30.4	30.6	30.8	31.0	31.2	31.4	31.6
33.0	30.5	30.7	30.9	31.1	31.3	31.5	31.8	32.0	32.2	32.4	32.6	32.8	33.0
34.0	31.8	32.0	32.2	32.5	32.7	32.9	33.1	33.3	33.6	33.8	34.0	34.2	34.5
35.0	33.1	33.4	33.6	33.8	34.0	34.3	34.5	34.7	35.0	35.2	35.4	35.7	35.9
36.0	34.5	34.7	35.0	35.2	35.4	35.7	35.9	36.1	36.4	36.6	36.9	37.1	37.4
37.0	35.8	36.1	36.3	36.6	36.8	37.1	37.3	37.6	37.8	38.1	38.3	38.6	38.8
38.0	37.2	37.5	37.7	38.0	38.2	38.5	38.7	39.0	39.3	39.5	39.8	40.1	40.3
39.0	38.6	38.9	39.1	39.4	39.7	39.9	40.2	40.5	40.7	41.0	41.3	41.5	41.8
40.0	40.0	40.3	40.5	40.8	41.1	41.4	41.7	41.9	42.2	42.5	42.8	43.1	43.3
41.0	41.4	41.7	42.0	42.3	42.6	42.8	43.1	43.4	43.7	44.0	44.3	44.6	44.9
42.0	42.8	43.1	43.4	43.7	44.0	44.3	44.6	44.9	45.2	45.5	45.8	46.1	46.4
43.0	44.3	44.6	44.9	45.2	45.5	45.8	46.1	46.4	46.7	47.1	47.4	47.7	48.0
44.0	45.8	46.1	46.4	46.7	47.0	47.3	47.6	48.0	48.3	48.6	48.9	49.2	49.6
45.0	47.2	47.6	47.9	48.2	48.5	48.9	49.2	49.5	49.8	50.2	50.5	50.8	51.2
46.0	48.7	49.0	49.4	49.7	50.1	50.4	50.7	51.1	51.4	51.8	52.1	52.4	52.8
47.0	50.2	50.6	50.9	51.2	51.6	51.9	52.3	52.6	53.0	53.3	53.7	54.0	54.4
48.0	51.7	52.1	52.4	52.8	53.2	53.5	53.9	54.2	54.6	55.0	55.3	55.7	56.0
49.0	53.3	53.6	54.0	54.4	54.7	55.1	55.5	55.8	56.2	56.6	56.9	57.3	57.7
50.0	54.8	55.2	55.5	55.9	56.3	56.7	57.1	57.4	57.8	58.2	58.6	59.0	59.4
51.0	56.3	56.7	57.1	57.5	57.9	58.3	58.7	59.1	59.5	59.9	60.3	60.6	61.0
52.0	57.9	58.3	58.7	59.1	59.5	59.9	60.3	60.7	61.1	61.5	61.9	62.3	62.7
53.0	59.5	59.9	60.3	60.7	61.1	61.5	61.9	62.4	62.8	63.2	63.6	64.0	64.4
54.0	61.1	61.5	61.9	62.3	62.8	63.2	63.6	64.0	64.5	64.9	65.3	65.7	66.2
55.0	62.7	63.1	63.5	64.0	64.4	64.8	65.3	65.7	66.1	66.6	67.0	67.5	67.9

续表 C.2

R_a \ f_{cu}^c \ v_a	5.10	5.12	5.14	5.16	5.18	5.20	5.22	5.24	5.26	5.28	5.30	5.32	5.34
20.0	16.4	16.5	16.6	16.7	16.8	17.0	17.1	17.2	17.3	17.4	17.5	17.6	17.7
21.0	17.6	17.7	17.8	17.9	18.0	18.2	18.3	18.4	18.5	18.6	18.7	18.9	19.0
22.0	18.8	18.9	19.0	19.1	19.3	19.4	19.5	19.6	19.8	19.9	20.0	20.1	20.3
23.0	20.0	20.1	20.3	20.4	20.5	20.6	20.8	20.9	21.0	21.2	21.3	21.4	21.6
24.0	21.2	21.4	21.5	21.6	21.8	21.9	22.1	22.2	22.3	22.5	22.6	22.8	22.9
25.0	22.5	22.6	22.8	22.9	23.1	23.2	23.4	23.5	23.7	23.8	24.0	24.1	24.3
26.0	23.8	23.9	24.1	24.2	24.4	24.5	24.7	24.9	25.0	25.2	25.3	25.5	25.6
27.0	25.1	25.2	25.4	25.6	25.7	25.9	26.0	26.2	26.4	26.5	26.7	26.9	27.0
28.0	26.4	26.6	26.7	26.9	27.1	27.2	27.4	27.6	27.8	27.9	28.1	28.3	28.5
29.0	27.7	27.9	28.1	28.3	28.4	28.6	28.8	29.0	29.2	29.4	29.5	29.7	29.9
30.0	29.1	29.3	29.5	29.6	29.8	30.0	30.2	30.4	30.6	30.8	31.0	31.2	31.4
31.0	30.5	30.6	30.8	31.0	31.2	31.4	31.6	31.8	32.1	32.3	32.5	32.7	32.9
32.0	31.8	32.1	32.3	32.5	32.7	32.9	33.1	33.3	33.5	33.7	33.9	34.2	34.4
33.0	33.3	33.5	33.7	33.9	34.1	34.3	34.6	34.8	35.0	35.2	35.4	35.7	35.9
34.0	34.7	34.9	35.1	35.4	35.6	35.8	36.1	36.3	36.5	36.7	37.0	37.2	37.4
35.0	36.1	36.4	36.6	36.8	37.1	37.3	37.6	37.8	38.0	38.3	38.5	38.8	39.0
36.0	37.6	37.8	38.1	38.3	38.6	38.8	39.1	39.3	39.6	39.8	40.1	40.3	40.6
37.0	39.1	39.3	39.6	39.8	40.1	40.4	40.6	40.9	41.1	41.4	41.7	41.9	42.2
38.0	40.6	40.8	41.1	41.4	41.6	41.9	42.2	42.4	42.7	43.0	43.2	43.5	43.8
39.0	42.1	42.4	42.6	42.9	43.2	43.5	43.7	44.0	44.3	44.6	44.9	45.1	45.4
40.0	43.6	43.9	44.2	44.5	44.8	45.0	45.3	45.6	45.9	46.2	46.5	46.8	47.1
41.0	45.2	45.5	45.8	46.1	46.3	46.6	46.9	47.2	47.5	47.8	48.1	48.4	48.7
42.0	46.7	47.0	47.3	47.6	47.9	48.3	48.6	48.9	49.2	49.5	49.8	50.1	50.4
43.0	48.3	48.6	48.9	49.2	49.6	49.9	50.2	50.5	50.8	51.2	51.5	51.8	52.1
44.0	49.9	50.2	50.5	50.9	51.2	51.5	51.9	52.2	52.5	52.8	53.2	53.5	53.8
45.0	51.5	51.8	52.2	52.5	52.8	53.2	53.5	53.9	54.2	54.5	54.9	55.2	55.6
46.0	53.1	53.5	53.8	54.2	54.5	54.9	55.2	55.6	55.9	56.3	56.6	57.0	57.3
47.0	54.8	55.1	55.5	55.8	56.2	56.5	56.9	57.3	57.6	58.0	58.4	58.7	59.1
48.0	56.4	56.8	57.1	57.5	57.9	58.3	58.6	59.0	59.4	59.7	60.1	60.5	60.9
49.0	58.1	58.5	58.8	59.2	59.6	60.0	60.4	60.7	61.1	61.5	61.9	62.3	62.7
50.0	59.8	60.1	60.5	60.9	61.3	61.7	62.1	62.5	62.9	63.3	63.7	64.1	64.5
51.0	61.4	61.8	62.2	62.6	63.0	63.5	63.9	64.3	64.7	65.1	65.5	65.9	66.3
52.0	63.1	63.6	64.0	64.4	64.8	65.2	65.6	66.0	66.5	66.9	67.3	67.7	68.1
53.0	64.9	65.3	65.7	66.1	66.6	67.0	67.4	67.8	68.3	68.7	69.1	69.6	70.0
54.0	66.6	67.0	67.5	67.9	68.3	68.8	69.2	69.7	—	—	—	—	—
55.0	68.3	68.8	69.2	69.7	—	—	—	—	—	—	—	—	—

注：1 表内未列数值可采用内插法求得，精确至0.1MPa；

2 表中 v_a（km/s）为修正后的测区声速代表值，R_a 为修正后的测区回弹代表值；

3 采用对测和角测时，表中 v_a 用 v 代替；当在侧面水平回弹时，表中 R_a 用 R 代替；

4 f_{cu}^c（MPa）为测区混凝土抗压强度换算值，也可按公式（6.0.3-2）计算。

附录 D 综合法测定混凝土强度曲线的验证方法

D. 0. 1 当缺少专用或地区测强曲线时，可采用本规程规定的全国统一测强曲线，但使用前应进行验证。

D. 0. 2 测强曲线可按下列方法进行验证：

1 选用本地区常用的混凝土原材料，按最佳配合比配制强度等级为 C15、C20、C30、C40、C50、C60 的混凝土，制作边长为 150mm 的立方体试件各 3 组（共 18 组），7d 潮湿养护后再用自然养护；

2 采用符合本规程第 3. 1 节各项要求的回弹仪和符合本规程第 4. 1 节各项要求的超声波检测仪；

3 按龄期为 28d、60d 和 90d 进行综合法测试和试件抗压试验；

4 根据每个试件测得的回弹值 R_a 、声速值 v_a ，由附录 C 表 C. 1 或 C. 2 查出该试件的抗压强度换算值 $f^c_{cu,i}$ ；

5 将试件抗压试验所得的抗压强度实测值 $f^o_{cu,i}$ 和按附录 C 表 C. 1 或表 C. 2 查得的相应抗压强度换算值 $f^c_{cu,i}$ ，代入式（A. 0. 8-2）进行计算，如所得相对误差 $e_r \leqslant 15\%$，则可使用本规程规定的全国统一测强曲线；如所得相对误差 $e_r > 15\%$，则应另行建立专用或地区测强曲线。

附录 E 用实测空气声速法校准超声仪

E. 0. 1 空气中声速的测试步骤如下：

取常用平面换能器一对，接于超声波仪器上。开机预热 10min。在空气中将两个换能器的辐射面对准，依次改变两个换能器辐射面之间的距离 l（如 50mm，60mm，70mm，80mm，90mm，100mm，110mm，120mm，……），在保持首波幅度一致的条件下，读取各间距所对应的声时值 t_1 、t_2 、t_3 、…… t_n 。同时测量空气温度 T_k ，精确至 0. 5℃。

测量时应注意下列事项：

1 两个换能器辐射面的轴线始终保持在同一直线上；

2 换能器辐射面间距的测量误差应不超过±1%，且测量精度为 0. 5mm；

3 换能器辐射面宜悬空相对放置；若置于地板或桌面上，必须在换能器下面垫以吸声材料。

E. 0. 2 实测空气中声速可采用下列两种方法之一计算：

1 以换能器辐射面间距为纵坐标，声时读数为横坐标，将各组数据点绘在直角坐标图上。穿越各点形成一直线，算出该直线的斜率，即为空气中声速实测值 v^o 。

2 以各测点的测距 l 和对应的声时 t 求回归直线方程 $l = a + bt$ 。回归系数 b 便是空气中声速实测值 v^o 。

E. 0. 3 空气中声速计算值 v_k 可按式（4. 3. 1）求得。

E.0.4 误差计算

空气中声速计算值 v_k 与空气中声速实测值 v^o 之间的相对误差 e_r，可按下列公式计算：

$$e_r = (v_k - v^o)/v_k \times 100\% \tag{E.0.4}$$

按式（E.0.4）计算所得的 e_r 值不应超过±0.5%。否则，应检查仪器各部位的连接后重测，或更换超声波检测仪。

附录 F　超声回弹综合法检测记录表

工程名称＿＿＿＿＿＿＿＿构件名称＿＿＿＿＿＿＿＿

设　备：回弹仪＿＿＿＿率定值＿＿＿＿超声仪＿＿＿＿换能器＿＿＿＿kHz，t_0＿＿＿＿环境温度＿＿＿＿℃

回弹测试面＿＿＿＿＿＿测试角度＿＿＿＿＿＿°超声测试方式对测（侧，顶一底）；平测（侧，顶，底）；角测＿＿＿＿

共　页第　页

构件编号	测区	测点回弹值 R_i								测区回弹代表值 R	测点测距 l_i /声时 t_i			测区声速代表值 v (km/s)	备注
		1	2	3	4	5	6	7	8		1	2	3		
	1														
	2														
	3														
	4														
	5														
	6														
	7														
	8														
	9														
	10														

复核：　　　计算：　　　记录：　　　检验：　　　测试日期：　年　月　日

附录 G　结构混凝土抗压强度计算表

构件名称和编号：　　　　　　　　　　　　　　　　　　共　页第　页

计算项目		测区									
		1	2	3	4	5	6	7	8	9	10
回弹值	测区代表值										
	角度修正值										
	角度修正后										
	浇筑面修正值										
	浇筑面修正后										
声速值（km/s）	测区代表值										
	修正系数 β、λ										
	修正后的值										
强度修正系数值 η											
测区强度换算值（MPa）											
强度推定值（MPa） $n=$		$m_{f^c_{cu}}=$　MPa			$s_{f^c_{cu}}=$　MPa			$f_{cu,e}=$　MPa			
使用的测区强度换算表		规程，地区，专用				备注					

复核：　　　　　　　　计算：　　　　　　　　　　　　计算日期：年　月　日

本规程用词说明

1　为便于在执行本规程条文时区别对待，对要求严格程度不同的用词说明如下：

1） 表示很严格，非这样做不可的：

正面词采用“必须”；

反面词采用“严禁”。

2） 表示严格，在正常情况下均应这样做的：

正面词采用“应”；

反面词采用“不应”或“不得”。

3） 表示允许稍有选择，在条件许可时首先应这样做的：

正面词采用“宜”；

反面词采用“不宜”；

表示有选择，在一定条件下可以这样做的，采用“可”。

2　条文中指明应按其他有关标准执行时，写法为：“应按……执行”或“应符合……规定（或要求）”。

中国工程建设标准化协会标准

超声回弹综合法检测混凝土强度技术规程

CECS 02：2005

条文说明

目 次

1　总　　则

1.0.1　本条所指回弹仪系标准状态下弹击锤冲击能量为 2.207J，示值系统为指针直读式或数字显示与指针直读一致的数字式回弹仪。低频超声波检测仪系指工作频率范围为 10～500kHz 的模拟式、数字式低频超声仪。普通混凝土系指密度为 2400kg/m^3 左右的混凝土。

超声回弹综合法（以下简称综合法）是二十世纪 60 年代研究开发出来的一种无损检测方法。由于测试精度较高，已在我国建工、市政、铁路、公路系统已广泛应用。实践证明，以超声波穿透试件内部的声速值和反映试件表面硬度的回弹值来综合检测结构混凝土的抗压强度，与单一方法比较，其精度高，适应范围广。

1.0.2　在正常情况下，混凝土质量检查应按现行国家标准《混凝土结构工程施工质量验收规范》GB 50204 和《混凝土强度检验评定标准》GB 50107 的规定，采用标准试件的抗压强度来检验混凝土的强度质量，不允许采用本规程的方法取代国家标准的要求。

但是，由于种种原因导致试件与结构的混凝土质量不一致，或混凝土试件强度评定不合格，以及对使用中的结构需要检测届时的混凝土强度时，可按本规程的规定对结构或构件的混凝土强度进行检测推定，并作为判断结构是否需要处理的一个依据。

1.0.3　本规程适用于密度为 2400kg/m^3 左右的结构混凝土。不适用于下列情况的结构混凝土：混凝土在硬化期间遭受冻害，或结构遭受化学侵蚀、火灾、高温损伤，这些情况不符合结构混凝土性能表里基本一致的前提。此时，直接按本规程方法检测已不适用，但可采用从结构中钻取混凝土芯样的方法来检测。

1.0.4　按本规程进行测试操作、数据处理及强度推定，都是技术性较强的工作，操作人员如未经专门的技术培训，将严重影响混凝土强度检测结果的可靠性。因此，采用综合法进行工程检测的人员，应通过专门的技术培训，并持有相应的资质证书。

1.0.5　凡本规程涉及的其他有关方面问题，如施工现场测试、高空作业、现场用电等，均应遵守国家现行有关强制性标准的规定。

2　术语、符号

编写本章术语时，主要参考了现行国家标准《工程结构设计基本术语和通用符号》GBJ 132 等。

关于检测单元，对于房屋建筑结构，是指按各层轴线间或同层平面内轴线间的混凝土梁、板、柱、墙等结构单元。对于铁路、公路的桥梁、桥墩，可将整榀桥梁（墩）视为一个检测单元。布置测区时，需要考虑分段浇筑的龄期，均匀布置，且每个单元设 10 个以上测区。对于大体积混凝土结构，可按混凝土体积、混凝土龄期等，均匀布置测区，且每个单元设 10 个以上测区。

3　回　弹　仪

3.1　一　般　规　定

3.1.1～3.1.3　与现行行业标准《回弹法检测混凝土抗压强度技术规程》JGJ/T 23 第 3 章第 3.1 节一致。

3.1.3　综合法采用的回弹仪系由机械零部件组成，检测环境和测试条件不满足检测要求将会带来测试偏差。当环境温度低于－4℃时，混凝土中的自由水结冰，体积增大，将导致回弹值偏高而产生较大的测试误差。

3.2　检　定　要　求

3.2.1～3.2.3　与现行行业标准《回弹法检测混凝土抗压强度技术规程》JGJ/T 23 第 3 章第 2 节一致。

3.3　维　护　保　养

3.3.1～3.3.3　与现行行业标准《回弹法检测混凝土抗压强度技术规程》JGJ/T 23 第 3 章第 3 节一致。

4　混凝土超声波检测仪器

4.1　一　般　规　定

4.1.1　当前，用于混凝土检测的超声波检测仪有多种型号，其技术性能应符合现行行业标准《混凝土超声波检测仪》JG/T 5004 的规定。为了确保测试数据的可靠性，无论使用哪种型号的超声波检测仪器，都必须通过正式技术鉴定，并具有产品合格证和仪器检定证。超声波检测仪送计量单位进行检定后，有效期为一年。

4.1.2　原规程编制过程中，我国尚无数字式混凝土超声波检测仪，有关超声检测设备的技术要求是按当时模拟式非金属超声仪的技术性能提出的。近年来，国内先后研制生产了性能好、功能多的数字式非金属超声波检测仪。为了使本规程能适应这两类混凝土超声波检测仪的使用，在修订时，除了保留两类仪器的共性要求外，还分别对模拟式和数字式超声波检测仪的技术性能提出了要求。这两类混凝土超声波检测仪的特点是：

1　模拟式仪器的接收信号为连续模拟量，通过时域波形由人工读取声学参数。其中，声时采用游标或整形关门信号关断计数电路来测读脉冲波从发射到计数电路被关断所经历的时间，并经译码器和数码管显示出来。波幅读数是通过人工调节，读取衰减器的“dB”数或首波高度“格”数。

2　数字式仪器是将所接收的信号经高速 A/D 转换为离散的数字量并直接输入计算机，通过相关软件进行分析处理，自动读取声时、波幅和主频值并显示于仪器屏幕上。具有对数字信号采集、处理、存储等高度智能化的功能。

4.1.3　超声波检测仪应按现行行业标准《混凝土超声波检测仪》JG/T 5004 的要求进行质量检定，每项指标均应满足规定的要求，并在规定的检定有效期内使用。

4.1.4　两类超声波检测仪应满足下列通用技术要求：

1　混凝土强度检测主要利用超声波传播速度，获得可靠的声速值是靠准确测量声时和声传播路程。因此，为了准确测量声时，超声仪须具有稳定、清晰的波形显示系统。

2　声时最小分度是声时测量精度的决定因素，因此超声检测仪应满足这个要求。

3　由于不同首波高度下测量的声时值存在一定差异，因此在声时测量中宜采用衰减器先将首波调至一定高度后再进行测读。超声波检测仪应具有最小分度为 1dB 的衰减器。

4　仪器接收放大器的频响范围应与混凝土超声检测中所采用的换能器的频率相适应。检测混凝土所采用的换能器一般为 20～250kHz（混凝土强度检测为 50～100kHz），所以接收放大器在此频响范围内可以满足电气性能要求。对仪器不能单纯追求接收放大器的增益，应同时考虑其噪声水平，采用信噪比达到 3：1 时的接收灵敏度较为适当，可以直观地反映出仪器的真实测试灵敏度。

5　仪器对电源电压有一个适应范围，当电压在此范围内波动时，仪器的技术指标仍能满足规定的要求。

4.1.5　对于模拟式超声波检测仪，除了满足上述要求外还应满足下列技术要求：

1　模拟式超声波检测仪必须具备手动游标读数功能，以便准确判读首波声时。自动整形声时读数功能一般仅能适应强信号、弱噪声条件。当信号较弱或信噪比较低时，自动整形读取的声时值偏大甚至丢波，会造成很大的测试误差，应谨慎使用。

2　模拟式仪器数码显示的稳定性是准确测量声时的基础。现场测试时一般要求仪器连续工作 4h 以上，在此工作期间，仪器性能必须保持一定的稳定性。

4.1.6　对数字式超声波检测仪还应满足以下技术要求：

1　采集、存储数字信号并按检测要求对数据进行计算处理，是数字式超声波检测仪应具有的基本功能。

2　数字式仪器以采用自动判读为主，在大距离测试或信噪比极低的情况下，需要用手动游标读数。不管手动还是自动判读声时，在同一测试条件下，测读数值都应具有一定的重复性。重复性越好，说明声时读数越准确可靠，故应建立一个声时测量重复性的检查方法。在重复测试中，首波起始点的样本偏差点数乘以样本时间间隔，即为声时读数的差异。

3　在自动判读声时的过程中，仪器屏幕上应显示判读的位置，这样可及时检查自动读数是否有误。

4.1.7　综合法采用的超声仪由电子元器件组成，检测环境和测试条件如不满足检测要求，就会带来测试偏差。当环境温度低于 0℃时，混凝土中的自由水结冰，体积增大，可导致声速值偏高而产生较大的测试误差。当环境温度高于 40℃时，超过了仪器例行的使用温度，因电子元件性能改变，也会产生测试误差。

4.2　换能器技术要求

4.2.1　大量模拟试验表明，由于超声脉冲波的频散效应，采用不同频率换能器测量的混凝土中声速有所不同，且声速有随换能器频率增高而增大的趋势。当换能器工作频率为

50～100kHz时，所测声速偏差较小，所以本规程对换能器的工作频率作了限制。

4.2.2　换能器的实际频率与标称频率应尽量一致。若实际频率与标称频率差异过大，则测读的声时值会产生较大误差，以致测出的声速值难以反映混凝土的真实强度值。

4.3　校准和保养

4.3.1　由物理学可知，在常温下空气中的声速值除了随温度变化而有一定变化外，受其他因素的影响很小。因此，用测量空气中声速的方法定期检验仪器性能，是一种简单易行的方法。此方法不仅可检验仪器的计时机构是否可靠，还验证了仪器操作者的声时读取方法是否正确。

4.3.2　在声时测量过程中有一个声时初读数 t_0，而 t_0 除了与仪器的传输电路有关外还与换能器的构造和高频电缆长度有关。因此，每次检测时，应先对所用仪器和按需要配置的换能器、电缆线进行 t_0 测量。

4.3.3　为确保仪器处于正常状态，应定期对超声仪进行保养。仪器工作时应注意防尘、防震；仪器应存放在阴凉、干燥的环境中；对较长时间不用的仪器，应定期通电排除潮气。

5　测区回弹值和声速值的测量及计算

5.1　一般规定

5.1.1　本条第1、2、5项资料系检测结构或构件混凝土强度时应具有的必要资料。如需对结构进行鉴定计算，委托方还应提供设计（建筑、结构）图纸。

5.1.2　单个构件是指各层轴线间或同层平面内轴线间的混凝土梁、板、柱、墙等构件，检测时随混凝土龄期和混凝土设计强度等级不同而划分检测批。采用超声回弹综合法检测混凝土构件的强度时，检测构件的编号为框架柱（A-1）、框架梁（A-3-4）、混凝土板（A-B-3-4），以轴线间对应的构件为检测构件。本条规定了超声回弹综合法检测结构或构件测区布置的基本原则。所谓测区是指在结构或构件上同时进行超声、回弹测试的一个检测单元。

本规程规定，构件抽样数不应少于同批构件的30%，此规定严于现行国家标准《建筑结构检测技术标准》GB/T 50344的规定。当用于一般施工质量检测和结构性能检测时，可按照《建筑结构检测技术标准》GB/T 50344规定的A、B检测类型抽样，见下表。

建筑结构抽样检验的最小样本容量

检测批容量	检测类别和样本最小容量			检测批容量	检测类别和样本最小容量		
	A	B	C		A	B	C
2－8	2	2	3	501－1200	32	80	125
9－15	2	3	5	1201－3200	50	125	200
16－25	3	5	8	3201－10000	80	200	315
26－50	5	8	13	10001－35000	125	315	500
51－90	5	13	20	35001－150000	200	500	800
91－150	8	20	32	150001－500000	315	800	1250
151－280	13	32	50	＞500000	500	1250	2000
281－500	20	50	80				

5.1.3　按批抽样检测时，符合 1～4 项条件的构件才可作为同批构件。

5.1.4～5.1.5　本条规定了在被测构件或结构上布置测区的具体要求。

5.1.6～5.1.7　本条是对综合法测试顺序和测区混凝土强度计算的规定。

5.2　回弹测试及回弹值计算

5.2.1　因建立测强曲线时是将回弹仪置于水平方向测试混凝土试件的成型侧面，所以在一般情况下，均应按此要求进行现场回弹测试。当结构或构件不能满足这一要求时，也可将回弹仪置于非水平方向（如测试屋架复杆、基础坡面等），或混凝土成型的表、底面（如测试混凝土顶板，或已安装好的预制构件）进行测试，但测试时回弹仪的轴线方向应始终与结构或构件的测试面相垂直。回弹值按本规程第 5.2.5 条和第 5.2.6 条的规定进行修正。

5.2.2～5.2.3　本条规定测区的测点数量和位置。

5.2.4　本条规定了测区回弹代表值的计算方法。从 16 个回弹值中剔除 3 个最大值和 3 个最小值，取余下 10 个回弹值的平均值作为测区回弹代表值。此种计算方法与其他国家有所不同，本方法的测试和计算十分简捷，不必在测试现场计算和补点，且标准差较小。按此法计算，与建立测强曲线时的计算方法一致，不会引进新的误差。

5.2.5～5.2.6　由于现场检测条件的限制，有时只能沿非水平方向检测混凝土浇筑方向的侧面，或者沿水平方向检测构件浇灌的表面或底面，此时对所测得的回弹值需按不同测试角度或不同测试面进行修正。

5.2.7　当回弹仪测试采用非水平方向且测试面为非混凝土浇筑方向的侧面时，回弹值应先进行角度修正，再对按角度修正后的回弹值进行测试面修正。测区回弹值取最后的修正结果。

5.3　超声测试及声速值计算

5.3.1　3 个超声测点应布置在回弹测试的同一测区内。超声测试应采用对测或角测，当被测构件不具备对测或角测条件时（如地下室外墙面、底板），可采用单面平测法。平测时两个换能器的连线应与附近钢筋的轴线保持 40°～50°夹角，以避免钢筋的影响。大量实践证明，平测时测距宜采用 350～450mm，以使接收信号首波清晰易辨认。角测和平测的具体测试方法见附录 B。

5.3.2　使用耦合剂是为了保证换能器辐射面与混凝土测试面达到完全面接触，排除其间的空气和杂物。同时，每一测点均应使耦合层达到最薄，以保持耦合状态一致，这样才能保证声时测量条件的一致性。

5.3.3　本条对声时读数和测距量测的精度提出了严格要求。因为声速值准确与否，完全取决于声时和测距量测是否准确可靠。

5.3.4、5.3.5　规定了测区混凝土中声速代表值的计算和修正方法。测区混凝土中声速代表值是取超声测距除以测区内 3 个测点混凝土中声时平均值。当超声测点在浇筑方向的侧面对测或斜测时，声速不做修正。如只能沿构件浇灌的表面和底面对测时，测得的声速偏低，试验表明，沿此方向测得的声速需要乘以修正系数 1.034。当只能在构件浇灌的表面或底面平测时，由于混凝土浇灌表面浮浆多，相对于侧面来说砂浆含量多石子含量少，因此测得的声速偏低；由于混凝土浇灌、振捣过程中石子下沉而导致底面层石子含量增多，因此测得的声速偏高。对比试验表明，与在侧面平测的声速相比较，在浇灌表面平测的声速约偏低5%左右，在浇灌底面平测的声速约偏高5%左右。

6　结构混凝土强度推定

6.0.1　本规程的强度换算适用于符合本条规定的普通混凝土。当与本条的规定有差异时，可从被测构件上钻取不少于4个ϕ100×100mm混凝土芯样进行修正。

6.0.2　结构或构件的测区混凝土抗压强度换算值，是由相应测区修正后的回弹代表值和声速代表值按测强曲线计算得出的。为提高混凝土强度换算值的准确性和可靠性，应优先采用专用或地区测强曲线进行计算。当无专用或地区测强曲线时，通过验证试验后可按本规程附录C进行抗压强度换算值的计算。

本规程修订后的全国统一测强曲线收集补充了一批泵送混凝土、长龄期和高强混凝土等方面的测试数据。数据来源有：

1　原综合法规程的测强数据

根据查阅到的原测强曲线的数据资料，当时是按不同水泥（矿渣硅酸盐、普通硅酸盐）、粗骨料（卵石、碎石）和超声仪器（JC-2型、CTS-25型、SC-2型、英国PUNDIT型）测试的数据计算处理的，且对原数据强度进行了5%的调整。

2　收集了北京泵送混凝土数据

从全市70多个站中选择了在近郊东、南、北区分布的20个商品混凝土供应站，为制定北京地区泵送混凝土测强曲线提供了2363组数据（北京地区的泵送混凝土地方标准已发布实施）。

3　收集了长龄期和高强混凝土数据

陕西院提供了17年、52年的长龄期混凝土数据；贵州中建院提供了16、18、22年的长龄期混凝土数据；浙江院提供了高强和泵送混凝土数据；中国建研院收集了高强和泵送混凝土数据；广西院和安徽院提供了综合法测强数据等。

4000多组数据的综合分析计算表明，本规程中卵石和碎石的测强曲线适用于：掺或不掺外加剂、粉煤灰、泵送剂；人工或一般机械搅拌、成型的混凝土、泵送混凝土；龄期为7～2000d的混凝土；强度为10～70MPa的结构或构件混凝土的强度检测推定。综合法测强曲线的系数值和统计分析指标见下表。

序号	骨料种类	试件数量	回归系数			相关系数（r）	标准差（s）	相对误差（%）	平均相对误差（%）
			a	b	c				
1	卵石	4157	0.005599	1.438657	1.768646	0.9148	5.51	15.7	13.1
2	碎石	4390	0.016183	1.655800	1.406373	0.9122	5.33	15.3	12.5

本规程的强度换算适用于符合本条规定的普通混凝土。当与本条的规定有差异时，可从被测构件上钻取不少于 4 个 ϕ100×100mm 混凝土芯样进行修正。

6.0.3　试验表明，由于卵石和碎石的表面状态完全不同，混凝土内部界面的粘结状况也不相同。在相同的配合比时，碎石因表面粗糙，与砂浆界面粘结较好，因而混凝土的强度较高；卵石因表面光滑影响粘结，混凝土强度低。不同石子品种中超声波声速不相同，即使是同一石子品种而产地不同声速也有差别。许多科研单位进行了大量的试验结果表明，当石子品种不同时，应分别建立测强曲线。本规程按不同品种的粗骨料，分别建立了强度换算公式。

6.0.4　由于我国幅员辽阔，材料分散，混凝土品种繁多，生产工艺又不断改进，所建立的全国统一曲线很难适应全国各地的情况。因此，凡有条件的省、自治区、直辖市，可采用本地区常用的有代表性的材料、成型养护工艺和龄期为基本条件，制作一定数量的混凝土立方体试件，进行超声、回弹和抗压试验，建立本地区曲线或大型工程专用测强曲线。这种测强曲线，对于本地区或本工程来说，它的适应性和强度推定误差均优于全国统一曲线。本规程规定，专用测强曲线相对误差 $e_r \leqslant 12\%$；地区测强曲线相对误差 $e_r \leqslant 14\%$。

6.0.5　结构或构件混凝土强度的平均值和标准差是用各测区的混凝土强度换算值来计算。当按批推定混凝土强度时，如测区混凝土强度标准差超过本规程第 6.0.6 条规定，说明该批构件的混凝土制作条件不尽相同，混凝土强度质量均匀性差，不能按批推定混凝土强度。

6.0.6　当现场检测条件与测强曲线的适用条件有较大差异时，须用同条件立方体试件或在测区钻取的混凝土芯样试件进行修正。修正的方法有修正系数法和修正量法，本规程采用修正系数法。在确定修正系数时，试件数量应不少于 4 个。工程实践和理论分析表明，修正系数估计的准确程度与确定修正系数的试件数量 n 有关，修正系数的标准差与试试件数量的平方根 $\sqrt{n}$ 成反比。作为确定修正系数的试件取 3 个太少，但由于取芯工作量大，且不宜在结构上钻取过多数量的芯样，因此，综合考虑修正系数估计的准确度和取芯工作量，规定取样数量不少于 4 个。然后按公式（6.0.6-1）或（6.0.6-2）计算修正系数。

如从被测构件中钻取的混凝土芯样尺寸不符合本条的规定，则采用式（6.2.6-2）计算 η 时尚应按现行协会标准《钻芯法检测混凝土强度技术规程》CECS03 的规定考虑芯样强度与立方体试件强度的换算关系。

6.0.7　按本规程检测推定的混凝土抗压强度不等于施工现场取样成型并标准养护 28d 所得的试件抗压强度。因此，在正常情况下混凝土强度的验收与评定，应按现行国家标准执行。

当构件测区数少于 10 个时，应按式（6.0.7-1）计算推定抗压强度。当构件测区数不少于 10 个时，应按式（6.0.7-2）计算推定抗压强度。当按批推定构件混凝土抗压强度时，也应按式（6.0.7-2）计算，但此时的强度平均值和标准差应采用该检验批中所有抽检构件的测区强度来计算。

当结构或构件的测区抗压强度换算值中出现小于 10.0MPa 的值时，该构件混凝土抗压强度推定值 $f_{cu,e}$ 应取小于 10MPa。

如测区换算值小于 10.0MPa 或大于 70.0MPa，因超出了本规程强度换算方法的适用范围，故该测区的混凝土抗压强度应表述为"<10.0MPa"，或">70.0MPa"。如构件测区中有小于 10.0MPa 的测区，因不能计算构件混凝土的强度标准差，则该构件混凝土的推定强度应表述为“＜10.0MPa”；如构件测区中有大于 70.0MPa 的测区，也不能计算构件混凝土的强度标准差，此时，构件混凝土抗压强度的推定值取该构件各测区中最小的测区混凝土抗压强度换算值。

6.0.8　对按批量检测的构件，如该批构件的混凝土质量不均匀，测区混凝土强度标准差大于规定的范围，则该批构件应全部按单个构件进行强度推定。

本条中，混凝土抗压强度平均值 $m_{f^c_{cu}}$ ≤50MPa 时标准差 $s_{f^c_{cu}}$ 的限值，系按原规程的规定。$m_{f^c_{cu}}$ ＞50MPa 时 $s_{f^c_{cu}}$ 的限值，是参考北京地区四个大型商品混凝土搅拌站生产的 C50～C60 混凝土的标养抗压强度统计数据确定的，见下表：

序	单位名称	试件组数	平均值（MPa）	标准差（MPa）
1	中思成	1340	63.8	6.32
2	科实恒			
3	城建四公司			
4	建工六建公司			

注：每组三个试件取其平均值。

由表可见，C50～C60 混凝土的抗压强度标准差为 6.32MPa。所以，当结构或构件混凝土抗压强度平均值大于 50.0MPa 时，限制 $s_{f^c_{cu}}$ 不大于 6.50MPa 是合适的。

附录 A　建立专用或地区混凝土强度曲线的基本要求

建立专用或地区测强曲线的目的，是为了使测强曲线的使用条件尽可能地符合本地区或某一专项工程的实际情况，以减少工程检测中的验证和修正工作量，同时也可避免因修正不当带入新的误差因素，从而提高综合法检测混凝土强度的准确性和可靠性。因此，建立专用或地区测强曲线时，除了采用专项工程的混凝土原材料或本地区常用原材料，以及混凝土配合比外，还应严格控制试件的制作、养护及超声、回弹和抗压强度试验等每一操作环节，并注意观察、记录试验过程中的异常现象（如试件测试面是否平整、试件是否标准立方体、测试时试件表面干湿状态、抗压破坏是否有偏心受压、混凝土中的石子含量偏多或偏少及分布是否均匀等），对明显异常的数据，应认真分析其原因再确定取舍。根据声速代表值、回弹代表值和试件抗压强度实测值进行回归分析、相关分析和误差分析，可得到混凝土强度曲线。根据回归方程的误差分析结果，也可针对误差特别大的个别数据进行分析判断，若系试验过程中带进的较大误差，可以剔除该数据后再进行回归分析。总之，建立测强曲线是一个技术性很强的工作，必须认真仔细、严肃对待。

除本规程附录 A 式（A.0.8-1）推荐的回归方程形式外，如有其他更好的形式，只要满足第 6.0.4 条的要求都可以采用。

附录 B　超声波角测、平测和声速计算方法

B.1　超声波角测方法

B.1.1　有时被测构件旁边存在墙体、管道等障碍物，只有两个相邻表面可供检测，此时仍然可以进行综合法测强，即在两个相邻表面的对应位置布置超声测点，采用丁角方法测量混凝土声速。

B.1.2　为使超声波能充分反映构件内部混凝土的质量，同时还要尽可能避开钢筋的影响，布置超声测点时最好使换能器尽量离开构件边缘远一些（图 B.1.2）。计算分析表明，换能器中心点与构件边缘的距离只要不小于 200mm，即使混凝土声速小到 3.50～3.80km/s 也不会受钢筋的影响。在检测中可能会遇到一个表面较窄另一表面较宽的构件，所以布置测点时不要求 l_1 与 l_2 相等，但二者相差不宜大于 2 倍。

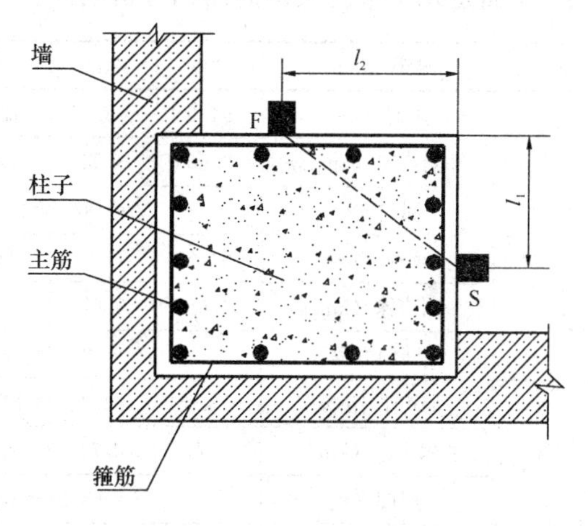

图 B.1.2　超声波角测示意

B.1.3～B.1.4　大量对比试验表明，可采用 F、S 换能器中心点与构件边缘的距离 l_1、l_2，按几何学原理计算超声测距 l；用此测距 l 与角测的声时值计算所得的声速值，与对测的声速值没有明显差异，不需作任何修正。

B.2　超声波平测方法

B.2.1　原规程没有规定平测方法，但在实际工程检测中有时遇到被测构件只能提供一个测试表面（如道路、机场跑道、楼板、隧道、挡土墙等）。为了使本规程能适应各种类型构件的测试需要，这次修订增加了平测方法。所谓超声波平测法，就是将发射和接收换能器耦合于被测构件的同一表面上进行声时测量。因平测法只能反映浅层混凝土的质量，所以厚度较大的板式结构（如混凝土承台、筏板等）不宜用平测法，可沿结构表面每隔一定距离钻一个 ϕ40mm～ϕ50mm 的超声测试孔，采用径向振动式换能器进行声速测量。

B.2.2　因为板式结构或构件的表面内侧常分布有钢筋网片，为了避开钢筋的影响，布置超声测点时应使发射和接收换能器的连线与测点附近钢筋的轴线保持一定夹角，一般可取 40°～50°。大量实践证明，平测时测距过小或过大，超声接收信号的首波起始点难以辨认，测读的声时误差较大。一般将发射、接收换能器中对中距离保持在 350～450mm，首波起始点较易辨认，便于进行声时测量。

B.2.3　模拟试验和在工程检测中所做的平测与对测比较表明，平测声速 v_p 与对测声速 v_d 之间存在差异，且差异并非固定值。平测声速受测试表面质量好坏的影响较大。当测试部位混凝土质量表里一致（表面光洁、平整且未受任何损伤）时，平测与对测的声速值差异不大，一般 v_d / v_p =1.00～1.03；如果混凝土测试表面粗糙、疏松或存在微裂缝，则 v_p

与 v_d 之间的差异较大，一般 $v_d / v_p = 1.04 \sim 1.15$。在工程检测中，如有条件在同一测试部位（如剪力墙门洞附近）做平测和对测比较，则可求出实测修正系数 λ，可按 λ 对平测声速进行修正。

B.2.4　当无条件做对比测试时，可选取结构或构件有代表性的部位，改变发射和接收换能器之间的测距，逐点读取相应声时值，然后以测距 l_i 与对应的 t_i 求回归直线 $l = a + bt$，其中回归系数 b 相当于对测时的混凝土声速 v_d，然后以 v_d 与各测点平测声速 v_p 的平均值进行比较，即可求出该状态下的平测声速修正系数 λ。

下面是几个平测实例的回归分析结果：

测点	测距（mm）	200	250	300	350	400	450	500	平均值
1	声时（μs）	54.6	63.4	72.2	85.0	97.8	109.8	113.8	
	平测声速（km/s）	3.66	3.94	4.16	4.12	4.09	4.10	4.39	4.07
	回归方程	$l = -48.85 + 4.68t$　　$r = 0.9947$　　$\lambda = 4.68/4.07 = 1.151$							
2	声时（μs）	54.6	71.8	82.6	97.8	114.6	120.6	126.0	
	平测声速（km/s）	3.66	3.48	3.63	3.58	3.49	3.73	3.97	3.65
	回归方程	$l = -28.74 + 3.97t$　　$r = 0.9872$　　$\lambda = 3.97/3.65 = 1.088$							
3	声时（μs）	73.8	91.4	105.8	127.4	129.8	139.4	157.0	
	平测声速（km/s）	2.71	2.74	2.84	2.75	3.08	3.23	3.18	2.93
	回归方程	$l = 83.97 + 3.68t$　　$r = 0.9862$　　$\lambda = 3.68/2.93 = 1.257$							
4	声时（μs）	48.2	64.6	80.6	87.4	98.6	111.4	125.0	
	平测声速（km/s）	4.15	3.87	3.72	4.00	4.06	4.04	4.00	3.98
	回归方程	$l = -6.84 + 4.06t$　　$r = 0.9954$　　$\lambda = 4.06/3.98 = 1.020$							

注：测点 2 表面较好，修正系数 $\lambda = 1.02$；测点 1 表面较差，$\lambda = 1.151$；测点 3 表面较疏松，且有不规则微裂缝，$\lambda = 1.257$。

B.2.5　平测时混凝土声速的计算，应根据所测构件测试面的实际情况求出修正系数 λ 并对声速进行修正，然后进行混凝土抗压强度计算。

附录 C　测区混凝土抗压强度换算

本规程测强曲线中新增加了长龄期混凝土、高强混凝土和泵送混凝土的数据，故适用于符合第 6.0.2 条规定条件的普通混凝土。大量研究表明，混凝土粗骨料的品种和材质对综合法测强有较大影响，但全国不同地区的粗骨料岩石种类和材质差异很大，不可能逐一建立测强曲线，因此本规程提供的全国统一综合法测强曲线，只有卵石和碎石两个品种。当该两种测强曲线能适应某些地区的材质条件时，混凝土强度的测试误差将较小，当与某些地区的材质条件不能适应时，混凝土强度的测试误差将很大，因此，使用该曲线前必须先通过验证，不得盲目套用。

测区混凝土的抗压强度换算，可根据同一测区的声速修正代表值和回弹修正代表值直接从强度换算表中查得，也可采用强度换算曲线公式计算。如出现测区换算强度值小于

10.0MPa 或大于 70.0MPa，即超出换算曲线的适应范围时，该测区的抗压强度应表述为“<10.0MPa”或“>70.0MPa”。

附录 D　综合法测定混凝土强度曲线的验证方法

当缺乏专用或地区测强曲线而需采用本规程规定的全国统一测强曲线时，应先按本附录的规定进行验证。

附录 E　用实测空气声速法校准超声仪

由物理学可知，空气中的声速除了随温度而变化外，受其他因素的影响很小。所以，采用测量空气中声速的方法定期检验仪器的性能，是一种简单易行的方法。该方法不仅检验仪器的计时机构是否可靠，还检验了仪器操作者的声时读取方法是否正确。一般说来，只要超声仪正常，操作人员的测试操作也准确无误，测试结果的相对误差 e_r 应不超过±0.5%。如果出现 e_r 超过±0.5%的情况，应首先复核测试操作是否正确，否则属于仪器计时系统不正常。

附录 F　超声回弹综合法检测记录表

附录 G　结构混凝土抗压强度计算表

两种表格供现场检测和数据汇总，以及留档存查之用。

附录 F 中，测区回弹代表值 R 应取 10 个测点有效回弹值 R_i 的平均值；测区声速代表值 v 应取 3 个测点声速值 $\left(v_i=\dfrac{l_i}{t_i-t_0}\right)$ 的平均值。

对测区数多于 10 个的构件，仍可利用附录 F、G 的表，只需在测区栏的序号上加一个“十”位数字而成为 11，12，……20 等即可。

附录5　国际标准化组织标准《混凝土试验——第7部分：硬化混凝土的无损试验》ISO 1920-7-2004

《混凝土试验——第7部分：硬化混凝土的无损试验》ISO 1920-7-2004

(Testing of Concrete—Part 7: Non-destructrve Tests on Hardened Concrete)

3　回弹值的测定

3.1　原　理

由回弹仪弹击被测物体表面，以其回弹距离作为测试结果。

注：附录A给出了强度和回弹值关系曲线的建立方法。

3.2　仪　器

3.2.1　回弹仪

一个包含弹击钢锤的装置，放松时，可推动弹击拉簧使装置与混凝土表面接触。

弹击钢锤可以固定的速率重复运动，弹击锤被拉簧弹开的距离可通过装置外框上的线性刻度上读出。

回弹仪应每年校准两次，也可以在对回弹仪的准确操作有怀疑时进行检定。

注：目前，多种类型和尺寸的回弹仪已经广泛应用于不同强度等级和种类的混凝土检测，每种类型和尺寸的回弹仪都必须仅应用于相应的混凝土强度等级和类型。如低冲击能的摆式回弹仪适用于如轻质混凝土等表面强度较低的混凝土强度检测。

3.2.2　钢砧

除了国际标准的附录中另行定义外，为率定回弹仪，规定钢砧的洛式硬度不低于52HRC，重量为16kg±1kg，直径约150mm。

注：在钢砧上率定回弹仪不能保证不同的回弹仪在测试过程中能给出相同的测试结果。

3.2.3　砂轮

中粗纹理的金刚砂砂轮或其他等效材料。

3.3 测　区

3.3.1 选择

如果测试的混凝土构件不足 100mm 厚且未固定在结构中，测试过程中必须加以足够刚度的支撑。测区应避开蜂窝、剥落、麻面和表面多孔处。

测区的选择过程中应考虑到附录 B 中所列出的影响因素。

每个测区应接近 300mm×300mm。

注：通常最好在一个固定的测区内进行测读，而不是在整个测试构件上随机进行测试。

3.3.2 准备工作

严重变形、松软或有浮灰的混凝土表面应用砂轮磨平。光滑的成型面或抹光面测试前可不打磨。去除混凝土表面的水分。

3.4 测 试 过 程

3.4.1 预备步骤

按生产厂家的产品说明书使用回弹仪，为确认回弹仪能否正常工作，使用前应至少启动三次再读数。

测试之前应在钢砧上对回弹仪进行率定并记录率定值，确保率定值在生产厂家的推荐值范围之内，若超出此范围，则应清洗和调整回弹仪。回弹仪的使用环境温度为 10℃～35℃。

3.4.2 操作

紧握住回弹仪使弹击杆向所测试混凝土表面垂直弹击，缓慢施压直至弹击杆弹起。

弹起后记录回弹值。

注：也有回弹仪带有自动记录装置，回弹值可自动记录。

以 9 个读数中的最小值作为一个测区回弹值的可靠估计值。每列数据都应记录回弹仪的测试位置和方向。相邻两个测试点间距不能小于 25mm，测点离构件端部的距离不宜小于 50mm。

注：最好在混凝土表面画出 25～50mm 的网格线，以网格的交叉点作为回弹测点。

检查回弹后的测点，如果测点混凝土被压碎或沿着接近混凝土表面的气孔破碎，则剔除该测点的回弹值。

3.4.3 参考校验

测试完成后，在钢砧上做率定试验，记录率定值并与测试前的回弹仪率定值进行比较，若前后率定值不同，则应清洗和调整回弹仪并重新进行测试。

3.5 测 试 结 果

以所有读数的中值作为本测区的回弹值测试结果，如有需要则根据生产厂家的产品说明书按回弹测试方向对回弹数据进行角度修正，以总测区数表示。

如果使用多个回弹仪，应在相近的混凝土表面测试足够的回弹值来确定不同回弹仪的示值差别。

注：1　附录 A 给出了强度和回弹值关系曲线的建立方法。

2 附录B给出了回弹值的影响因素。

如果超过20%的回弹值与中值的差别超过6，则整个回弹测试结果作废。

3.6 试 验 报 告

附录C给出了一个试验报告的例子。

根据第6款的细节要求，试验报告中还应包含以下内容：

a）回弹仪的标识；

b）检测前后的回弹仪率定值；

c）测试结果（中值）和测试方向；

d）单独的回弹仪测试结果（若要求）；

e）根据测试角度的修正测试结果（若适用）。

附录A 强度和回弹值关系曲线的建立方法

A.1 大多数的强度和回弹值关系曲线都是通过对试验室成型样品的检测而建立的。但是很难确定试验室样品在各方面替代混凝土结构实体，可以通过如下两种方法得到更准确的结果：①通过从混凝土结构实体取出芯样得到强度和回弹值的关系曲线；②通过单独的试验获得一系列数据，然后用混凝土芯样强度试验来修正关系曲线。这种情况下，应在混凝土实体进行回弹并在相应位置上取芯，切割进行强度试验。

注：如果混凝土受损则会影响回弹值与抗压强度的关系曲线的准确性，如混凝土收冻、火灾或硫酸盐侵蚀。

A.2 为了检测方便且保持足够的刚度，在对混凝土样品进行回弹检测时，可将测试样品放置于混凝土抗压强度试验机上，保持约2MPa的压力。

A.3 为建立强度和回弹值关系曲线，必须选择足够的样本容量，包含混凝土结构中常用的各种混凝土强度等级。关系曲线的准确度随着样本容量的增加而增大，混凝土样品的强度等级应与关系曲线所预期的适用范围相关。如果预期检测结构中混凝土强度的增长，可对不同龄期的混凝土样品进行检测。如果想要检测结构中的混凝土质量，可以选用不同的混凝土配合比进行检测。

A.4 测试样品应尽可能与被测试结构中混凝土相同，附录B中列出的各种因素都应考虑在内。

A.5 测强曲线可以从回弹值和强度的测试结果中得出，测强曲线的精度可根据曲线的相关系数来判断。

附录B 混凝土表面回弹值的影响因素

B.1 一 般 规 定

附录A中给出的混凝土强度与回弹值的经验性关系曲线受B.2到B.9等因素的影响。

B.2 混凝土强度

水泥类型：不同类型的水泥会导致测强曲线较大的差异。

水泥含量：水泥含量高的混凝土的回弹值低于相同强度等级但水泥含量低的混凝土回弹值，不过，水泥含量的差别引起的推定强度的误差不会超过 10％。

骨料种类：虽然许多普通骨料的硬度和混凝土强度关系曲线较为接近，但仍需要验证性试验来检验。轻骨料和特殊性骨料需要建立专用测强曲线。

养护方式和混凝土龄期：混凝土的硬度和强度与时间成函数关系，初始硬化速率、随后的养护和暴露条件都会影响测强曲线的相关性，不同的养护制度需分别建立不同的测强曲线，3 天到 3 个月之内的混凝土可不予考虑龄期的影响。

密实度：回弹仪不能用于检测因密实度的差别引起的混凝土强度变化，不够密实混凝土不能用此方法进行检测。

B.3 检测面类型

光滑的表面才可以进行检测。不同材质的模板浇筑的混凝土表面的回弹值不同，抹光面一般硬度高于成型面，且检测结果的变化幅度较大（见注 A.1）。切割面的测试结果的变动幅度更大，且与成型面的测试结果会有很大的差异。优选模板成型面进行回弹检测，目前还没有足够的试验数据证明不同检测面的回弹测试结果的可比性，对不同的检测面应建立不同的测强曲线。

B.4 混凝土类型

回弹法仪适用于致密质地的混凝土检测，不能用于疏松组织结构的混凝土材料检测，如砌块、蜂窝混凝土、无砂混凝土等。

B.5 检测面的湿度状况

湿检测面的回弹值低于高检测面，湿度对回弹值的影响不容忽视，虽然对某些类型的混凝土的回弹值影响很大，但是对于结构混凝土较为典型的会降低 20％。

B.6 碳化

碳化会增加混凝土的硬度。3 个月龄期内的混凝土以正常的速率碳化不会对回弹值产生很大的影响，但是在高温和高二氧化碳浓度的环境中，碳化对较早龄期的混凝土也会产生较大的影响。碳化会影响整个表层混凝土，使其无法代表构件内部情况，如需要，可以将碳化表层磨碎除去。

B.7 检测时混凝土的位移

用回弹仪弹击混凝土构件时，不允许所检混凝土产生明显的振动和位移。因此，较小的混凝土构件应加以固定（如用重载试验设备加紧）。对于一些结构细长或质量不能完全满足标准要求的构件（如混凝土结构托架），虽然独立单元的组间和组内的对比均可在相近刚度的试验中进行，但很难确定其构件强度。

B.8　测　试　方　向

检测角度和方向会影响回弹值，常用的检测方向为水平或垂直向下，但因条件限制会以任何角度和方向进行检测。指定角度和方向的测强关系曲线都是通过硬度试验机上的试验来建立的，希望在使用过程中根据经验进行修正。

B.9　其　他　因　素

其他已知的影响回弹仪读数的因素包括：相邻测区不连续、混凝土的应力状态、混凝土和压力试验机的温度等。假定检测点距离试件边缘至少 25mm 并避免尺寸突变和条件最恶劣的部位，这些在正常的实际情况中的影响很小。标准尺寸和正常钢筋保护层厚度的混凝土按照本标准所述方法进行检测不会有很大的影响。

按相同标准设计的不同的回弹仪得出的回弹值会有所差别，因此为使测试结果具有可比性，应使同一检测设备进行检测，如果必须使用多个回弹仪，应在典型的混凝土表面测试足够的回弹值来确定不同回弹仪的示值差别。用每个回弹仪测得的回弹值均应以该设备所建立的经验关系式为基础换算成强度值。

附录 C

例：硬化混凝土回弹值测试报告

委托单位：　　　　　　　　　　检测单位：

检测地点：　　　　　　　　　　回弹仪的标识：

混凝土/构件：　　　　　　　　 检测预备：

标识：　　　　　　　　　　　　回弹仪读数前的激活次数：

测区位置：　　　　　　　　　　初始率定值：

测区准备的细节：　　　　　　　检测日期和时间：

混凝土和环境条件：　　　　　　检测结论：

测区	回弹仪方向	回弹值中值 & 单独的回弹值读数（若要求）	修正后的回弹值（若适用）

参考校验：

检测后的率定值：

偏离标准 ISO 1920-7：

除以上所述，该样品的测试过程依据 ISO 1920-7 进行。

技术职责：

负责人：　　　　　姓名：　　　　　职务：

签名：

检测报告标识：

检测报告编号：　　　　签发日期：

附录6　英国标准
《结构用混凝土试验——第2部分：无损检测——回弹值的测定》BS EN 12504—2—2001

《结构用混凝土试验——第2部分：
无损检测——回弹值的测定》
BS EN 12504—2—2001

（Testing Corcrete in Structures——Part2：Non-destructive Testing——Determination of Rebound Number）

1　范　　围

本标准规定了用回弹仪测试硬化混凝土的一个测区回弹值的测定方法。

注：1　本方法测定的混凝土回弹值可用于评价混凝土结构实体的均匀性，从中区分出混凝土质量较差和强度劣化的区域和面积。

2　本方法不能作为混凝土抗压强度检验（EN 12930-3）的代替方法，但是根据可靠的测强曲线，也可用于混凝土实体强度的检验。

2　规范性应用文件（无）

3　原　　理

由弹力拉簧驱动的装置弹击被测物体表面，以其回弹距离作为测试结果。

4　仪　　器

4.1　回　弹　仪

一个包含弹击钢锤的装置，放松时，可推动弹击拉簧使弹击杆与混凝土表面接触，弹击锤被拉簧弹开的距离可通过装置外框上的线性刻度上读出。

注：目前，多种类型和尺寸的回弹仪已经广泛应用于不同强度等级和种类的混凝土检测，每种类型和尺寸的回弹仪都必须仅应用于相应的混凝土强度等级和类型。

4.2 率定钢砧

用来率定回弹仪的钢砧，洛式硬度 HRC 不低于 52，重量为 16kg±1kg，直径约 150mm。

注：在钢砧上率定回弹仪不能保证不同的回弹仪在测试过程中能得出相同的测试结果。

4.3 砂轮

中粗纹理的金刚砂砂轮或其他等效材料。

5 测区

5.1 选择

所测试的混凝土构件应至少 100mm 厚且固定在结构构件中，较小的构件检测过程中必须加以足够刚度的支撑。测区应避开蜂窝、剥落、麻面和表面多孔处。

测区的选择过程中应考虑到以下各方面因素：

a）混凝土强度等级；

b）检测面类型；

c）混凝土类型；

d）检测面的湿度状况；

e）碳化（如适用）；

f）检测时混凝土的位移；

g）测试方向；

h）其他影响因素。

每个测区面积应接近 300mm×300mm。

5.2 准备工作

严重变形、酥松或有浮灰的混凝土表面应用砂轮磨平。光滑的成型面或抹光面测试前可不打磨。去除混凝土表面的水分。

6 检测步骤

6.1 预先准备

6.1.1 按生产厂家的产品说明书使用回弹仪。

6.1.2 为确认回弹仪能否正常工作，使用前应至少启动三次再读数。

6.1.3　测试之前应在钢砧上对回弹仪进行率定并记录率定值，确保率定值在生产厂家的推荐值范围之内，若超出此范围，则应清洗和调整回弹仪。

6.1.4　回弹仪的使用环境温度为10℃～35℃。

6.2　操　作

a）紧握住回弹仪使弹击杆垂直于所测试混凝土表面。

b）缓慢施压直至弹击杆弹起（见6.1.1）。

c）弹起后记录回弹值。

d）以9个读数中的最小值作为一个测区回弹值的可靠估计值。

e）每列数据都应记录回弹仪的测试位置和方向。

f）相邻两个测试点间距不能小于25mm，测点离构件边缘的距离不宜小于50mm。

注：最好在混凝土表面画出（25～50）mm的网格线，以网格的交叉点作为回弹测点。

检查回弹后的测点，如果测点混凝土被压碎或沿着接近混凝土表面的气孔破碎，则剔除该测点的回弹值。

6.3　参　考　校　验

测试完成后，在钢砧上做率定试验，记录率定值并与测试前的回弹仪率定值进行比较（见6.1.3），若前后率定值不同，则应清洗和调整回弹仪并重新进行测试。

7　测　试　结　果

以所有读数的中值作为本测区的回弹值测试结果，如有需要则根据生产厂家的产品说明书按回弹测试方向对回弹数据进行角度修正，以总测区数表示。如果超过20%的回弹值与中值之差超过6，则整个回弹测试结果作废。

注：如果使用多个回弹仪，应在相近的混凝土表面测试足够的回弹值来确认不同回弹仪的示值差别。

8　检　测　报　告

检测报告应包括：

a）混凝土结构构件/单元的标识；

b）测区位置；

c）回弹仪的标识；

d）测区准备的描述；

e）混凝土和环境条件的细节；

f）检测日期/时间；

g）检测结果（中值）和每个测区的检测方向和角度；

h）根据测试角度的修正测试结果（若适用）；

i）偏离标准的测试方法；

j）技术负责人关于“除第 i 条所述外，该样品的测试过程依据本标准进行”的声明。

注：若需要，报告中也可列出单独的回弹值测试结果。

9 精 确 度

本方法现有数据没有提供精确度。

附录7　美国材料试验协会标准《硬化混凝土回弹值检测方法》ASTM C805/C805M-08

《硬化混凝土回弹值检测方法》ASTM C805/C805M-08

(Standard Test Method for Rebound Number of Hardened Concrete)

1　范　　围

1.1　本标准规定了用回弹仪测定硬化混凝土回弹值的检测方法。

1.2　以SI单位表示和以英寸/磅单位表示的数值应单独计算。两个体系表示的数值可能不完全等效，因此，两个体系应该单独计算，二者的合成值可能会导致最终结果不符合本标准。

1.3　本标准未涉及所有安全方面的考虑，如有需要应与其使用过程相关。本标准的使用者在应用本标准之前应充分考虑其安全和健康方面的影响及本标准的适用范围。

2　参　考　文　献

2.1　ASTM标准

C42/C 42M混凝土芯样的获取、切割和检测试验方法

C125混凝土和混凝土集料相关标准术语

C670制定建筑材料试验方法用精密度和偏差说明的标准规范

E18金属材料洛氏硬度试验方法

3　术　　语

3.1　定义

本标准中的名词术语参见C125的术语。

4 检测方法概述

4.1 由预先设定能量的弹力拉簧驱动弹击杆弹击混凝土表面，测试其回弹距离，即为回弹值。

5 重要性和应用

5.1 本方法适用于评价混凝土结构实体的均匀性，从中区分出混凝土质量较差和强度劣化的区域，评估混凝土实体强度。
5.2 仪器生产厂家所提供的回弹值与混凝土强度之间的关系式只能用于区别结构物中不同位置的混凝土的强度差别。如果用此方法检测混凝土强度，必须建立起指定混凝土配合比的抗压强度和回弹值之间的关系式。可以通过在混凝土实体结构上进行回弹检测并在相应位置上取芯检测抗压强度来建立二者的关系曲线。至少从六个不同回弹值的部位钻取两组平行测定的芯样，测试部位的选择应使混凝土构件的回弹值有较大的变动范围。芯样获取、湿度控制和芯样试验参照标准 C42/C42M。
5.3 对于给定的混凝土配合比，混凝土的回弹值受以下因素的影响，如检测面含水量、检测面的获取方式（模板类型和抹面方式）、混凝土构件基础埋深、碳化深度等，回弹值的检测过程中应考虑到这些因素的影响。
5.4 按相同标准设计的不同回弹仪得出的回弹值会相差 1～3，因此，应使用同一回弹仪进行检测来保证结果的可比性，如果使用多个回弹仪，应在一个典型的混凝土检测面上进行测试来确定不同回弹仪的示值差别。
5.5 本检测方法不适合作为混凝土合格或不合格的判断依据。

6 仪　器

6.1 回弹仪

一个包含弹击钢锤的装置，放松时，可推动弹击拉簧使装置与混凝土表面接触。弹击钢锤可以固定的速率重复运动，弹击锤被拉簧弹开的距离可通过装置外框上的线性刻度上读出。

注：目前，多种类型和尺寸的回弹仪已经广泛应用于不同规格和种类的混凝土结构。

6.2 砂轮

中粗纹理的金刚砂砂轮或其他等效材料。

6.3 钢砧

直径约 150mm（6in）、高约 150mm（6in）的钢制圆柱体，带有有一个依据 E18 方法检测为洛式硬度 HRC 为 66±2 的弹击区域，上部有一个导向装置保证回弹仪居中并垂直弹击。

6.4　检定

回弹仪应每年进行保养和检定，也可以在对回弹仪的准确操作有怀疑时进行检定。用6.3所述的钢砧对回弹仪的函数运算关系进行率定，率定时钢砧应放在裸露的混凝土地面或楼板上，仪器生产厂家应提供仪器正常使用时在钢砧上的回弹值。

注：一般情况下，回弹仪在6.3所述的钢砧上的回弹值应为80±2。为获得可靠的回弹值，钢砧应放稳定的放在刚性基础上。钢砧上的率定并不能保证回弹仪能在其他测点得到可重复的数据。用于硬度均匀的抛光石材的回弹仪可以较低的回弹值来率定，一些使用者在常用的回弹值范围内将混凝土和石材表面的回弹值进行了对比研究。

7　测区和影响因素

7.1　检测面的选择

所检混凝土构件应至少100mm厚且固定在结构构件中，较小的构件检测过程中必须加以足够刚度的支撑。测区应避开蜂窝、剥落、麻面和表面多孔处。不同材质模板浇筑的混凝土的回弹检测结果并不具有可比性（见注），抹光面的回弹值一般高于找平和成型面，如果条件允许，楼板应在下方检测，尽可能避免已加工过的表面。

7.2　测区准备

每个测区的直径应至少150mm，严重变形、酥松或有浮灰的混凝土表面应用6.2所述的砂轮磨平。光滑的成型面或抹光面测试前可不打磨（见注）。磨光面和未磨光的回弹值测试结果不能进行对比。如果混凝土表面有水，检测前应去除。

注：有资料表明，抛光的模板面的混凝土回弹值比胶合板的高2.1，比高密度胶合板的成型面的回弹值高0.4。干燥的混凝土表面的回弹值比湿表面的高，混凝土表面碳化也会使回弹值增加，为了使所测得的回弹值能代表内部的混凝土强度，如果混凝土的碳化深度较深，可以用电动磨平机将测区内的碳化层除去。混凝土碳化深度和回弹值之间关系使所测得的数据不够精确，检测人员在检测已碳化的混凝土时应对检测数据进行的修正。

7.3　不可检测受冻伤的混凝土

注：0℃（32°F）或更低温度的潮湿混凝土的回弹值很高，必须在其融化以后在进行检测。回弹仪本身的温度也会对影响回弹值，−18℃（0°F）下的回弹仪回弹值测试结果比常温下降低2～3。

7.4　为了使读数具有可比性，回弹仪的弹击方向（水平、向下、向上或其他角度）必须相同，或将所测读数乘以相应的修正系数。

7.5　不可在钢筋保护层不足20mm（0.75in）的部位直接进行检测。

注：钢筋的位置可用钢筋定位仪或金属探测仪确定，这类设备按生产厂家的产品说明书进行操作即可。

8　检　测　步　骤

8.1　紧握住回弹仪使弹击杆垂直于所测试的混凝土表面，缓慢施压直至弹击杆弹起，弹起后保持所施加的压力，如有必要可将回弹仪上的按钮锁住弹击杆在相应的位置上，读取标尺上的回弹值并记录。每个测区读取10个读数，相邻两个测点的净距不宜小于25mm (1in)，检查回弹后混凝土表面的测点，如果测点混凝土被压碎或沿着接近混凝土表面的气孔破碎，则剔除该测点的读数并重新进行测读。

9 计　算

9.1 剔除与10个读数的平均值相差超过6的读数，并计算剩余读数的平均值。如果超过2个读数与平均值之差超过6，则剔除该批数据，在此测区内再测试10个回弹值。

10 报　告

10.1 每个测区均应在报告中列出以下信息（若可知）：
10.1.1 一般信息
10.1.1.1 检测日期；
10.1.1.2 检测时间和空气温度；
10.1.1.3 混凝土龄期；
10.1.1.4 混凝土结构测试位置的标识和所测构件的尺寸。
10.1.2 混凝土相关信息
10.1.2.1 配合比和粗骨料种类；
10.1.2.2 混凝土强度等级。
10.1.3 测区描述
10.1.3.1 检测面特征（抹光面、找平面、成型面）；
10.1.3.2 测区所用的模板材质类型（如适用）；
10.1.3.3 检测是否经过打磨和打磨深度；
10.1.3.4 养护条件（如适用）；
10.1.3.5 检测面湿度状况（干/湿）。
10.1.4 回弹仪相关信息
10.1.4.1 回弹仪标识和编号；
10.1.4.2 回弹仪检定日期。
10.1.5 回弹值数据
10.1.5.1 检测过程中回弹仪的测试方向；
10.1.5.2 垂直检测面（墙、柱、深梁），检测部位的相对高程；
10.1.5.3 单个回弹值；
10.1.5.4 备注所剔除读数；
10.1.5.5 回弹值的平均值；
10.1.5.6 影响检测结果的各种特殊情况（如适用）。

11 精确性和偏移

11.1 精确性——如 C670 所定义的，单一测试样品，单一检测人员和设备的测试结果的标准偏差为 2.5，因此，每个测区的 10 个读数的极差不应超过 12。

11.2 偏离——回弹值的检测仅限于本标准，因此本检测方法的偏离无法评估。

12 关　键　词

12.1 混凝土、实体强度、非破损法、回弹仪、回弹值

参 考 文 献

[1] 王文明. 混凝土检测标准解析与检测鉴定技术应用指南. 北京：中国建筑工业出版社，2011

[2] 王文明. 建设工程质量检测鉴定实例及应用指南. 北京：中国建筑工业出版社，2008

[3] 王文明. 新编建设工程无损检测技术发展与应用. 北京：中国水利水电出版社，2012

[4] 王文明. 直拔法检测混凝土抗压强度技术规程. 北京：中国建筑工业出版社，2012

[5] 王文明等. 高强混凝土回弹仪检测精度的试验研究. 工程质量，2010，(7)

[6] 王文明. 对《回弹法检测混凝土抗压强度技术规程》JGJ/T 23—92 的应用与理解. 建筑技术开发，2001，(7)

[7] 王文明. 直拔法检测混凝土抗压强度试验研究. 混凝土世界，2012，(5)

[8] 王文明. 抗剪法检测混凝土抗压强度技术研究. 混凝土世界，2012，(12)

[9] 王文明. 抗折法检测混凝土抗压强度技术研究. 混凝土世界，2013，(8)

[10] 王文明. 抗折法检测技术在道路监控系统工程中的推广应用. 第十一届全国建设工程无损检测技术学术会议论文集，2013

[11] 王文明. 直拔法检测技术在某站房混凝土强度检测中的应用. 第十一届全国建设工程无损检测技术学术会议论文集，2013

[12] 王文明. 抗折法检测技术在某基础工程检测中应用. 第十一届全国建设工程无损检测技术学术会议论文集，2013

[13] 王文明. 采用抗折法检测混凝土抗压强度课题研究介绍. 第十一届全国建设工程无损检测技术学术会议论文集，2013

[14] 中华人民共和国行业标准《高强混凝土强度检测技术规程》JGJ/T 294—2013. 北京：中国建筑工业出版社，2013

[15] 中华人民共和国行业标准《回弹法检测混凝土抗压强度技术规程》JGJ/T 294—2011. 北京：中国建筑工业出版社，2011

[16] 中华人民共和国行业标准《回弹仪》JJG 817—2011. 北京：中国质检出版社，2012

[17] 中华人民共和国国家标准《混凝土强度检验评定标准》GB/T 50107—2010. 北京：中国建筑工业出版社，2010

[18] 中华人民共和国行业标准《钻芯法检测混凝土强度技术规程》CECS 03：2007. 北京：中国计划出版社，2008

[19] 吴慧敏. 结构混凝土现场检测技术. 湖南：湖南大学出版社，1988

[20] 中华人民共和国行业标准《超声回弹综合法检测混凝土强度技术规程》CECS 02：2005. 北京：中国计划出版社，2005

[21] 朱艾路，王先芬. 回弹法和超声回弹综合法检测高强混凝土强度在广东中山地区的试验研究与应用

[22] 邱平，张荣成. 回弹法、综合法检测计算实例